全国水利水电高职教研会规划教材

公路工程施工组织设计

主　编　张朝晖　闫超君

副主编　严超群

中国水利水电出版社

www.waterpub.com.cn

·北京·

内 容 提 要

本书为全国水利水电高职教研会土木建筑类专业核心课程教材。全书从工程实际出发，共分 6 个项目，分别介绍了公路工程施工组织认知、施工过程组织原理、网络计划技术、公路施工组织设计文件的编制、公路（桥梁）工程施工组织设计实例、计算机辅助施工组织设计简介等内容，每个项目制订了学习目标和学习任务，内容分成若干工作任务，并在每个项目后配套相应的复习思考题。

本书可作为交通土建类高等职业技术教育道路桥梁工程技术专业教材，也可供从事交通土建类与相关专业的工程技术和管理人员借鉴参考。

图书在版编目（CIP）数据

公路工程施工组织设计 / 张朝晖，闫超君主编. --
北京：中国水利水电出版社，2017.1(2023.11重印)
全国水利水电高职教研会规划教材
ISBN 978-7-5170-5018-6

Ⅰ. ①公… Ⅱ. ①张… ②闫… Ⅲ. ①道路工程－施
工组织－设计－高等职业教育－教材 Ⅳ. ①U415.2

中国版本图书馆CIP数据核字(2016)第322099号

书　　　名	全国水利水电高职教研会规划教材 **公路工程施工组织设计** GONGLU GONGCHENG SHIGONG ZUZHI SHEJI
作　　　者	主编　张朝晖　闫超君　　副主编　严超群
出 版 发 行	中国水利水电出版社 （北京市海淀区玉渊潭南路1号D座　100038） 网址：www.waterpub.com.cn E-mail：sales@mwr.gov.cn 电话：(010) 68545888（营销中心）
经　　　售	北京科水图书销售有限公司 电话：(010) 68545874、63202643 全国各地新华书店和相关出版物销售网点
排　　　版	中国水利水电出版社微机排版中心
印　　　刷	天津嘉恒印务有限公司
规　　　格	184mm×260mm　16开本　14印张　332千字
版　　　次	2017年1月第1版　2023年11月第3次印刷
印　　　数	4001—5500册
定　　　价	**48.00元**

前 言
qianyan

为了更好地满足各类职业院校对道路桥梁工程技术专业高技能人才的培养需求，全面提升教学质量，组织有关院校的教学专家、企业专家，在充分调研学校情况和企业生产实际的基础上，精心编写了本书，本书依据高职高专道路桥梁类专业的人才培养方案和课程建设的要求编写，也是全国高职高专道路桥梁类规划教材。

本书突出职业教育的特点，以技能培养为重点。通过教学和实训，使学生掌握公路工程施工组织的原理、施工进度计划的编制、施工平面布置以及方法、施工组织设计文件的编制和计算机辅助编制办法。初步达到具备独立编制公路工程施工组织设计的能力，为公路建设的施工管理等提供一定动手能力的专业技术人才。

"公路工程施工组织设计"课程的重点主要有以下几方面：

第一，高职教育以技能型人才为培养目标，书中对所学知识进行合理的任务划分，使学生对公路建设项目进行施工组织的技能达到预期的培养目标。

第二，公路工程建设发展迅速，新的施工方法、新工艺层出不穷，书中教学内容和实践教学与实际工程相适应。

第三，根据生源现状，结合课程特点培养学生理论与实践相结合、综合分析和解决实际问题的能力，使学生适应课程教学及考试等模式改革的环境，提高学生的综合素质。

第四，书中加入计算机辅助编制施工组织设计方法简介，使学生的技能进一步提高。

本书由张朝晖、闫超君任主编，严超群任副主编，刘淑娟、李荣华任参编。其中，杨凌职业技术学院张朝晖编写项目 2 和项目 5；安徽水利水电职业技术学院闫超君编写项目 3；杨凌职业技术学院严超群编写项目 4；杨凌职业技术学院刘淑娟编写项目 1；杨凌职业技术学院李荣华编写绪论和项目 6。

由于编者水平有限，书中难免存在错误和缺漏，恳请广大读者批评指正。

编者

2016 年 10 月

目　　录

绪　　论

0.1　公路施工组织研究的对象

公路施工组织是研究公路基本建设过程中众多要素的合理组织与安排的学科。

要进行基本建设就必须要有一定的劳动力、劳动资料和劳动对象，这三者是公路基本建设不可缺少的三要素。公路施工时间相对集中，因此，开工前落实劳力来源，按计划适时组织进（退）场，是顺利开展施工、按期完成任务、避免停工或窝工浪费的重要条件之一。劳动资料就是：直接作用于劳动对象的生产工具的系统、用以发动生产工具的动力系统和能源系统、运输和辅助系统，以及为实现各种劳动资料的最佳结合所必需的信息传递系统等。其中，最重要的是生产工具系统。目前公路工程施工劳力多为农民工。

对公路行业来说，基本建设即是一个建设项目（从立项到竣工验收）的实施过程（其中最复杂的环节是施工过程）。要形成公路建筑产品如路基、路面、桥梁、涵洞、隧道、排水设施、防护设施等基本建设过程离不开人、材料、机械、资金等。

公路工程施工需要大量材料，除水泥、木材、钢材、沥青等主要外购材料外，还有砂、石、石灰等大宗的地方材料，材料费占到工程总费用的 2/3 左右，因此，其费用高低直接关系到工程造价。同时，材料的品质、数量以及能否及时供应也是决定工程质量和工期的重要环节。材料准备工作的要点是：品质合格、数量充足、价格低廉、运输方便、不误使用。在保证材料品质的前提下，本着就地取材的原则，广泛调查料源、价格、运输道路、工具和费用等，做好技术经济比较，择优选用，同时根据使用计划组织进场，力争节省投资。

公路施工组织设计编制的依据是：国家或上级主管部门批准文件；项目招标文件；施工合同；施工现场情况；工程制图；现行国家法令法规、规程、规范、标准及有关规定等。

公路工程建设的设计阶段和施工阶段，都必须编制相应的施工组织设计文件。在初步设计阶段编制施工方案，在技术设计阶段编制修正施工方案，在施工图设计阶段编制施工组织计划，在施工阶段编制实施性施工组织设计。具体来说，公路施工组织设计就是统筹考虑整个施工过程。即对人力、材料、机械、资金、施工方法、施工现场（空间）等主要要素，根据其所处的环境、自然条件、施工工期等进行合理的组织、安排，使之有条不紊，以实现有计划、有组织、均衡地施工，使其达到工期尽可能短、质量上精度高、经济上资金省，成本尽量低。而完成一个公路建设项目从立项到建成交付使用前预期开支或实际开支的全部固定资产投资费用形成了公路工程造价。

公路工程施工前期还对当地地形、地貌、地质及气象做全面的研究和了解。公路工程建设初期，地质问题是首要考虑的问题，地球表面主要的组成成分为岩石，岩石在天长日久中受到分化剥蚀的外界作用，使岩石的力学性质发生改变，引发自然灾害，如崩塌、滑坡、泥石流等。地质灾害一方面可以造成巨大的经济损失，另一方面还会夺去人类的生命。所以，对引发地质灾害的原因进行归纳和总结，就可以从一定程度上预防公路工程地质灾害，使工程的质量得以保证。

公路施工过程中除自然灾害对质量的影响外，还有施工现场的影响因素。

1. 人的因素

公路施工过程中人承担着不可替代的重要角色，人是直接参与公路施工现场施工的决策者、指挥者、组织者和操作者，人在工程施工中的主观能动性直接影响工程的质量。在施工过程中，要充分调动人的积极性，从而提高工程的总体质量。因此，应该从思想、政治、心理、身体、业务等多方面来考核培养人的能力，综合考虑，任人唯贤。

2. 施工机械设备的因素

施工机械设备是施工实现机械化的重要的物质基础，它在很大程度上决定了施工的效率和安全，对于工程项目和施工进度均有重大影响。因此，在工程施工阶段，为了能够合理选择机械设备的类型和各项性能参数，必须不吝时间精力综合考虑施工现场，施工工艺和方法、施工组织与管理、建筑技术经济等因素。除此之外，操作人员还必须严格执行各项操作规章制度，并指定专员对施工机械设备进行维修和保养，以便充分发挥机械设备的作用。

3. 材料因素

材料是工程中的物质基础，没有材料是不可能施工的。材料的质量就是工程质量的必要因素，倘若材料质量不达标，工程质量肯定不达标。所以增强材料的质量管理，是加强工程质量的必要途径。严格把关材料在工程中的使用，合理高效地使用材料，防止在工程建设中使用不合格的材料。

0.2　公路施工组织的任务

0.2.1　施工现场准备

施工现场准备工作主要应做好以下几项工作：

（1）复查和了解现场。复查和了解现场的地形、地质、文化、气象、水源、电源、料源或料场、交通运输、通信联络以及城镇建设规划、农田水利设施、环境保护等有关情况。对于扩（改）建工程，应将拟保留的原有通信、供电、供水、供暖、供油、排水沟管等地下设施复查清楚，在施工中要采取保护措施，防止损坏。

（2）确定工地范围。施工单位应根据施工图纸和施工临时需要确定工地范围，及在此范围内有多少土地，哪些是永久占地、哪些是临时占地，并与地方有关人员到现场一一核实（是荒地或是良田、果园等）、绘出地界、设立标志。

（3）清除现场障碍。施工现场范围内的障碍如建筑物、坟墓、暗穴、水井、各种管线、道路、灌溉渠道、民房等必须拆除或改建，以利施工的全面展开。

（4）办妥有关手续。上述占地、移民和障碍物的拆迁等都必须事先与有关部门协商，办妥一切手续后方可进行。

（5）作好现场规划。施工单位按照施工总平面图搭设工棚、仓库、加工厂和预制厂；安装供水管线、架设供电和通信线路；设置料场、车场、搅拌站；修筑临时道路和临时排水设施等。在有洪水威胁的地区，防洪设施应在汛期前完成。

（6）道路安全畅通。道路施工需要许多大型的车辆机械和设备，原有道路及桥涵能否承受此种重载，需要进行调查、验算，不合要求的应作加宽或加固处理，保证道路安全畅通。

0.2.2 劳力、机具设备和材料准备

（1）劳力。道路施工需要大量劳动力，而且时间相对集中。目前公路工程施工劳力多为民工，组织民工队伍时做好以下工作：①要注重素质，民工素质直接影响工程质量，民工队伍素质审查要严把"四关"，即严把政治素质关、道德纪律关、身体条件关和技术水平关；②要注重教育，教育是先导，只有适时耐心的教育，才能使民工队伍的素质不断提高；③签订好施工合同，在市场经济条件下，民工参加工程建设，希望获得好的经济效益是无可非议的。

（2）机具设备。公路工程施工需要大量的机械设备和运输车辆，其中大、中型机械设备和运输车辆更是施工的主力。在以往施工时，常因某一关键机械（或设备、车辆）跟不上而严重影响施工，造成很大浪费。这种现象多为准备工作不充分或计划不落实所致。

（3）材料。材料的准备工作的要点是：品质合格、数量充足、价格低廉、运输方便、不误使用。在保证材料品质的前提下，本着就地取材的原则，广泛调查料源、价格、运输道路、工具和费用等，做好技术经济比较，择优选用，同时根据使用计划组织进场，力争节省投资。

0.2.3 施工组织设计

为了确保工程质量达到优质标准，应定期检查工程质量，对施工队完成的工程质量进行评定，对不合格工程或质量隐患下达整改指令。工程部应当认真贯彻相关规范、文件的要求，建立质量管理体系，建立管理责任制，强化工程质量管理，对各自施工工程范围的施工质量负责。工程部应按照最新的道路施工质量验收体系规范的标准，控制工程质量，采取有效的手段，加强施工过程中的质量控制。

为了确保工程质量、施工进度及资金合理使用等，在施工前必须完成以下具体任务：

（1）确定开工前必须完成的各项准备工作。如核对设计文件、补充调查资料、先遣人员进场等。

（2）计算工程数量（防止漏算、重算）。确定劳动力、机械台班、各种材料、构件等的需要量和供应方案等。

（3）确定施工方案（多种施工方案应经过比选），选择施工机具。

（4）安排施工顺序（由整体到局部）。

（5）编制施工进度计划。确定每月或每季度人力、材料、机械需用量。

（6）进行施工平面布置，即设备停放场、料场、仓库、拌和场、预制场、生活区、办公室等的布置。

（7）制定确保工程质量及安全生产的有效技术措施。

通过以上几点可以看出，施工组织设计在整个施工过程中的重要性。施工组织设计合理与否，直接影响了工程的工期、工程质量及工程的成本。

0.3　公路施工组织在公路建设中的作用和地位

现代交通运输业是由铁路、公路、航空、水运及管道运输等组成，各有其适用性和特点。

公路运输在整个交通运输中占有较大比重，在今后几十年中公路运输仍占主导地位。因为它具有机动、灵活、直达、迅速、适应性强、服务面广等优点。

发展公路运输业，首先必须进行公路工程建设。我们都知道，现代公路建设周期长、规模大、技术复杂、分工细、协作面广、机械化和自动化程度高。为保证公路建设在一定时间内顺利完成，且人力、资金、材料、机械最大限度发挥效力，就要求我们根据工程特点、自然条件、资源情况、周围环境等对工程进行科学、合理地安排，使之在一定的时间和空间内能有组织、有计划、有秩序地施工，以期达到工期短、质量好、成本低的目的。这也正是本课程所研究讨论的内容。

0.3.1　施工组织在公路工程基本建设中的作用

公路建设是一个复杂过程，从规划、测设、施工到竣工养护，每一个过程都离不开施工组织设计。

在公路规划阶段，要设想提出一个施工组织计划，供上级主管部门立项时审批；在设计阶段，不论采用几阶段设计，每一阶段都必须作出相应的施工组织设计计划（即在初步设计阶段拟定施工方案，在技术设计阶段提出修正的施工方案，在施工图设计阶段编制施工组织计划，在施工阶段编制实施性施工组织设计），供施工单位参考；随着我国社会主义市场经济体制的建立和发展，施工任务主要通过参加投标，通过建筑市场中的平等竞争而取得，投标书中不可缺少的一部分内容就是施工组织设计；施工过程是所有环节中最复杂的一个过程，在这一阶段要编制实施性的施工组织设计，也是最关键、最重要的一步。

在当今社会建筑市场中，对工期要求很苛刻，只能提前，不能延期；对工程质量提出更高的目标；对周围环境，口号是：注意环保，保护生态平衡，少占耕地。这一切都要求施工组织设计要科学、要合理，不能固守过去的常规，要适应社会的发展。在我国公路建设迅速发展的大潮中，机械化施工已成为公路施工主要的施工方法。因为它具有降低工程成本、缩短施工工期、提高工程质量、节约劳动力等优势。由于公路施工周期长、流动性大、施工协作性高、受外界干扰及自然因素影响大，采用机械化施工，必须事先作好机械化施工组织设计。现在，建筑行业中，任何一个施工单位不再拥有"铁饭碗"，而是自主经营、自负盈亏，所以施工组织设计的质量直接与施工单位的利润挂钩。

由此可见，施工组织设计贯穿整个公路基本建设，在施工阶段尤为重要。

0.3.2　施工组织在公路养护工程大中修与技术改造中的作用

公路是国家现代化建设的重要基础设施。根据我国国民经济和社会发展对交通运输的要求，要想建立起适应中国国情的现代化综合运输体系，缓解我国交通运输的紧张局面，对于公路建设者来说，最关键的有两个方面：①要加快高等级公路建设，提高整个路网技术等级；②要切实加强对已建成公路的养护管理，改善路网结构，保障公路畅通。其中，公路养护是保持路网完好，并不断使其得到改善，延长其使用寿命，为经济建设提供良好服务的根本条件。如果缺养、失养，路网使用状况必然很快下降，道路通行就必然受阻。显而易见，一手抓建设，一手抓养护，建养并重、协调发展，是公路事业自身发展的客观要求。公路越发展，越需要养护，技术越进步，越是要实行现代化的养护。

目前我国干线公路已经达到 1.7 万 km，在大规模、高潮式的公路建设之后，公路养护工程数量越来越大，如何适应公路事业和社会各界对养护工作提出的新要求，成为当务之急。根据交通部《公路养护工程市场准入暂行规定》《公路养护与管理发展纲要（2001—2010 年）》精神，为保证公路的运输质量与路用性能，一般干线公路养护大中修工程、桥梁检测与旧桥加固工程也已由内部招标转向市场化管理，公开竞争，择优选择施工单位，这种管理模式的转变，增强了养护单位领导和职工的竞争意识，给公路养护管理事业带来了新的生机和活力。

公路大中修工程在公路系统建设程序中与新建公路工程基本一致，其施工组织计划的精度与深度比施工图设计阶段的施工组织计划还要实用。由于管理方式的转变，对工程质量的高要求及对养护投资的控制，使得施工单位对施工组织设计的科学性、合理性、适用性更加重视，因为施工组织设计不仅影响大中修工程质量与施工进度，而且决定施工单位的经济效益与利润。

0.3.3 施工组织与施工年度投资计划及工程造价的关系

年度投资计划是施工组织设计确定的重要组成部分。它是根据施工组织设计确定的工程施工投资在时间上的安排。施工图预算中的工程造价增长预留费，是根据工程年度投资计划计算出来的，它与工程项目的建筑安装工程费的多少、预算文件编制年至施工年的年数、物价上涨指数有关。所以为了施工图预算的准确性，施工组织设计中必须做出年度投资计划。

施工组织设计和施工图预算的关系是密不可分的，施工组织设计决定施工图预算的水平，而施工图预算又对施工组织设计起着完善、促进作用。要建成一项工程项目，可能会有多种施工方案，但每种方案所花费的财、物的预算是不同的。要选择一种既切实可行，又节约投资的施工方案，就要用施工图预算来考核其经济合理性，决定取舍。因此，施工组织设计决定着施工图预算的编制，而施工图预算又是施工组织设计是否切实可行、经济合理的具体反映。

0.4 公路施工组织课程与其他学科的关系

由于本课程是一门实用性很强的课程，所以要求学生不仅要有必需的基础知识和专业知识，还要经过一定时间的施工实习，对施工过程、施工现场有初步地了解和认识。也就是说本课程的学习应在专业课程学完之后。

与本课程有关的基础课有：数学知识、逻辑知识及统筹学等；专业课程有：建筑材料、路基工程、路面工程、桥梁工程、筑路机械知识及现有各类公路工程定额的使用。基础课程为专业课程的学习做铺垫，专业课程的学习是为了以后工作中能严格地遵守技术指标的要求。

0.5　我国公路建设市场的发展

公路建设是国家基础设施的重要组成部分，也是国民经济发展的先导行业。我国自20世纪80年代实行改革开放方针以来，公路建设管理逐步由计划经济下的行政管理体制向市场管理模式转变，公路建设的招标承包制也应运而生。公路建设市场是我国统一的社会主义市场体系的组成部分，接受国家的统一管理，依据国家有关法律、政府部门制定的行政法规、制度所要求的行为准则，要求进入市场各方必须共同遵守。这些规则包括：①市场准入规定，市场主体各方进入市场必须具有相应的基本条件（资格、资质、相应的实力、经验和信誉等）；②市场竞争规则，保证各市场主体能够在平等的、诚实信用的原则基础上进行竞争；③市场交易规则，公开、公正、公平交易。按照以上原则，建立起统一开放、竞争有序的市场秩序，排除地区保护和部门分割的现象。实践证明，只有切实遵照市场运行规则，在统一规定的条件下，进行公开、公平竞争，才能促进项目建设质量、效率不断提高，从而获得良好效益，使公路建设步入良性循环的轨道，真正实现与国际接轨。同时，也将促进我国公路行业不断提高自身素质和实力，跻身于世界优秀土建行业之林。经过十几年的实践，公路建设市场已初步形成并不断完善，随着政府对市场的宏观调控和管理力度的强化，市场运作日趋规范，这大大加快了公路建设的进程，明显提高了路网的质量，节省了投资。同时，随着改革开放的深入，国家推出一系列改善公路建设资金筹集的政策，大大扩展了公路建设集资的渠道，形成了"国家投资、地方筹资、社会融资、利用外资"和"贷款修路、收费还贷、滚动发展"的投资、融资体制，公路建设规模迅速扩大。然而，无论是从公路数量还是从运输效率适应国民经济发展需要看，我国与世界发达国家相比较，仍然有很大差距。为缩短这个差距，交通部发布了《公路、水运交通发展三阶段战略目标（基础设施部分）》，计划在今后40年内实现我国公路建设现代化目标，这不但对国外投资者具有强大的吸引力，对我国国内在改革开放条件下发展起来的投资者也是一个难得的机遇。

截至2014年年底，我国高速公路总里程已达11.19万km，总里程稳居世界第一。从1988—2014年26年间，从0～11万km，世界承认这是中国政府的重大功绩之一。26年间，从"两纵两横三个重要路段"，到"五纵七横"，到"7918"，纵横华夏大地的高速公路网，成为经济的大通道、大走廊，也见证和承载着无数国人的梦想跨越时空得以实现。到2015年国家高速公路网全部建成，通车里程达到8.3万km，基本覆盖50万人口以上城市。地方高速公路网5年建设约3万km。到2015年，国地两网高速公路共计通车里程约达14万km。

"十三五"时期，将投资1.65万亿元，继续推进国家高速公路网、国家区域发展战略确定的高速公路、特大城市圈、大中城市群、疏港高速公路以及省际连接线高速公路建设，加快重要高速公路通道扩容改造建设。这将为公路建设工程技术人员提供广阔的发展天地。

复 习 思 考 题

1. 公路施工组织设计定义及研究对象是什么?
2. 公路基本建设三要素是什么?
3. 公路施工组织设计的任务是什么?
4. 本课程所研究讨论的内容是什么?

项目1 公路工程施工组织认知

【学习目标】

通过对公路工程施工组织认知内容的学习，了解公路工程建设项目内容及特点；理解公路工程建设的程序；掌握公路工程施工组织设计的内容和要求。为今后能从事工程施工和管理工作奠定良好的工作能力。

【学习任务】

工作任务	能力要求	相关知识
公路建设项目的特点及内容	（1）理解公路基本建设作用； （2）掌握公路基本建设的内容； （3）掌握公路施工项目的特点	（1）公路工程基本建设概念； （2）公路工程基本建设作用； （3）公路工程建设的基本内容； （4）公路建设施工项目的基本特点
公路工程建设程序	（1）理解基本建设内容； （2）掌握公路基本建设的程序	（1）基本建设的定义及内容构成； （2）公路工程基本建设的程序
公路工程施工组织设计	（1）理解公路工程施工组织的概念、编制原则、编制依据； （2）掌握公路工程施工组织分类、编制程序	（1）公路工程施工组织的概念； （2）公路工程施工组织分类； （3）编制施工组织设计的基本原则； （4）施工组织设计的编制依据； （5）公路工程施工组织编制程序

工作任务1.1 公路工程建设项目

1.1.1 公路工程建设项目的特征及内容组成

1.1.1.1 公路工程基本建设的概念

基本建设是指固定资产的建筑、添置和安装，是国民经济各部门为了扩大再生产而进行的增加固定资产的建设工作。即把一定的建筑材料、设备等，通过购置、建造和安装等活动，转化为固定资产的过程，诸如工厂、矿山、公路、铁路、港口、学校、医院等工程的建设，以及机具、车辆、各种设备等的添置和安装。

公路工程基本建设就是通过勘察、设计和施工及有关的经济活动等，将一定建筑材料按设计要求与技术标准使用机械设备建造成公路构造物的过程。

1.1.1.2 公路工程基本建设的作用

（1）施工组织设计是沟通工程设计和施工之间的桥梁，它既要体现基本建设计划和设计的要求，又要符合施工活动的客观规律，对建设项目的施工全过程起到战略部署和战术安排的双重作用。

（2）施工组织设计也是指导拟建工程从施工准备到施工完成的组织、技术、经济的一个综合性的设计文件，对施工全过程起指导作用。

（3）施工组织设计是施工准备工作的重要组成部分，也是及时做好其他有关施工准备工作的依据，它对施工准备工作也起到保证作用。

（4）施工组织设计是对施工活动实行科学管理的重要手段，是编制工程概算、预算的依据，是施工企业整个生产管理工作的重要组成部分，是编制施工生产计划和施工作业计划的主要依据。

因此，编好施工组织设计，就可以按科学的程序组织施工，建立正常的施工秩序，有计划地开展各项施工活动，及时做好各项施工准备工作，保证劳动力和各种技术物资的供应，协调各施工单位之间、各工种之间、各种资源之间以及平面、空间上的布置和时间上的安排之间的合理关系。为确保施工的顺利进行，如期按质按量完成施工任务，取得好的施工经济效益，施工组织设计对现场组织管理起到十分重要的作用。

1.1.1.3　公路工程基本建设的内容构成

公路工程基本建设是国民经济建设中新增公路工程固定资产的建设，它是以新建、扩建和改建等方式实现的，即它是形成固定资产的建筑、添置、安装等一系列建设活动。公路工程基本建设工作应包括以下内容。

1. 建筑工程

通过施工而建成的有形工程实体，如路基、路面、桥梁、隧道、涵洞等构筑物。

2. 安装工程

安装工程指生产和生活需用的各种机械、设备的安设、装配、调试等工作，如工业生产设备、公路及大型桥梁所需的各种机械、设备、仪器的安装及调试。

（1）设备、工具及器具的购置。指属于国定资产的机器、设备、工具等用品的购置，如机械厂的机床、电厂的发电设备、高速公路的监控设备、沥青混合料拌和设备、大型摊铺机机械等。

（2）勘察、设计及相关工作。指进行建筑工程依据的勘察设计文件及其所进行的工作，如公路工程的初步设计、施工图设计，以及勘察、设计过程中必须进行的地质调查、钻探、材料试验和技术研究工作。

（3）其他基本建设工作。为确保基本建设工程的顺利实施和正常运行而进行的工作，如土地征用、拆迁安置、人员培训、工程施工监理等。

1.1.2　公路建设产品和项目施工的特点

公路工程施工的特点是由公路建筑产品的特点决定的。公路工程是呈线性分布的一种人工构筑物，通过勘察设计和施工，消耗大量资源（人力、物力、财力）而完成的公路建筑产品。和工业生产相比较，公路建设是一系列资源投入产出的过程，其施工生产的阶段性和连续性与组织上的专门化和可操作化是一致的，但公路建筑产品具有许多不同点，主要是产品的形体庞大、复杂多样、整体难分、不能移动，由此而引出公路施工流动性、单体性、生产周期长、易受气候影响和外界干扰等特点。

1. 公路建筑产品的特点

(1) 产品固定性。公路工程的构造物固定于一定的地点不能移动，只能在建造的地方供长期使用。

(2) 产品多样性。由于公路的具体使用目的、技术等级、技术标准、自然条件及功能不同，而使公路的组成、结构千差万别，复杂多样。

(3) 产品形体的庞大性。公路工程是线性构造物，其组成部分的形体庞大，占用土地及空间多。

(4) 产品部分结构的易损性。公路工程构造物受行车作用及自然因素影响，其暴露于大自然的部分及直接受行车作用的部分极其易损坏。

2. 公路建设项目施工的特点

(1) 施工流动性大。对施工组织提出特殊的要求：一是生产过程中具体作业组织必须灵活，不能拘泥于形式，因为生产的流动性促使了各生产要素间的空间位置和相互间的配合关系经常处于变化之中；二是，考虑到产品整体性的要求，其各分部分项工程，一经建设即造成一体而不可能随便再行拆装，故施工必须按严格的顺序进行，也就是人机必须按客观要求的顺序流动。

(2) 需要个别设计，个别组织施工。由于产品的多样性，每项工程具有不同的功能、不同的施工条件，因此，每项工程都各具有其所需的不同工种与技术，不同的材料品种、规格与要求；随着因工程特点不同而采取的施工方法的变化，所需的机械设备、工序的穿插、劳动力的组织也必然彼此各异，施工的进度当然也就因而不同，各种生产要素在数量上的比例关系和供应的时间也就不一样，它们的空间关系和整个施工场地的平面布置也要分别加以处理，从而使每项工程不仅需要个别的设计，而且需要采用不同的施工方法，分别进行组织施工。

(3) 生产周期长。由于产品形体庞大性，需要耗用的人工、材料比较多，致使生产周期长，要在较长的时间内占用大量的劳动力与资金，这使得我们在进行施工组织时必须注意：充分利用产品形体庞大这个特点所提供的广泛作业面，在同一施工对象的上下、左右、前后不同空间位置实行立体交叉作业和平行施工；考虑各种季节对施工进度，成本及工程质量的影响，科学合理地编制施工进度计划。

(4) 受自然因素的影响大。由于产品的固定性和形体庞大的特点，决定了公路工程大部分是露天生产，路线往往要穿越各种各样的地带，地形与地质情况复杂，可能经过沙漠、草原或原始森林等特殊地带，或遭遇到山洪、冰川、雪崩和滑坡的严重影响，即使是在平原地区，也时刻经受着气温和雨水的侵蚀，这些自然因素的综合交错，给公路施工组织工作带来很大困难。从而要求人们在进行施工组织时，经常检查事先已制定的计划的执行情况，及时调整计划或及时采取措施完成计划；在特殊季节施工（如雨期、冬期）和夜间施工，应该有保证质量与安全的技术措施、组织措施。

(5) 生产协作性高。由于产品的多样性，特别是公路生产施工环节很多，生产程序复杂，每项工程都需要设计单位，建设单位，施工企业，征用土地、质量监督、科研试验、银行财政以及材料、动力、运输等各部门密切配合，通过协作，从而使产品生产的组织协作关系错综复杂，因此必须有严密的计划和科学的管理。

工作任务 1.2　公路工程建设的程序

1.2.1　基本建设的定义及内容构成

基本建设程序是指基本建设项目建设过程中的先后顺序。这个顺序指导基本建设工作有计划、有步骤的进行，是交通主管部门对公路工程项目审批的依据和过程，也是国家对基本建设管理的核心内容。基本建设涉及面广，投资额大，需要内外各个环节的协作配合。完成一项基本建设工程，必然按照一定的程序，依次进行各个方面的工作，才能达到预期效果；否则就会造成浪费，甚至会给工程造成严重的经济损失和带来无法弥补的缺陷。基本建设程序作为管理制度，必须严格执行。

公路工程基本建设程序是：根据我国公路网建设规划及经济发展的需要，提出项目建议书→进行可行性研究，编制可行性研究报告→经批准后进行初步设计→再经批准后列入国家年度基本建设计划，并进行技术设计和施工图设计→工程施工招标→设计文件经审核批准组织施工→施工完成后，进行竣工验收，然后支付使用。

所有新建及改建的大中型公路工程基本建设项目，都要严格按公路工程基本建设程序运行，对于小型项目，可以根据实际情况适当合并或免去部分程序。

1.2.2　公路工程基本建设的程序

1.2.2.1　项目建议书阶段

根据发展国民经济的长远规划和公路网建设规划，由地方政府和公路部门提出项目建议书。项目建议书是进行各项准备工作的依据。对建设项目提出包括目标、要求、原料、资金来源等文字设想说明，为下一步进行可行性研究提供依据。

1.2.2.2　可行性研究阶段

公路可进行研究按其工作深度分为预可行性研究和工程可行性研究。

编制预可行性研究报告，应以国民经济与社会发展规划、路网规划和公路建设 5 年计划为依据，重点阐明建设项目的必要性。通过踏勘和调查研究，提出建设项目的规模、技术标准，进行简要的经济效益分析，经审批后作为编制工程可行性研究报告的依据。

编制工程可行性研究报告，应以批准的预可行性研究报告和项目建议书为依据，通过必要的测量（高等级公路必须做）、地质勘探（大桥、隧道及不良地质地段等），对不同建设方案从经济上、技术上进性综合论证，提出推荐建设方案，经审批后作为测量以及编制初步设计文件的依据。工程可行性研究的投资估算与初步设计概算之差，应控制在 10% 以内。

公路建设项目可行性研究报告的主要内容包括：建设项目依据、历史背景；建设地区综合运输网的交通运输现状和建设项目在交通运输网中的地位及作用；原有公路的技术状况及适合程度；建设项目所在地区的经济特征，建设项目与经济发展的内在联系，交通量、运输量的发展水平；建设项目的地理位置，地形、地质、地震、气候、水文等自然特征；筑路材料来源及运输条件；不同建设方案的路线起讫点和主要控制点、建设规模、标准，提出推荐意见；建设项目对环境的影响；主要工程数量、征地拆迁数量，估算投资，提出资金筹措方式；勘测、设计、施工计划安排；运输成本及有关经济参数，进行经济评价、敏感性分析。收费公路、桥梁、隧道尚需作财务分析，评价推荐方案，提出存在问题和有关建议。

1.2.2.3　设计阶段

设计文件是安排建设项目、控制投资、编制招标文件、组织施工和竣工验收的重要依据。公路工程基本建设项目一般采用两阶段设计，即初步设计和施工图设计。对于技术简单、方案明确的小型建设项目，可采用一阶段设计，即一阶段施工图设计；技术复杂而又缺乏经验的建设项目或建设项目中个别路段、特殊大桥互通式立体交叉、隧道等，必要时采用三阶段设计，即初步设计、技术设计和施工图设计。

初步设计应根据批准的可行性研究的要求和初测资料，拟定修建原则，制定设计方案，设计主要的工程数量，提出施工方案的意见，编制设计概算，提供文字说明及图表资料。初步设计文件经审查批准后，是国家控制建设项目投资及编制施工图设计文件或技术设计文件（采用三阶段设计时）的依据，并且为订购和调拨主要材料、机具、设备、安排重大科研试验项目，征用土地等的筹划提供资料。

技术设计应根据批准的初步设计和补充初测（或定测）资料，对重大、复杂的技术问题通过科学试验、专题研究，加深勘探调查及分析比较，解决初步设计中未能解决的问题，落实技术方案，计算工程数量，提出修正的施工方案，编制修正设计概算。经批准后作为编制施工图设计的依据。

一阶段施工图设计应根据批准的可行性研究报告和定测资料，拟定修建原则，确定设计方案的工程数量，提出文字说明和图表资料以及施工组织计划，编制施工图预算，满足审批的要求，适应施工的需要。

二阶段（或三阶段）施工图设计应根据批准的初步设计（或技术设计）和定测（或补充定测）资料，进一步对所审定的修建原则、设计方案、技术设计加以具体和深化，最终确定工程数量，提出文字说明和适应施工需要的图表资料以及施工组织计划，编制施工图预算。

设计文件必须由具有相应等级的公路勘察设计证书的单位编制，其编制预审批应按现行的《公路工程基本建设管理方法》办理。

1.2.2.4　纳入政府基本建设计划

当建设项目的初步设计及其概算经上级批准后，才能列入国家基本建设年度计划。建设单位根据国家计委颁发的年度基本建设计划，按已批准的可行性研究报告和设计文化，编制本单位的年度基本建设计划，报经批准后，再编制物资、人力、财务计划，并落实施工单位。

1.2.2.5　施工准备

为了保证施工顺利进行，在施工准备阶段时，建设主管部门应根据计划要求的建设进度，指定一个企业或事业单位组织基建管理机构，办理登记及拆迁，做好施工沿线有关单位和部门的协调工作，抓紧配套工程项目的落实，组织分工范围内的技术资料、材料、设备的供应。勘测设计单位应按照技术资料供应协议，按时提供各种图纸资料，做好施工图纸的会审及移交工作。施工单位应组织机具、人员进场，进行施工测量，修筑便道及生产、生活等临时设施，组织材料、物资采购、加工、运输、供应、储备，做好施工图纸的接受工作，熟悉图纸的要求，编制实时性施工组织设计和施工预算，提出开工报告，按投资隶属关系报请交通运输部或省（市、自治区）基建主管部门批准。建设银行应会同建设、设计、施工单位做好图纸的会审，严格按计划要求进行财政拨款或贷款。

1.2.2.6　组织施工

施工单位要遵照施工程序合理组织施工，施工过程中应严格按照设计要求和施工规范，确保工作质量，安全施工，推广应用新工艺、新技术，努力缩短工期，降低造价，同时应注意做好施工记录，建立技术档案。

1.2.2.7　竣（交）工验收与交付使用

建设项目的竣（交）工验收时基本建设全过程的最后一个程序。竣（交）工验收包括对工程质量、数量、期限、生产能力、建设规模、使用条件的审查，对建设单位和施工企业编报的固定资产移交清单、隐蔽工程说明和竣工决算等进行细致检查。特别是竣工决算，它是反映整个基本建设工作所消耗的全部国家建设资金的综合性文件，也是通过货币指标对全部基本建设工作的全面总结。

当全部基本建设工程经过验收合格，完全符合设计要求后，应立即移交给生产部门正式使用，迅速办理固定资产交付使用的转账手续，加强固定资产的管理。竣工决算上报财政部门批准核销。在验收时，对遗留问题，由验收委员会（或小组）确定具体处理方法，报主管部门批准，交有关单位执行。

工作任务 1.3　公路工程施工组织设计

1.3.1　公路工程施工组织的概念

一个建设项目的施工，可以有不同的施工顺序；每一个施工过程可以采用不同的施工方案；每一种构件可以采用不同的生产方式；每一种运输工作可以采用不同的方式和工具；现场施工机械、各种堆物、临时设施和水电线路等可以有不同的布置方案；开工前的一系列施工准备工作可以用不同的方法进行。不同的施工方案，其效果是不一样的。怎样结合工程的性质和规模、工期的长短、工人的数量、机械装备程度、材料供应情况、构件生产方式、运输条件等各种技术经济条件，从经济和技术统一的全局出发，从许多可能的方案中选定最合理的方案，对施工的各项活动做出全面的部署，编制出规划和指导施工的技术经济文件（即施工组织设计），这是施工人员开始施工之前必须解决的问题。

施工组织设计是指针对拟建的工程项目，在开工前针对工程本身特点和工地具体情况，按照工程的要求，对所需的施工劳动力、施工材料、施工机具和施工临时设施，经过科学计算、精心对比及合理的安排后编制出的一套在时间和空间上进行合理施工的战略部署文件。通常由一份施工组织设计说明书、一张工程计划进度表、一套施工现场平面布置图组成。施工组织设计是工程施工的组织方案，是指导施工准备和组织施工的全面性技术经济文件，是现场施工的指导性文件。由于建筑产品的多样性，每项工程都必须单独编制施工组织设计，施工组织设计经审批通过后方可施工。

公路施工组织是研究公路建筑产品过程中诸要素之合理组织的学科。具体说就是一个具体的建筑产品（建设项目、单位工程等）在生产（施工）过程中的诸要素，即施工过程中的建筑工人、施工机械、建筑材料、构件等的组织问题。施工组织研究的就是如何根据公路建设的特点，把人力、资金、材料、机械、施工方法 5 个主要因素进行科学合理的安排，在一定的时间和空间内，实现有组织、有计划、均衡的施工，使整个工程达到时间上耗费少、工期短；质量上精度高、功能好；经济上资金省、成本低的目的。

1.3.2　公路工程施工组织分类

施工组织设计文件按编制单位和设计深度划分有施工方案、施工组织计划、施工组织设计三种，其中施工方案是施工组织设计的技术基础，也是现场组织管理的基本对象。施工组织计划是为施工企业在承包工程前由设计单位所做的施工过程的安排，是指导施工企业完成施工组织设计的依据。施工组织设计特指由施工企业在开工前或施工过程中完成的计划文件，通常称为具有实施性的施工组织文件；但另一层含义泛指具有指导现场施工组织管理的所有指导性文件。

施工企业在开工前，以设计单位编制的施工组织设计为依据，结合施工单位的具体情况进行编制。按性质不同分为指导性施工组织设计和实施性施工组织设计。

施工组织设计是各种施工组织文件的统称。施工企业重点有下列施工组织设计文件。

1. 投标施工组织设计

投标施工组织设计阶段是向建设单位显示出本企业素质的手段，又是中标后施工的指导方案，它是编制投标报价的依据。在编制时，必须以招标文件规定的竣工日期为起点，逆排施工工序，计算人力、物力的需用量。尽量采用机械化、专业化施工。施工组织应反映出采用的新技术、新结构、新材料、新设备、新动向，表现出为建设单位创建优质工程、降低造价的举措，显示出本企业综合素质、优势和长处，为中标创造条件。

2. 施工组织总设计

施工组织总设计阶段是由项目总承包单位承揽的综合建设项目施工的总体部署，是指导所属项目经理部进一步编制施工组织设计的依据，也是编制项目总承包单位全年、季度施工生产计划的依据。其编制单元可以是某地区中标的某一个标段，也可以是同时中标的多个标段。

3. 单位（专业）工程实施性施工组织设计

单位（专业）工程实施性施工组织设计阶段是中标的项目经理部或项目工程队编制具体组织施工的技术、经济文件，它是施工技术交底和月作业计划的依据。

施工组织设计既是指导施工的战略部署文件，也是测算概预算费用的基础，因此，工程项目进行的每一阶段都应该有相应的施工组织设计，只是编制的侧重点不一样而已。

1.3.3　编制施工组织设计的基本原则

（1）严格按基本建设程序和施工程序，搞好施工管理，并按标准高、质量好、进度快、成本低的要求组织施工。

（2）按公路工程施工的客观规律科学安排施工顺序，合理安排施工工期，在保证质量的前提下，尽可能缩短工期，加快建设速度。

（3）严格执行公路工程设计、施工和管理的相关规范及其他有关的技术标准规程规则等，确保工程质量和施工安全。

（4）尽量应用先进的施工技术和设备，不断提高施工机械化程度，提高劳动生产率。

（5）根据各地区季节性气候特点，应用科学的计划方法制订最合理的施工组织方案，搞好施工安排，组织好均衡性生产，同时落实好季节性施工的措施，尽量做到全年不间断施工。

（6）合理布置施工平面图，节约施工用地；充分利用已有设施，尽量减少临时性设施费用；尽量利用当地资源，减少物资运输量；尽量避免材料二次搬运，正确选择运输工具，降低运输成本，提高经济效益，以达到节约基建费用、降低工程成本的目的。

1.3.4 施工组织设计的编制依据

（1）工程承发包合同、协议、纪要。

（2）国家或建设单位对建设项目的修建要求。

（3）施工设计文件及工程数量，设计文件鉴定或审查意见。

（4）施工调查资料。

（5）施工队伍的编制、技术工种专业化程度、机械设备情况。

（6）本单位所掌握的国内外新技术、工法和各种施工统计资料。

（7）上级机关编制的指导性、综合性施工组织设计和投标施工组织设计。

（8）各类施工组织设计，分别采用概算指标、预算定额及施工定额。

1.3.5 公路工程施工组织编制程序

编制施工组织设计要遵守一定的程序，要按照施工的客观规律，协调和处理好各个影响因素的关系，用科学的方法进行编制。同时，必须注意有关信息的反馈。一般的编制程序如图 1.1 所示。

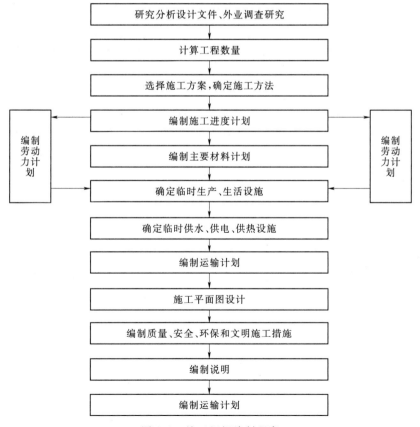

图 1.1 施工组织编制程序

1．分析设计资料、进行必要的调查研究

略。

2．计算工程数量

通常可以利用工程预算中的工程量。工程量计算准确，才能保证劳动力和资源需要量计算的正确和分层分段流水作业的合理组织，故工程必须根据图纸和较为准确的定额资料进行计算。如工程的分层段按流水作业方法施工时，工程量也应相应的分层分段计算。

3．选择施工方案

如果施工组织总设计已有原则规定，则该项工作的任务就是进一步具体化，否则应全面加以考虑。需要特别加以研究的是主要分部、分项工程的施工方法和施工机械的选择，因为它对整个单位工程的施工具有决定性的作用。具体施工顺序的安排和流水段的划分，也是需要考虑的重点。

（1）施工方案制订的原则：

1）制订方案首先必须从实际出发，切实可行，符合现场的实际情况，有实现的可能性。制订方案在资源、技术上提出的要求应该与当时已有的条件或在一定时间能争取到的条件相吻合，否则是不能实现的，因此只有在切实可行的范围内尽量求其先进和快速。

2）满足合同要求的工期，就是按工期要求投入生产，交付使用，发挥投资效益，这对国民经济的发展具有重大的意义。所以在制订施工方案时，必须保证在竣工时间上符合合同的要求，并能争取提前完成。为此，在施工组织上要统筹安排，均衡施工，在技术上尽可能地采用先进的施工技术、施工工艺、新材料，在管理上采用现代化的管理方法进行动态管理和控制。

3）确保工程质量和施工安全。工程建设是百年大计，要求质量第一，保证施工安全是社会的要求。因此，在制订方案时应充分考虑工程质量和施工安全，并提出保证工程质量和施工安全的技术组织措施，使方案完全符合技术规范、操作规范和安全规程的要求。

4）在合同价控制下，尽量降低施工成本，使方案更加经济合理，增加施工生产的盈利。从施工成本的直接费（人工、材料、机具、设备、周转性材料等）和间接费中找出节约的途径，采取措施控制直接消耗，减少非生产人员。

（2）施工方案制订的内容。施工方案包括的内容很多，主要有：施工方法的确定、施工机具和设备的选择、施工顺序的安排、科学的施工组织、合理的施工进度、现场的平面布置及各种技术措施。施工方案前两项属于施工技术问题，后四项属于科学施工组织和管理问题。

1）施工方法的确定。施工方法是施工方案的核心内容，具有决定性作用。施工方法一经确定，机具设备的选择就只能以满足它的要求为基本依据，施工组织也是在这个基础上进行。

2）施工机械的选择。正确拟订施工方案和选择施工机械是合理组织施工的关键，二者又有相互紧密的联系。施工方法在技术上必须满足保证施工质量，提高劳动生产率，加快施工进度及充分利用机械的要求，做到技术上先进，经济上合理；而正确地选择施工机械能使施工方法更为先进、合理、经济。因此施工机械选择的好与坏很大程度上决定了施工方案的优劣。

3）施工组织。施工组织是研究施工项目施工过程中各种资源合理组织的科学。施工项目是通过施工活动完成的，进行这种活动即施工需要有大量的各种各样的建筑材料，施工机械、机具和具有一定生产经验和劳动技能的劳动者，并且要把这些资源、按照施工技术规律与组织规律以及设计文件的要求，在空间上按照一定的位置，在时间上按照先后顺序，在数量上按照不同的比例，将它们合理地组织起来，让劳动者在统一的指挥下行动，由不同的劳动者运用不同的机具以不同的方式对不同的建筑材料进行加工。

4）施工顺序的安排。施工顺序的安排是编制施工方案的重要内容之一，施工顺序安排得好，可以加快施工进度，减少人工和机械的停歇时间，并能充分利用工作面，避免施工干扰，达到均衡、连续的施工，实现科学组织施工，做到不增加资源，加快工期，降低施工成本。

5）现场平面布置。科学的布置现场可使施工机械、材料减少工地二次搬运和频繁移动施工机械产生的费用，可节省现场搬运的费用。

6）技术组织措施。技术组织是保证选择的施工方案实施的措施。它包括加快施工进度，保证工程质量和施工安全，降低施工成本的各种技术措施。如采用新材料、新工艺、先进技术，建立安全质量保证体系及责任制，编写工序作业指导书，实行标准化作业，采用网络技术编制施工进度等。

4. 编制工程进度图

根据流水作业的基本原理，按照工期要求、工作面的情况、工程结构对分层分段的影响以及其他因素，组织流水作业，决定劳动力和机械的具体需要量以及各工序的作业时间，编制网络计划，并按工作日排出施工进度。

（1）工程施工进度安排的原则：

1）符合合同条款有关进度要求。

2）先进可行，通过努力是可以完成的，调动参加施工人员的积极性和主动性。

3）符合国家政策、法律和法规。

4）结合项目部的施工能力，切合实际，优化地安排施工进度。

5）满足企业对工程项目要求的施工进度目标。

6）保证施工过程中施工的均衡性和连续性。

7）有利节约施工成本，保证施工质量和施工安全。

8）应用网络计划技术编制施工进度计划，力求科学化，能在不增加资源的条件下，尽量缩短工期。

（2）工程施工进度安排的依据：

1）以合同工期为依据安排开竣工时间。

2）设计图纸、定额资料等。

3）机械设备和主要材料的供应及到货情况。

4）项目部可能投入的施工力量及资源情况。

5）工程项目所在地的水文、地质等方面的自然情况。

6）工程项目所在地资源可利用情况。

7）影响施工的经济条件和技术条件。

8）工程项目的外部条件等。

（3）工程施工进度安排的作用：

1）规定各项工程的施工顺序和开竣工时间。

2）为各施工过程指明一个确定的施工日期，以此为依据确定各作业施工所必需的劳动力、机械设备和各种技术物质的供应计划。

3）可以组织施工现场的其他管理工作。

施工进度安排在项目施工组织设计中起着主导作用，它直接影响工程项目的施工成本，施工质量和安全。如果安排不当，会导致工期延误，增加施工现场各项费用的开支，使得工程项目的经济效益和社会效益受到严重影响。

5.计算各种资源的需要量和确定供应计划

依据采用的劳动定额和工程量及进度可以决定劳动量（以工日为单位）和每日的工人需要量。依据有关定额和工程量及进度，就可以计算确定材料和加工预制品的主要种类和数量及其供应计划。

（1）资源供应计划的作用。施工方案确定后，施工顺序、施工方法、作业组织形式也就确定了。它指导所需资源、计划的编制。如需采用机械化施工时，提出所需的各种机械使用计划；若人力施工，提出劳动力使用计划。施工顺序确定之后，可以制订周转性材料等计划。施工进度安排确定之后，为了保证施工进度的实现，应编制资源的供应计划，以避免停工待料对施工进度产生影响。

资源供应计划与施工成本有着密切的关系，特别是材料供应计划，编制一定要切合实际，既要保证正常的施工需要，还要保证施工进度加快时的需要，否则计划过大增加施工成本，计划过小影响施工的正常进展。资源供应计划关系到项目流动资金的周转。资源供应计划编制的优劣与流动资金的周转率和利用率有直接关系。

（2）资源供应计划编制的要求：

1）明确编制资源供应计划的指导思想是以提高经济效益为中心，降低施工成本为目的。为此，编制资源供应计划时，工程项目部各职能部门都要参加编制，投标时由施工技术部门编制。做到按质、按量、适时、适地、适价、经济合理、成套齐备地供应工程项目建设所需的材料，保证施工活动顺利进行，完成项目建设。

2）按质就是按工程设计所提供的质量标准，正确选用品种、规格并能满足相应的质量要求。不能低于设计要求，否则工程质量不合格；高于要求，则材料费用增加，引起工程造价的增加。

3）按量指进货量、储存量和供应量要能满足施工需要，要有一定的余量，不能满打满算。否则，过少，造成停工待料；过多，造成积压和浪费资金。

4）适时就是按施工进度对材料需要量的要求，以最短的储存时间，分批、分期地均衡供应现场。过早，费用增加；过晚，造成窝工。

5）适价指购进材料单价，尽量不超过工程预算价格。

6）经济合理指质量好、价格低。

7）成套齐备指材料供应要符合项目建设的配套要求；不齐，则此配套项目不能一次性完成。

6．制订临时工程组织计划

略。

7．制订工地运输组织计划

略。

8．布置施工平面图

施工平面图应使生产要素在空间上的位置合理、互不干扰，能加快施工进度。

（1）内容：

1）原有地形地物。

2）沿线的生产、行政、生活等区域的规划及其设施。

3）沿线的便道、便桥及其他临时设施。

4）基本生产、辅助生产、服务生产设施的平面布置。

5）安全消防设施。

6）施工防排水临时设施。

7）主要结构物平面位置等。

（2）设计原则：

1）充分利用原有地形、地物，少占农田，因地制宜，以降低工程成本。

2）充分考虑水文、地质、气象等自然条件的影响。

3）场区规划必须科学合理。

4）场内运输形式的选择及线路的布设，应尽量减少二次倒运和缩短运距。

5）一切设施和布局，必须满足施工进度、方法、工艺流程及科学组织生产的需要。

6）必须符合安全生产、保安防火和文明施工的规定和要求。

9．编制技术措施计划与计算技术经济指标

技术组织措施是工程项目施工组织设计的内容之一。技术组织措施是施工方案的补充内容，有些技术与组织方面的内容，在施工方案中不能完全反映出来，是通过技术组织措施将它们反映出来的。技术组织措施主要反映工程项目的质量、工期、安全、环保等方面的要求和做法。

10．确定施工组织管理机构

略。

11．编制进度、质量、安全、环保和其他施工措施计划

（1）施工进度组织措施的主要内容：

1）施工进度的控制及动态管理。

2）施工各方的协调。

3）施工现场的管理。

4）施工进度管理的岗位责任制及管理制度。

5）项目各职能部门的保障工作等。

6）和施工进度有直接关系的协调控制。

（2）施工质量技术组织措施的主要内容：

1）建立和完善质量保障体系，落实质量管理组织机构，明确质量责任。

2）建立项目质量监控流程。

3）实行各项质量管理制度及岗位责任制。

4）设立重点、难点及技术复杂分部、分项工程质量的控制点。

5）技术复杂、易出质量问题的施工措施。

6）冬、夏两期施工措施。

7）工序作业指导书等。

（3）施工安全技术组织措施的主要内容：

1）安全施工组织落实。

2）安全施工监控。

3）安全施工目标。

4）安全施工技术措施计划。

5）重点工程施工安全要求。

6）施工安全制度及岗位责任制。

7）不安全因素控制点的设立。

8）安全教育、安全技术措施交底。

（4）施工环境保护组织措施的主要内容：

1）规范施工现场的场容，保持作业环境的整洁卫生。

2）减少施工对周围居民环境的影响。

3）环境保护的组织、落实及各种责任制。

4）施工现场固体废弃物的处理和处置。

5）严格控制强噪声作业时间。

6）严格控制人为噪声，如无故甩打模板，高音喇叭。

7）施工废水、废油污染的处理等。

（5）其他有关方面的技术组织措施：

1）成品保护措施。

2）突发事故防范措施。

3）消防保卫措施。

4）与各协作单位配合服务承诺的措施。

5）拆迁配合承诺措施。

6）工程交验后服务措施。

12. 编写说明书

略。

复 习 思 考 题

1. 理解公路基本建设的概念及作用。
2. 简述公路基本建设的内容。
3. 简述公路施工项目的特点。
4. 简述公路工程基本建设的程序。
5. 简述公路施工组织设计的作用。
6. 简述施工组织设计编制程序。

项目2 施工过程组织原理

【学习目标】

通过对公路工程施工过程组织原理的学习，了解施工过程组织的组织原则；理解公路工程时间组织的方法；掌握流水作业法的原理和应用；掌握横道图的绘制方法和工期的计算。为今后能对工程项目进行合理的组织安排提供理论基础。

【学习任务】

工作任务	能力要求	相关知识
施工过程的组织原则	（1）理解公路施工过程的概念和要素； （2）掌握公路施工过程组织的基本原则	（1）公路施工过程的概念； （2）公路施工过程的要素； （3）公路施工过程的组织原则
施工过程的时间组织	（1）了解时间组织的类型和施工过程中生产力的组织方法； （2）掌握时间组织的表达方法和基本作业方法	（1）施工过程时间组织的类型； （2）施工过程中生产力的组织； （3）施工过程时间组织的表达方法； （4）施工过程时间组织的基本作业方法
流水作业法的原理	（1）掌握流水作业法的主要参数； （2）掌握流水作业法的组织方法和工期的计算	（1）流水作业法的组织； （2）流水作业法的主要参数； （3）流水作业法的分类及总工期； （4）流水作业的作用
无节拍流水作业施工次序的确定	（1）掌握无节拍流水作业施工次序的确定方法； （2）掌握使用直接编阵法计算工期的方法	（1）m 个施工段 2 道工序时，施工次序的确定； （2）m 个施工段 3 道工序时，施工次序的确定； （3）m 个施工段，工序多于 3 道时，施工次序的确定； （4）直接编阵法计算工期
作业法的综合应用	掌握各种作业法的综合应用方法	（1）平行流水作业法； （2）平行顺序作业法； （3）立体交叉平行流水作业法

工作任务 2.1 施工过程的组织原则

2.1.1 公路施工过程的概念

施工过程就是生产建筑产品的过程，是由一系列相联系的施工生产活动所组成，是劳动者利用劳动工具作用于劳动对象的过程。为了更有效地组织施工生产，必须首先研究施工生产过程的内容，施工生产过程的内容是相互联系的劳动过程和自然过程的结合。公路施工过程含有两方面的含义：①劳动过程，离不开人、材料、机械等；②自然过程，如水泥混凝土硬化过程养生、乳化沥青分裂过程等。

按施工过程所需劳动性质及在基本建设中起的作用不同，可将施工过程划分如下。

1. 施工准备过程

施工准备过程指建筑产品在投入生产前所进行的全部生产技术准备工作，如可行性研究、勘察设计、施工准备等。

2. 基本施工过程

基本施工过程指为完成产品而进行的生产活动即施工现场所发生的活动，如路基、路面、桥涵等的施工。

3. 辅助施工过程

辅助施工过程指为保证基本施工过程的正常进行所需的各种辅助生产活动，如机械设备维修、动力的生产、材料加工等。

4. 服务施工过程

服务施工过程指为基本施工过程和辅助施工过程服务的各种服务过程，如原材料、半成品、机具、燃料等的供应与运输等。

2.1.2 公路施工过程的要素

组织公路工程施工，必须研究施工过程的最小要素，以适应施工组织、计划、管理等工作。

现行的《公路工程设计概（预）算文件编制办法》（JTGB 06—2007），将公路工程划分为：路基；路面；桥梁涵洞；交叉工程；隧道；公路设施及预埋管件工程；绿化及环境保护工程；临时工程；管理、养护服务房屋等九个项目。每个项目又细分为若干个分部、分项工程，如独立大桥工程，划分为桥头引道、基础、下部构造、上部构造、沿线设施、调治及其他工程、临时工程等七个分部工程。

公路施工过程是按照上述分部、分项工程按结构顺序施工。为了更好地管理施工过程，使施工组织设计做得更科学、合理、详细，将施工过程依次划分如下。

1. 动作与操作

动作是指工人在劳动时一次完成的最基本的活动，如：筛分试验中的取筛子，向1号筛中放料等。

操作由若干个相互关联的动作组成，如：消化生石灰这个操作是由拿工具—走向化灰池—向池中放水—将生石灰投入池中—搅拌等若干个相互关联的动作所组成。完成一个动作所耗用的时间长短与占用空间大小等，是制订劳动定额最重要的基础资料。

2. 工序

工序由若干个操作组成。工序是指施工技术相同，在劳动组织上不可分割的施工过程，是一个工人或一组工人，在一个工作地上，对同一种劳动对象连续进行的施工生产活动。工作地是工人们进行生产活动的场所，也称施工现场。如当劳动对象（石砌挡墙）不动，而由若干个工人顺序地对它进行施工生产活动，即挖基坑—砌基础—砌墙身，每一种生产活动就称为一道工序。再如，"现浇水泥混凝土基础"这一工程项目可分解成以下几道工序：挖基坑—安装钢筋—支模板—制备混合料—浇注混凝土—自然养生—拆除模板。从上述施工工艺流程看出，各工序由不同的工种或使用不同的机具依次地或平行地完成，工序在工人数量、施工地点、施工工具及材料等方面均不发生变化。如果上述因素中某个因素发生改变，就意味着从一道工序转入另一道工序。工序作为《公路工程预算定额》的最小子目。

3. 操作过程

操作过程是由几个在技术上相互关联的工序所组成的，可以相对独立的完成某一分部、分项工程。

在施工组织设计时，我们一般把工序作为最小的施工过程要素。

2.1.3　公路施工过程的组织原则

影响施工过程组织的因素有很多，如：施工地点、施工性质、建筑产品结构、材料、机械设备条件、自然条件等。使施工过程的组织灵活多样，没有完全相同的模式。但是不管施工过程的组织怎样变化，为了降低工程成本，缩短施工工期，保证工程质量，都应遵守以下基本原则。

1. 施工过程的连续性

施工过程的连续性是指建筑产品的施工过程各阶段、各工序的进行，在时间上是紧密衔接的，不发生各种不合理的中断现象，即在施工过程中，劳动对象始终处于被加工、检验状态，或处于自然过程中（如水泥混凝土的硬化）。

保持和提高施工过程连续性，可以降低成本。施工过程的连续性要求凡是能平行进行的不同工序活动（在不同的施工段上），必须组织平行作业，平行性是连续性的必然要求（流水作业法即可体现这一特性）。施工过程的连续性，与施工技术水平有关，同时也与施工组织工作的水平有关。

2. 施工过程的协调性

施工过程的协调性（也称比例性）是指建筑产品的施工过程各阶段、各工序之间，在生产能力上要保持一定的比例关系，不发生脱节和比例失调的现象（如某专业队人数多，生产能力强，造成产品过剩；而另一专业队人数少，生产能力较差，产品供应跟不上，这就属于比例失调，施工过程中应当避免）。协调性在很大程度上取决于施工组织设计的正确性。在施工过程中，由于材料原因（如品种变化，货源改变等）、采用新工艺、自然因素的变化等的影响，都会使实际生产能力发生变化，造成产品比例失调。因此，施工组织工作必须根据变化了的情况，采取措施，及时调整各种比例关系，保证施工过程的协调性。协调性是保证施工生产顺利进行的前提，使施工生产过程中人力和设备得到充分利用，避免产品在各个施工阶段和工序之间的停顿、等待，从而缩短施工工期，施工生产过程的协调性在很大程度上取决于施工组织设计的正确性。

3. 施工过程的均衡性

施工过程的均衡性（也称节奏性）是指施工过程的各个环节，都要按照施工计划的要求，在一定时间内，生产出相等或递增数量的产品，使各生产班组或设备的任务量保持相对稳定（即各施工段劳动量大致相等），不发生时松时紧现象（即使用同一种材料、机械或半成品的项目不要安排在同一时间施工）。均衡性能充分利用工时，有利于保证生产质量、降低成本，有利于劳动力和机械设备的调配。实现生产的均衡性，必须保持生产的比例性，加强计划管理，强化生产指挥系统，搞好施工技术和物资准备。

4. 施工过程的经济性

施工过程的经济性是指施工过程除了满足技术要求外，必须讲求经济效益，要用最小的劳动消耗尽量取得较大的生产成果。上述连续性、协调性和均衡性最终都要通过经济效果集中反映出来。

通过以上几点可以看出：连续性、协调性和均衡性是相互制约的，有关联的，施工组织过程中，连续性、协调性和均衡性使用得好，施工过程的经济性自然就能保证。

工作任务 2.2　施工过程的时间组织

2.2.1　施工过程时间组织的类型

在施工过程中，把施工对象（工程项目）人为地划分成若干段（有些是自然形成的），这些段就称为施工段。

公路施工过程时间组织类型主要有以下三种。

1. 单施工段多工序型

单施工段多工序型是指施工任务不能划分或不需要划分为若干施工段，而只有一个施工段，在这单一的施工段中含有 n 道工序的施工过程。如：一道独立的小涵洞，无法划分施工段，却有多道工序。

2. 多施工段多工序型

多施工段多工序型是指施工任务可以划分为多个施工段，每个施工段又含有 n 道工序的施工过程。如一条路线，每 $1\sim2$ km 可作为一个施工段，每个施工段有若干道相似的工序。

3. 混合型

混合型是指在一个施工任务中，既含有单施工段多工序型，又含有多施工段多工序型。如一条路线中，只有一座小桥，路线可划分为若干个施工段，一座小桥单独作为一个施工段。

2.2.2　施工过程中生产力的组织

进行施工生产离不开生产力和施工现场，为了确保工程质量和工程进度，生产力的科学、合理组织至关重要。生产力组织不合理将会导致施工生产不连续、不协调、不均衡，造成资金浪费，延误工期。

1. 按工艺要求组织生产力

按工艺要求组织生产力是专业化施工组织，是根据公路建筑产品的特点，划分施工段和工序，每一道工序按工艺要求组织一个专业队，如试验组、运输组、木工组、钢筋组、模板组、混凝土组、爆破组等。在这些专业组里，集中着同工种的工人和同工种所需的各种工具、机具和设备，对工程项目的各组成部分或其他有关工程项目，进行同类工艺的施工。这种组织的特点是：能充分发挥技术、机具和设备的潜力，便于专业化技术管理，可以组织流水作业，有利于采用新工艺、新材料，有利于保证工程质量和提高劳动生产率，但是各专业组之间需要协作配合。

2. 按施工对象组织生产力

按施工对象组织生产力是按照公路建筑产品的不同（型式不同、施工工艺差距大）及原有地形、地质、地貌的不同分别组织施工生产单位，如桥梁施工队、集中石方工程队、集中土方工程队、小桥涵施工队、防护工程施工队、路面施工队、软土地基处治施工队等。在这些专业化施工队里，集中着为生产某种产品所需的各种工具、机具、设备和工种。这种组织有利于采用先进的施工方法和技术革新，有利于保证工程质量，便于施工现场管理。

在实际工程中，原则上先考虑按施工对象组织生产力，然后再根据各施工对象特点划分施工段和工序，根据各施工段工程量大小和工艺要求再一次组织生产力。

2.2.3　施工过程时间组织的表示方法

时间组织成果是指导施工生产的依据，是工区领导进行劳动力安排、机具和机械设备调度的参考，是材料品种选择、确定材料数量和运输时间的依据，是施工场地空间组织的参考资料。考虑到这些因素和满足简单实用、直观方便的要求，最终用一种含有大量有关数据、各种信息的图表方式表示出来，这就是通常称为的工程施工计划进度图。目前公路工程施工过程时间组织所采用的"工程施工计划进度图"主要有如下几种：

（1）横道式工程施工进度图。也称横道图或甘特图。

（2）垂直坐标式工程施工进度图。也称斜线图或垂直图。

（3）网络图形式的工程施工进度图。公路工程常采用双代号和单代号网络图。

上述几种表示公路工程施工过程时间组织的"工程施工计划进度图"，有关它们的编制方法、应用和特点等，将在项目 5 介绍。

2.2.4　施工过程时间组织的基本作业方法

公路工程是线形分布的工程，具有固定性、分散性等特点。在施工组织方面，就公路工程总体而言，其施工组织具有集中与线形分布的双重性，且多属于多工段多工序型生产组织类型。因此，施工过程时间组织是通过作业班组，在施工对象间进行作业的运动方式来表现的。在公路施工过程中，公路施工的时间组织有三种基本作业方法：顺序作业法、平行作业法、流水作业法。在进行公路施工组织设计时，这三种作业方法既可以单独运用，也可以综合运用；顺序作业法、平行作业法、流水作业法及其综合运用法既可以用横道图表示，也可以用网络图表示。

【例 2.1】　4 座小涵洞的施工任务（假定 4 座小涵洞的劳动量相等，施工条件、技术配备、工程数量等完全相同）。

分析：4 座小涵洞自然形成了 4 个施工段，可把每一个施工段划分成三道工序，即基础、洞身、洞口。可以采用下面三种基本作业方法完成该施工任务。

1. 顺序作业法

当施工任务含有若干个施工段时（人为划分或自然形成），由同一班组工人，完成一个施工段后，再去接着完成另一个施工段，依次按顺序进行，直至完成全部施工段的作业方法，如图 2.1 所示。

由图 2.1 可以看出，顺序作业法完成 m 个施工任务所需的总施工时间 T 为：完成一

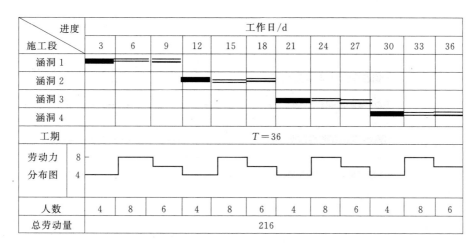

进度 施工段	工作日/d											
	3	6	9	12	15	18	21	24	27	30	33	36
涵洞 1												
涵洞 2												
涵洞 3												
涵洞 4												
工期	$T=36$											
劳动力 分布图												
人数	4	8	6	4	8	6	4	8	6	4	8	6
总劳动量	216											

工序图例：■■■ 4人基础　══ 8人洞身　── 6人洞口

图 2.1　顺序作业法

个任务所需时间 t 的 m 倍，即 $T=m \times t$（本例 $T=4 \times 9\mathrm{d}=36\mathrm{d}$）。

顺序作业法有以下特点：

（1）不能充分利用工作面去争取时间，所以工期长。

（2）施工队不能实行专业化施工，不利于提高工程质量和劳动生产率；机械设备不能充分利用。

（3）劳动力需要量波动大。

（4）单位时间内需要投入施工现场的资源数量较少，有利于资源供应的组织工作。

（5）因为只有一个施工队在施工，所以施工现场的组织管理工作比较简单。

由此可见，顺序作业法适用于小型项目，且工期要求不严。

2. 平行作业法

平行作业法是指当施工任务含有若干个施工段时，各个施工段同时开工，平行生产，同时完工的一种作业方法。即施工任务含有多少个施工段，就相应地组织多少个施工队，如图 2.2 所示。

由图 2.2 可以看出，用平行作业法组织生产，完成 m 个施工任务所需的总施工时间 T 等于完成一个任务所需的时间 t。即：$T=t$（本例 $T=9\mathrm{d}$）。

平行作业法有以下特点：

（1）充分利用了工作面，缩短了工期。

（2）施工队不能实行专业化施工，不利于提高工程质量和劳动生产率。

（3）协调性、均衡性差，劳动力需要量出现高峰。

（4）单位时间内需要投入施工现场的资源成倍增长，给材料供应、机械设备调度等带来困难。

（5）因为施工队多，人员集中，所以，施工现场的组织管理工作复杂。

由此可见，只有在施工任务十分紧迫，工期紧张，工作面允许及资源充分，能保证供应的条件下，才能使用这种作业方法。

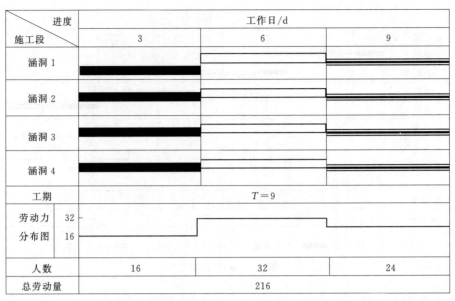

工序图例：█ 4人基础 ☐ 8人洞身 ☰ 6人洞口

图 2.2 平行作业法

3. 流水作业法

流水作业法是指当施工任务含有若干个施工段时，其各个施工段相隔一定时间依次投入施工生产，相同的工序依次进行，不同的工序则平行进行的一种作业方法，如图 2.3 所示。

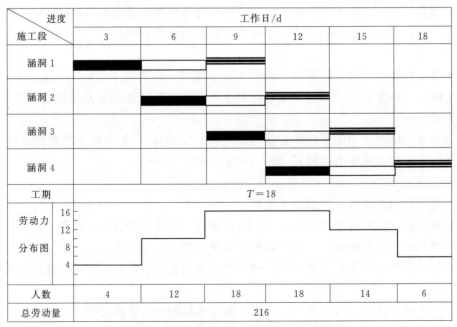

工序图例：█ 4人基础 ☐ 8人洞身 ☰ 6人洞口

图 2.3 流水作业法

由图 2.3 可以看出，流水作业法完成 m 个施工任务所需的总施工时间 T，比顺序作业法短，比平行作业法长。本例 $T=18$d。

通过比较可以看出，流水作业法消除了以上两种作业法的缺点，其特点如下：

（1）由于流水作业法科学地利用工作面，所以总工期比较合理。

（2）施工队采用专业化施工，可使工人的操作技术水平由熟练而不断提高，为进行技术改造、革新创造了条件，更能保证工程质量，同时获得更高的劳动生产率。

（3）专业施工队实行连续作业，相邻专业施工队之间搭接紧凑，体现了施工的连续性。

（4）单位时间内需要投入施工现场的资源数量较为均衡，有利于资源供应的组织工作。

（5）施工有节奏，为文明施工和进行施工现场的科学管理创造了条件。

采用流水作业法组织施工，施工段的数量和工作面的大小必须满足一定的要求，流水作业法才能更好地发挥它的优越性。

以上是假定在施工条件、技术水平、工程数量等完全相同的条件下，仅就 3 种施工组织方法的施工工期和劳动力需要量进行比较，而实际工程中的情况要复杂得多。在此，主要是为了说明这 3 种施工组织方法的基本概念。

工作任务 2.3 流水作业法的原理

2.3.1 流水作业法的组织

通过对顺序作业法、平行作业法和流水作业法的比较，流水作业法是一种比较科学的施工组织方法，它建立在合理分工、紧密协作和大批量生产的基础上。在公路工程施工过程中，将建筑产品施工的各道工序分配给不同的专业队依次去完成，每个专业队沿着一定的方向移动，在不同的时间相继对各个施工任务（施工段）进行相同的施工，由此形成专业队、施工机械和材料供应的移动路线，称为流水线。公路工程施工现场规模较大，可容纳各种不同专业的工人、施工机具，在不同的位置进行施工生产，即将施工对象划分为若干个施工段，以流水形式组织施工作业，使整个施工过程始终连续、均衡、有节奏的施工。公路工程施工任务不论是分部、分项工程，还是基本建设项目，都可以组织流水作业，即小到一道工序大到一个基本建设项目，都可以按流水作业法组织施工。

组织流水作业的基本方法如下。

1. 划分施工段

划分施工段就是把劳动对象（工程项目）按自然形成或人为地划分成劳动量大致相等的若干段。如一个标段上有若干道小涵洞，可以把每一个小涵洞看作是一个施工段，这就自然形成了若干施工段。如果把一个标段的路线工程部分，划分成 1km 一段，就属于人为地把劳动对象划分成了若干施工段。

2. 划分工序

划分工序就是把劳动对象（工程项目）的施工过程，划分成若干道工序或操作过程，每道工序或操作过程分别按工艺原则建立专业班组，即有几道工序，原则上就应该有几个专业施工队。

3．确定施工顺序

确定施工顺序就是各个专业班组按照一定的施工顺序，依次连续地由一个施工段转移到下一个施工段，不断地完成同类施工。如路线的施工顺序是：施工准备、施工放样、路基、路面等，各专业班组按照这样一个施工顺序，由一个施工段转移到下一个施工段，直至完成全部工程。

4．估算流水时间

施工单位根据能达到的生产力水平和流水强度，确定流水节拍和流水步距。

5．施工过程的时间组织

为了缩短工期，提高经济效益，减少施工工人和施工机械不必要的闲置时间，本施工段上各相邻工序之间或本工序在相邻施工段之间进行作业的时间，应尽可能地相互衔接起来，即施工段之间、工序之间尽可能连续。

【例2.2】 有5道涵洞，对其基础施工采用流水作业法。

分析：①5道涵洞，自然形成5个施工段；②将基础分成3道工序：施工放样、挖基坑和砌基础；③分别组成3个专业施工队，即施工放样3人、挖基坑4人、砌基础8人；④施工顺序：施工放样→挖基坑→砌基础。具体时间组织成果如图2.4所示。

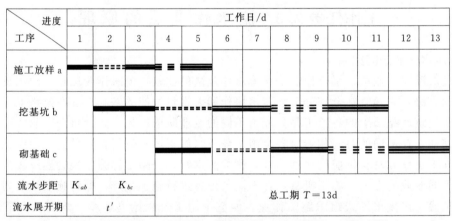

图2.4 流水作业施工进度图

由图2.4可见，当涵洞1的施工放样工序完成后，涵洞1的挖基坑作业可以进行；同时，涵洞2的施工放样和涵洞1的挖基坑作业平行地进行施工；依此进行下去，形成流水作业。

2.3.2 流水作业法的主要参数

用流水作业法组织施工时，施工过程的连续性、均衡性和协调性，取决于一系列参数的确定，以及它们之间的相互联系，反映这些关系的参数就称为流水参数。一般把流水作业法的参数分为空间参数、工艺参数和时间参数。

2.3.2.1 空间参数

执行任何一项施工任务，都要占用一定范围的空间。在组织流水作业时，用工作面和施工段数这两个参数表达流水作业在空间布置上所处的状态，这些参数称为空间参数。

1. 工作面

某一专业工种的工人或某种型号的机械在进行施工操作时所必须具备的活动空间称为工作面。

工作面的大小决定了最多能安置多少个工人和布置多少台机械进行操作。它反映空间组织的合理性。工作面的布置以最大限度发挥工人和机械的效力为目的，并遵守安全技术和施工技术规范的规定。

2. 施工段数 m

施工段的概念前面已经讲过，那么，为什么要划分施工段呢？划分施工段时应注意什么呢？

（1）划分施工段的目的主要是：

1）多创造工作面，为下道工序尽早开工创造条件。

2）不同的工序（不同工种的专业施工队）在不同的工作面上平行作业。只有划分施工段，才能展开流水作业。

（2）划分施工段应注意以下几点：

1）人为划分施工段时，要使各施工段劳动量大致相等，相差以不超过 15％为宜。

2）施工段的划分，应考虑施工规模和资源供应等，通常以主导工序的组织为依据。

3）施工段的划分，应考虑施工对象的结构整体完整性。如：大型人工构造物以伸缩缝、沉降缝为界分段，一般的工程结构应在受力最小而又不影响结构外观的位置分段。

4）施工段的划分，要考虑各作业班组有合适的工作面，过小，不能充分发挥人、机械的效力；过大，影响工期。

2.3.2.2 工艺参数

任何一项施工任务，都由若干不同种类和特性的工序（施工过程）组成，每一道工序都有其特定的施工工艺。在组织流水作业时，用工序（施工过程）和流水强度这两个参数来表达流水作业施工工艺开展的顺序及特征，这些参数称为工艺参数。

1. 工序数 n

根据具体情况，把一个工程项目（分部工程）划分为若干道具有独自施工工艺特点的个别施工过程，叫做工序。如桥梁钻孔灌注桩工程可分为：埋护筒、钻孔、灌混凝土等；预制混凝土构件可分为：钢筋组、木工组、支模板组、实验组、混凝土拌和站、混凝土运输、混凝土浇灌及混凝土振捣。工序数常用 n 来表示。每一道工序由一个专业班组来承担施工。

工序数要根据构造物的复杂程度和施工方法来确定，划分工序时，应注意以下问题：

（1）工序划分的粗细程度，应以流水作业进度计划的性质为依据。对于实施性的流水作业进度计划，应划分得细一些，可划分到分项工程。对于控制性的进度计划，应划分得粗一些，可以是单位工程，甚至是单项工程。

（2）结合所选择的施工方案划分工序。如钢筋混凝土结构的现场浇注与预制安装，沥青混凝土路面的机械摊铺施工与人工摊铺施工，两者划分施工工序的差异是很大的。

（3）划分工序应重点突出，抓住主要工序，不宜太细，使流水作业进度计划简明扼要。如：路面工程可以划分为底基层、基层和面层。

（4）一个流水作业进度计划内的所有工序应按施工先后顺序排列，所采用的工序名称应与现行定额的项目名称一致。

2. 流水强度 v

流水强度又称流水能力或生产能力，每一工序（专业班组）在单位时间内所完成的工程量（如瓦工组在每工作班砌筑的圬工体积数值）称作流水强度。流水强度越大，专业队应配备的机械、需用的人工及材料等也越多，工作面相应增大，施工期限则会缩短。流水强度按下列公式计算得出。

（1）机械施工时的工序流水强度按式（2.1）计算：

$$v_i = \sum_{i=1}^{x} R_i \times C_i \tag{2.1}$$

式中　v_i——工序 i 的机械作业流水强度；

　　　R_i——某种施工机械台数；

　　　C_i——该种施工机械的台班产量定额（时间定额的倒数）；

　　　x——投入同一工序的主导施工机械种类。

（2）人工操作时的工序流水强度按式（2.2）计算：

$$v_i = R_i \times C_i \tag{2.2}$$

式中　v_i——工序 i 的人工作业流水强度；

　　　R_i——每一专业班组人数；

　　　C_i——平均每一个工人每班产量即产量定额（时间定额的倒数）。

2.3.2.3　时间参数

每一工序（施工过程）的完成，都要消耗时间。在组织流水作业时，用流水节拍、流水步距、流水展开期、技术间歇时间及组织间歇时间这 5 个参数来表达流水作业在时间排列上所处的状态。这 5 个参数称为时间参数。

1. 流水节拍 t_i

流水节拍 t_i 是指一道工序（作业班组）在一个施工段上的持续时间。如图 2.4 所示中，施工放样工序在各施工段上的流水节拍都等于 1d，挖基坑工序在各施工段上的流水节拍都等于 2d 等。

当施工段数目确定后，流水节拍的长短，影响着总工期。影响流水节拍长短的因素有施工方案、施工段的工程数量、专业施工队的人数、机械台数以及每天的作业班次等。

从理论上讲，流水节拍越短越好。但是在实际工程中，由于工作面的限制，流水节拍 t_i 有一个界限。流水节拍 t_i 有以下几种计算方法：

1）定额法。在实际工程中，根据实有工人和机械数量按式（2.3）来确定流水节拍 t_i，即：

$$t_i = \frac{Q_i \times S}{R \times n} \tag{2.3}$$

式中　t_i——流水节拍；

　　　Q_i——某施工段的工程数量；

S——某工序的时间定额；

R——施工人数或机械台数；

n——作业班制数，即 1 班、2 班、3 班。

2）工期反算法。如果施工任务紧迫，必须在规定的日期内完成施工任务，可采用倒排进度的方法求流水节拍。首先根据要求的总工期 T 倒排进度，确定某一工序（施工过程）的施工作业总持续时间 T_i，再根据施工段数 m 反求流水节拍 t_i，即：

$$t_i = \frac{T_i}{m} \qquad (2.4)$$

然后检查反求的流水节拍 t_i 是否大于最小流水节拍 $t_{\min}$，如果不满足可通过调整施工段数和专业队人数及作业班次，再综合考虑其他因素，然后重新确定。$t_{\min}$ 的计算公式为：

$$t_{\min} = \frac{A_{\min} \times Q_i \times S}{A} \qquad (2.5)$$

式中 $A_{\min}$——每个人或每台机械所需的最小工作面；

A——一个施工段实际具有的工作面数值；

Q_i——某施工段的工程数量；

S——某工序的时间定额。

2．流水步距 K

流水步距是指两相邻不同工序（专业班组）相继投入同一施工段开始工作的时间间隔，即开始时间之差，通常用 K 表示。在图 2.4 中，施工放样专业队从第一天开始作业，挖基坑专业队从第二天开始作业，则这两支专业队之间的流水步距 $K=1$。

流水步距 K 的大小，对总工期有很大影响。在施工段数目和流水节拍确定的条件下，流水步距越大，则总工期就越长；反之，流水步距越小，则总工期就越短。确定流水步距时，在考虑正确的施工顺序、合理的技术间歇、适当的工作面和施工的均衡性的同时，一般还应遵循以下原则：

（1）采用最小的流水步距，即相邻两工序在开工时间上最大限度地、合理地衔接，以缩短工期。

（2）流水步距要能满足相邻两工序在施工顺序上相互制约的关系。

（3）尽量保证各施工专业队都能连续作业。

（4）确定流水步距要保证工程的质量，满足安全施工的要求。

3．流水展开期

从第一个施工专业队开始作业起，到最后一个施工专业队开始作业止，其时间间隔称作流水展开期，常用 t' 表示。显然，流水展开期之后，全部施工专业队都进入流水作业（当 $m>n$ 时），每天的各种资源需要量保持不变，各专业队每天完成相应的工作量，开始了连续、均衡而紧凑的流水作业阶段。由图 2.4 可见，流水展开期 t' 的数值等于各流水步距 K 值之和。

4．技术间歇时间

在组织流水作业时，不仅要考虑专业队之间的协调配合、施工质量和施工安全等，有时应根据材料特点和工艺要求，还要考虑合理的工艺等待时间，然后下一专业队才能进入施工，这个等待时间称作技术间歇时间。如混凝土的凝结硬化、油漆的干燥等。

5．组织间歇时间

在流水作业中，由于施工技术或施工组织的原因，造成流水步距以外增加的间歇时间称作组织间歇时间。如施工进行中的检查、校正，施工人员和机械的转移等需用的时间都是组织间歇时间。

2.3.3　流水作业法的分类及总工期

由于工程构造物的复杂程度不同，受地理环境影响不同，以及工程性质各异等因素的影响，造成了流水参数的差异，使流水施工作业分为有节拍流水作业和无节拍流水作业。其中，有节拍流水作业又分为全等节拍流水、成倍节拍流水和分别流水。

1．有节拍流水作业

（1）全等节拍流水。

1）定义。在组织流水作业时，如果所有工序（施工过程）在各个施工段上的流水节拍彼此相等，这种组织方式的流水作业称为全等节拍流水。

2）特点：

a．流水节拍彼此相等，流水步距彼此相等，而且两者的数值也相等。即 $t_i = k_i =$ 常数，这也是组织全等节拍流水作业的条件。

b．按每一道工序各组织一个施工专业队，即施工专业队的数目等于工序数 n。

c．每个施工专业队都能连续作业，施工段没有空闲，实现了连续、均衡而又紧凑的施工，是一种理想的组织方式。但是在实际工程中，这种情况并不多见。

3）总工期的计算。由图 2.5 可知，流水展期 t' 为各施工专业队（即工序）之间的流水步距 K 值之和。因此，施工专业队（即工序）数为 n 时，流水步距必然只有 $(n-1)$ 个，则：

$$t' = (n-1)k \tag{2.6}$$

最后一个施工专业队（即工序）应在每个施工段上依次作业，它的全部作业时间 t 应为

$$t = mt_i \tag{2.7}$$

式中　各符号意义同前。

流水作业的总工期 T 等于 t' 与 t 之和，即：

$$T = t' + t \tag{2.8}$$

$$或 \ T = (n-1)k + mt_i = (m+n-1)k \tag{2.9}$$

式中　各符号意义同前。

（2）成倍节拍流水。

1）定义。相同工序的流水节拍在所有施工段上都相等，不同工序的流水节拍彼此不相等，但互为整数倍数关系（1 除外）。

2）特点：

a．同一工序在各个施工段上的流水节拍彼此相等，不同工序在同一施工段上的流水节拍彼此不相等，但互为整数倍数关系，这也是组织成倍节拍流水作业的条件。

b．施工专业队的数目大于工序数。

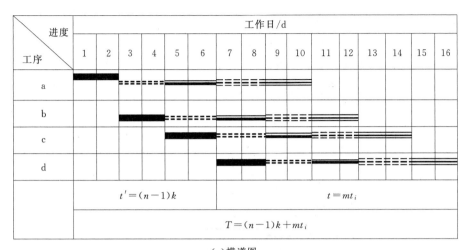

（a）横道图

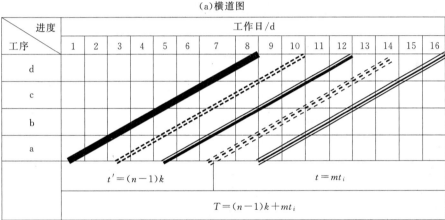

施工段图例：■■■ A　==== B　—— C　≡≡≡ D　══ E

（b）斜线图

图 2.5　全等节拍流水施工进度图

c. 各施工专业队都能保持连续施工，施工段没有空闲，整个施工过程是连续的、均衡的，各施工专业队按自己的节奏施工。

3）成倍节拍流水组织施工。

如果仍按全等节拍流水组织施工，则会造成专业队窝工或作业面间歇，从而导致总工期延长。为了使各专业队仍能连续、均衡地依次在各施工段上施工，应按成倍节拍流水组织施工。其步骤如下：

a. 求各工序的流水节拍的最大公约数 K_k。与原流水步距 K 意义不同，K_k 是作为按成倍流水节拍组织流水作业的一个参数，是各道工序都共同遵守的"公共流水步距"。

b. 求各工序的施工专业队数目 B_i。每道工序的流水节拍 t_i 是 K_k 的几倍，就相应安排几个施工专业队，即施工专业队数目：$B_i = t_i / K_k$。同一道工序的各个施工专业队就依次相隔 K_k 天投入流水作业施工，这样才能保证均衡、连续地施工。

c. 将施工专业队数目的总和 $\sum B_i$ 看做是"总工序数 n"，将 K_k 看做是"流水步距"。然后，按全等节拍流水作业安排施工进度。

d. 计算总工期 T。将 $n = \sum B_i$，$K_k = k$ 代入式（2.9）得：

$$T = (m+n-1)k = (m + \sum B_i - 1)K_k \qquad (2.10)$$

【例 2.3】 如图 2.6 所示是一个成倍节拍流水作业图，共有 7 个施工段（A、B、C、D、E、F、G），每个施工段有 3 道工序（a、b、c），a 工序（专业队）在各个施工段上的流水节拍 $t_a = 2$；b 工序在各个施工段上的流水节拍 $t_b = 6$；c 工序在各个施工段上的流水节拍 $t_c = 4$。

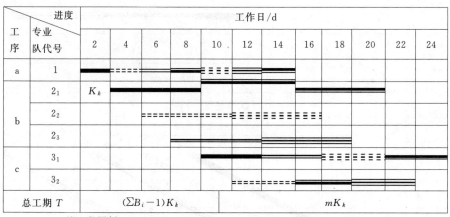

图 2.6 成倍节拍流水施工进度图

各工序的流水节拍的最大公约数 $K_k = 2$。由 $B_i = t_i / K_k$ 计算得：a 工序需要 1 个专业队；b 工序需要 3 个专业队；c 工序需要 2 个专业队。

再由 $m = 7$，$\sum B_i = 6$，$K_k = 2$ 代入式（2.10）得：

$$T = (7 + 6 - 1) \times 2 = 24 \text{(d)}$$

（3）分别流水。

1）定义。分别流水是指各工序的流水节拍各自保持不变，即 $t_i =$ 常数，不同工序的流水节拍不完全相同，但不存在最大公约数（除 1 之外），流水步距 K 也是一个变数的流水作业。也就是说，同类工序的流水节拍在各施工段上相等，而不同类工序的流水节拍相互不完全相等。

组织分别流水作业时，首先应保持各施工段本身均衡而不间断地进行，然后将各工序彼此衔接协调。既要避免各工序之间发生矛盾，也要尽可能减少作业面的空闲时间，使整个施工安排保持最大程度的紧凑，以达到缩短工期的目的。

2）作图。由于流水步距是一个变数，其作图既不能像全等节拍流水作业，也不能像成倍节拍流水作业那样。分别流水作业作图，可以采用两种方法，一种方法是紧凑法（只要具备开工要素就开工），如图 3.7（a）所示；另一种方法是潘特考夫斯基法（各专业队连续作业，将在后面内容进行阐述），如图 2.7（b）所示。

由图 2.7 可见，总工期都为 24d，即 $T = 24$。不同的组织方法，总工期相同（这是一个特例）。一般来说，哪一种组织方法工期短采用哪一种。但是，该例在总工期相同的情况下应采用后一种组织方法，因为工期相同的条件下，作业队连续作业更经济。

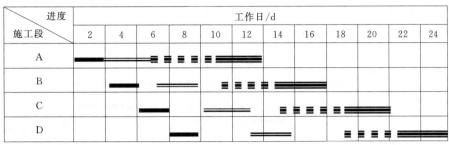

(a)紧凑法

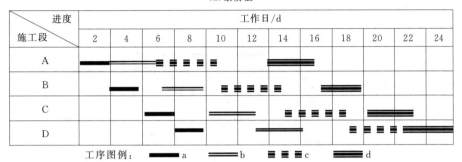

工序图例： ▬▬ a ══ b ▬ ▬ ▬ c ▭▭▭ d

(b)作业队连续作业

图 2.7 分别流水作业进度图

分别流水作业施工总工期的确定，一般采用作图法来确定。因为有两种作图方法，所以会有两种工期，不能用一个公式表达。

2. 无节拍流水作业

（1）定义。无节拍流水作业是指同类工序的流水节拍在各施工段上不完全相同，而不同类工序的流水节拍相互也不完全相等。

对于公路工程来说，沿线工程量并非均匀分布，如：大、中型桥梁或路基土、石方的高填、深挖等属于集中型工程。在实际工程中，各施工专业队在机具和劳动力固定的条件下，流水作业速度不可能总保持一致。所以，有节拍流水作业很少出现，大多是无节拍流水作业，即 $t_i \neq$ 常数，$K \neq$ 常数。

（2）作图。无节拍流水作业的作图与分别流水作业相同，也有两种方法，一种方法是紧凑法（只要具备开工要素就开工），如图 2.8（a）所示；另一种方法是潘特考夫斯基法（各专业队连续作业），如图 2.8（b）所示。

确定无节拍流水作业的施工总工期时，一般采用作图法确定。但是，为了求得最短的总工期，首先必须对施工段的施工次序进行排序（将在工作任务 2.4 进行阐述），然后才能以作图法确定其最短总工期。

2.3.4 流水作业的作图

1. 流水作业图的形式

按流水作业图中的图形、线条形态及其所表达的内容可分为：

（1）横线工段式，如图 2.5 所示。

（2）横线工序式，如图 2.8 所示。

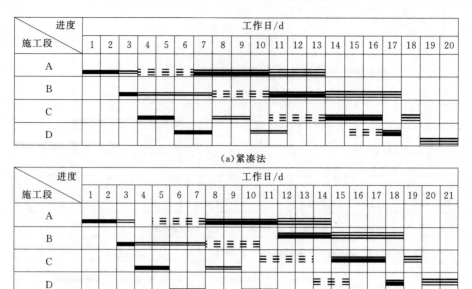

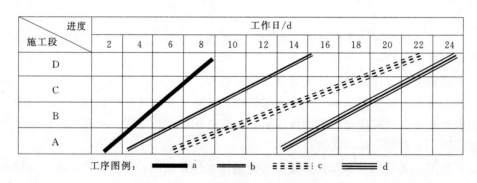

图2.8 无节拍流水作业进度图

（3）斜线工段式，如图2.5（b）所示。

（4）斜线工序式，如图2.9所示，其图由图2.7（b）改画而成。

图2.9 斜线工序式流水作业进度图

2. 流水作业的作图

流水作业法的施工组织意图和内容，通过流水作业图的形式表达出来。有关作图的要点介绍如下：

（1）开工要素。任何一道工序开工时，必须具备工作面和生产力（工人、机械和材料等资源）两个开工要素，两者中缺少任何一个，工序都不具备开工条件。也就是说，工序无法投入生产。如图2.8（a）所示中，b工序在C施工段上，必须在第8天开工，因为在这之前，虽有工作面，但无生产力；又如图2.7（a）所示中，d工序在B施工段上，只能在第14天开工，在第13天虽有生产力，但无工作面。

（2）工序衔接原则：

1）相邻工序之间及工序本身，应尽可能衔接，以取得最短施工总工期。

2）工序衔接必须满足工艺要求和自然过程（混凝土的硬化等）的需要。

3）尽量求得同工序在各施工段上能连续作业，并尽量求得相邻不同工序，在同一施工段上能连续作业。

4）图中的首工序和末工序，均可按需要与可能采取连续作业或间歇作业。

（3）工序紧凑法流水作业组织。为了使流水作业图取得最短总工期，在作图时，各相邻工序之间尽量紧凑衔接。即尽量使所排工序向作业开始方向靠拢（一般向图的左端）。如图 2.8（a）所示为按工序紧凑法组织的流水作业；如图 2.8（b）所示为按专业队连续作业组织的流水作业。两种组织方法，工期相差 1d，在实际生产中，若工期紧，应采取如图 2.8（a）所示的组织方式。

（4）施工专业队在各施工段间连续作业的组织。在流水作业组织中，可使各个专业队在各施工段间连续作业，以避免出现"停工待面"和"干干停停"情况；这样，尽管不能保证工期最短，但经济效益是可以保障的。

专业队的连续作业实现了，不等于总工期最短；但总工期最短，不等于不能实现连续作业，如图 2.7 所示。

为了组织在总工期尽可能短的条件下，各施工专业队能在各个施工段间进行连续作业，则必须确定相邻各专业队（相邻工序）间最小流水步距 K_{min}。最小流水步距 K_{min} 可以用潘特考夫斯基法和"纸条串"法来确定。

1）潘特考夫斯基法。此方法也被称作"累加数列错位相减取大差"法。下面以具体示例进行介绍。

a. 作表。按施工段和工艺顺序，将各工序（施工专业队）在各施工段上的流水节拍值列于表 2.1 中。

b. 求首施工段上各最小流水步距 K。

表 2.1　　　　　　　　　　　　　流　水　节　拍　表　　　　　　　　　　　单位：d

工序 \ 施工段	A	B	C	D
a	2	3	3	2
b	2	2	3	3
c	3	3	3	2

a）求 K_{ab}^A。

将 a 工序的 t_a 依次累计叠加，可得数列：2　5　8　10。

将 b 工序的 t_b 依次累计叠加，可得数列：2　4　7　10。

将后一工序的数列向右错一位，进行两数列相减，即：

$$
\begin{array}{rccccc}
a: & 2 & 5 & 8 & 10 & \\
b: - & & 2 & 4 & 7 & 10 \\
\hline
& 2 & 3 & 4 & 3 & -10
\end{array}
$$

则所得数列中的最大正数为 4，即为 a、b 两工序的最小流水步距 $K_{ab}^A = 4$。

b）同理，求 K_{bc}^A。

$$
\begin{array}{cccccc}
\text{b：} & 2 & 4 & 7 & 10 & \\
\text{c：} & - & 3 & 6 & 9 & 11 \\
\hline
 & 2 & 1 & 1 & 1 & -11
\end{array}
$$

则所得数列中的最大正数为2，即b、c两工序的最小流水步距 $K_{bc}^A = 2$。

虽然可能还会有更多的工序，施工段也会比此例多，但是最小流水步距的求法完全相同。

c. 绘制流水作业图。根据求得的最小流水步距和流水节拍表（见表2.1），绘制流水作业图，如图2.10所示。

d. 结论：由图2.10可得总工期 $T = 17d$，若采用紧凑法组织施工，可得总工期 $T = 16d$。在实际生产中，根据具体情况选取组织方法。

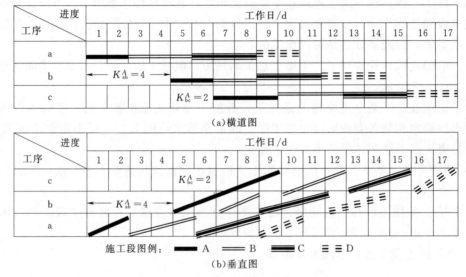

图 2.10　最小流水步距流水作业进度图

2）"纸条串"法。此方法只适用于横线工段式。以图2.10为例来说明"纸条串"法求 K_{min} 的步骤如下：

a. 作流水节拍表，同填列表2.1相同。

b. 绘制"流水作业进度图"的图框，填好施工进度日历和工序名称（以下简称进度图）。

c. 将首工序即a工序，在各个施工段上的流水节拍直接连续地绘制于进度图上，并标明施工段名称。

d. 将b工序在各施工段上的流水节拍连续地绘制在纸条上，并标明施工段名称。然后，将纸条在"进度图"的b工序行内由左向右调整，调整的原则是：相同符号的施工段不能重叠（重叠说明两个不同的施工专业队进入了同一个施工段。也就是说，上一道工序还没有完工，还不具备工作面，下一道工序就进入了现场），但要做到衔接最紧凑。调整好后，将纸条固定。

e. 将c工序在各个施工段上的流水节拍连续地绘制在纸条上，并重复上述d步骤，调整好后，将纸条固定。

若还有更多的工序，可以一直重复上述 d 步骤。实践证明，"纸条串"法的优点是简捷、直观、准确及不必计算。

3. 课堂练习

表 2.2 是一个流水节拍表，请同学们分别用紧凑法和潘特考夫斯基法绘制横线图和相应的斜线图，并对工期进行比较，说明实际工程中用哪一种组织方式更加科学合理。

表 2.2　　　　　　　　　　流 水 节 拍 表　　　　　　　　　　单位：d

工序＼施工段	A	B	C	D
a	2	2	2	1
b	1	2	2	4
c	3	3	2	3
d	4	3	1	3
e	3	1	2	4

工作任务 2.4　无节拍流水作业施工次序的确定

公路工程由于施工作业条件、工程结构特性和环境因素的影响，流水作业并不是按照人们的意愿能安排成有规律的稳定性流水作业，而常常会出现无节拍的流水作业。在前面章节中曾提到过，在确定无节拍流水作业的施工总工期时，必须先进行施工段的排序，否则将不能求得最短施工总工期。

如果有 m 个施工段，每个施工段都具有 n 道工艺相同的工序（工艺不同的工序无法进行比较），那么，怎样安排各个施工段的施工次序，才能使得总工期最短呢？

这里所指的 m 个施工段，是指那些施工内容相同的单位工程，分部、分项工程（而不同施工内容的施工段无法排序）。n 道工序是指 m 个施工段中，受某种客观条件（如关键设备等）制约的工序，或指那些人为合并的工序。

2.4.1　m 个施工段 2 道工序时，施工次序的确定

对于这类问题可以用约翰逊-贝尔曼法则来解决。这个法则的基本思想是先行工序中施工工期短的要排在前面施工；而后续工序中施工工期短的要排在后面施工。即，首先列出 m 个施工段的流水节拍表（各个施工段上各工序的流水节拍的计算，将在项目 5 叙述），然后，在表中依次选取最小数，而且每列只选一次，若此"数"属于先行工序，则从前面排，反之，则从后面排。

具体步骤通过示例详解如下：

（1）填列。见表 2.3。

表 2.3　　　　　　　　　　流 水 节 拍 表　　　　　　　　　　单位：d

工序＼施工段	A	B	C	D	E	F
a	4	4	6	8	3	2
b	7	4	5	1	6	3

（2）绘制"施工次序排列表"的表格。见表 2.4（熟练后可不绘制此表，而在表 2.3 下面加一栏，直接排序）。

表 2.4　　　　　　　　　　　施 工 次 序 排 列 表

施工次序 填表次序	1	2	3	4	5	6
1						D
2	F					
3		E				
4					B	
5			A			
6				C		
列中最小数	2	3	4	5	4	1
施工段号	F	E	A	C	B	D

（3）填表排序。即按约翰逊-贝尔曼法则填充表 2.4，从而可将各个施工段的施工次序排列出来。

本示例中，根据表 2.3 可知，各施工段的施工次序排列如下：

1）第一个最小数是 1，属于后续工序，所以填列在表 2.4 中施工次序的最后一格，并将表 2.3 中 D 施工段这一列划去。

2）第二个最小数是 2，属于先行工序，所以填列在表 2.4 中施工次序的最前面一格，并将表 2.3 中 F 施工段这一列划去。

3）依次类推，将表 2.4 填列完毕，可确定各个施工段的最优施工次序为 F、E、A、C、B、D。

（4）绘制施工进度图，确定施工的总工期。本示例按流水作业法组织施工，其施工进度图，如图 2.11 所示，其总工期为 28d。

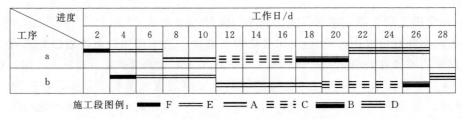

图 2.11　最优施工次序流水作业进度图

若不按约翰逊-贝尔曼法则所确定的施工次序，一般不能取得最短的施工总工期。如：本示例中，若按表 2.3 的施工次序，即按 A、B、C、D、E、F 的次序施工，则总工期至少需要 34d，比 28d 多了 6d。

2.4.2　m 个施工段 3 道工序时，施工次序的确定

（1）对于这类问题，如果符合下列两种情况中的其中一种情况，就可采用约翰逊-贝尔曼法则，这两种情况分别是：

1）第 1 道工序中最小的施工期 $a_{\min}$，大于或等于第 2 道工序中最大的施工期 $b_{\max}$，即 $a_{\min} \geqslant b_{\max}$。

2）第 3 道工序中最小的施工期 $c_{\min}$，大于或等于第 2 道工序中最大的施工期 $b_{\max}$，即 $c_{\min} \geqslant b_{\max}$。

（2）对于 m 个施工段 3 道工序时，施工次序的排序问题，只要符合上述两种情况中的其中一种情况时，即可按下述步骤来求得最优施工次序：

1）将各个施工段中第 1 道工序 a 和第 2 道工序 b 的流水节拍（施工期）依次加在一起，即 a＋b。

2）将各个施工段中第 2 道工序 b 和第 3 道工序 c 的流水节拍（施工期）依次加在一起，即 b＋c。

3）将上述 1）、2）步骤中得到的流水节拍表（施工工期表），看作 2 道工序的流水节拍表（施工工期表）；见表 2.5 中的 a＋b 和 b＋c。

4）按上述 m 个施工段 2 道工序时的排序方法，求出最优施工次序。

5）按所确定的施工次序绘制施工进度图，确定施工的总工期。

现举例说明，见表 2.5。

表 2.5　　　　　流　水　节　拍　表　　　　　单位：d

施工段 工序	A	B	C	D	E
a	3	2	8	10	5
b	5	2	3	3	4
c	5	6	7	9	7
a＋b	8	4	11	13	9
b＋c	10	8	10	12	11
最优次序	B	A	E	D	C

本示例按上述方法确定出最优施工次序为 B、A、E、D、C，总工期为 39d；若按 A、B、C、D、E 的顺序施工，则总工期为 42d。

如果 m 个施工段 3 道工序，不满足上述特定条件时，应如何确定最优施工次序呢？遇到这种情况，可以采用穷举法，找出最优施工次序，即还是按照上述原理，将工序重新组合成虚拟的 2 道工序（包括所有可能的情况），再按约翰逊-贝尔曼法则确定最优施工次序。

【例 2.4】　见表 2.6。

表 2.6　　　　　流　水　节　拍　表　　　　　单位：d

施工段 工序	A	B	C	D
a	3	4	7	9
b	3	5	6	4
c	5	6	8	7

表 2.6 为 4 个施工段，3 道工序，但是不满足上述的特定条件，我们可以把 a、b、c 3 道工序重新组合成以下 2 道工序（包括了所有组合情况）：(a，b+c)；(a+c，b)；(a+b，c)；(a+b，b+c)；(a+c，b+c)；(a+b，a+c)。注意：先行工序和后续工序的位置不能颠倒，故 (a+c，a+b) 的组合是错误的。

2.4.3　m 个施工段工序多于 3 道时，施工次序的确定及按直接编阵法计算工期

当工序多于 3 道时，求解最优施工次序变的比较复杂。但是，我们仍可以将工序按一定的方式进行组合，将其变成虚拟的 2 道工序，然后再按照约翰逊-贝尔曼法则确定较优的施工次序。

由于组合方式很多，每一次得到的只是较优的施工次序，所以只有列出所有的组合方式，从众多较优解中找到最优的施工次序。但是，即使我们没有列出所有的组合方式，也可以得到相对最优解。下面举例说明本方法的应用。

【例 2.5】 某施工任务有 4 个施工段，每个施工段有 4 道相同工序，其流水节拍表（作业时间表）见表 2.7，求其最优施工次序及最短施工总工期。

表 2.7　　　　　　　　　　　　　流　水　节　拍　表　　　　　　　　　　单位：d

工序＼施工段	A	B	C	D
a	6	2	5	3
b	4	7	1	2
c	8	9	3	6
d	1	5	4	8

若不排序，按直接编阵法得施工总工期为 43d。

解： 组合 1：见表 2.8。

表 2.8　　　　　　　　　　　　　流　水　节　拍　表　　　　　　　　　　单位：d

工序＼施工段	A	B	C	D
a+b	10	9	6	5
c+d	9	14	7	14
较优次序	D	C	B	A

较优次序为：D、C、B、A，按直接编阵法得施工总工期为 35d。

组合 2：见表 2.9。

表 2.9　　　　　　　　　　　　　流　水　节　拍　表　　　　　　　　　　单位：d

工序＼施工段	A	B	C	D
a+c	14	11	8	9
b+d	5	12	5	10
较优次序	D	B	C	A

较优次序为：D、B、C、A，按直接编阵法得施工总工期为 33d。

组合 3：见表 2.10。

表 2.10   流 水 节 拍 表   单位：d

工序 \ 施工段	A	B	C	D
a+d	7	7	9	11
b+c	12	16	4	8
较优次序	B	A	D	C

较优次序为：B、A、D、C，按直接编阵法得施工总工期为 44d。

组合 4：见表 2.11。

表 2.11   流 水 节 拍 表   单位：d

工序 \ 施工段	A	B	C	D
a	6	2	5	3
b+c+d	13	21	8	16
较优次序	B	D	C	A

较优次序为：B、D、C、A，按直接编阵法得施工总工期为 37d。

组合 5：见表 2.12。

表 2.12   流 水 节 拍 表   单位：d

工序 \ 施工段	A	B	C	D
a+b+c	18	18	9	11
d	1	5	4	8
较优次序	D	B	C	A

较优次序为：B、D、C、A，按直接编阵法得施工总工期为 33d，结果与组合 2 相同。

从以上 5 种组合中找出最优顺序为 D、B、C、A，总工期为 33d，比按 A、B、C、D 顺序，施工总工期减少了 10d。还有其他组合方式，有兴趣的同学可以继续做下去。

2.4.4 直接编阵法计算工期

在实际工程中，对于小型施工项目的排序问题，就如上例一样，可以通过直接编阵法计算工期，而不必每一次都画出进度图来确定施工工期。

直接编阵法计算工期的原理是只要具备了开工要素就开工，属于紧凑法施工组织安排。具体计算见下例：

例如某施工任务有 A、B、C、D 4 个施工段，每个施工段有 a、b、c、d 4 道工序，各道工序在各个施工段上的作业工期（即流水节拍）见表 2.13，表 2.13 中括号外的数字为原始数据，括号内的数字为新元素数据。

直接编阵法计算工期的步骤是：

（1）计算第1行新元素。对于第1行各新元素，可以直接累加得到。因为对于a工序来说，所有施工段上的工作面都是闲置的，只要有生产力就可以开工，所以可以直接用旧元素值加左边新元素值得到该新元素值。也就是说，到第26天，a工序（作业队）就完成了所有施工段上的施工任务。

（2）计算第1列新元素。对于第1列（即首施工段A）各新元素，也是直接用旧元素值加上面新元素值得到该新元素值。因为所有工序（专业队）都是闲置的，即生产力能满足要求，只要有工作面就可以开工，所以每累加一个数，也就是一道工序已完成了在首施工段A上的操作。

（3）计算其他新元素值。对于其他新元素值，用旧元素值加上面或左边两者新元素中的较大值（之所以加较大值是为了具备开工要素，上面的数值说明有无工作面，左边的数值说明有无生产力）得到该新元素值，从第2行起顺序进行，直至完成。具体计算结果见表2.13。本例施工总工期为42d。

表 2.13　　　　　　　　流 水 节 拍 表　　　　　　　单位：d

工序 \ 施工段	A	B	C	D
a	6	4 (10)	7 (17)	9 (26)
b	3 (9)	5 (15)	6 (23)	4 (30)
c	5 (14)	6 (21)	8 (31)	7 (38)
d	4 (18)	7 (28)	8 (39)	3 (42)

注　（）中的数值为新元素，施工总工期是42d。

工作任务 2.5　作业法的综合运用

在前面讨论了顺序作业法、平行作业法和流水作业法这3种作业法。在实际工程中，这3种作业法不仅可以单独使用，而且可以根据具体条件将3种基本作业方法综合运用。在实际工程中常用的作业法有平行流水作业法、平行顺序作业法和立体交叉平行流水作业法。

2.5.1　平行流水作业法

在工程量相同的情况下，平行作业法工期最短，但劳动力、材料、机械等物资的需要量不平衡，我们可以根据实际情况，组织平行流水作业法，既能缩短工期，又能克服平行作业法的缺点，发挥流水作业法的优势。在图2.12中，孔1和孔2、孔3和孔4、孔5和孔6、孔7和孔8等为平行作业，孔1和孔3、孔2和孔4、孔5和孔7、孔6和孔8等为流水作业。以钻孔为主导工序进行安排。从孔1~孔8之间的作业组织属于平行流水作业法；从孔9~孔16之间的作业组织也属于平行流水作业法。

2.5.2　平行顺序作业法

平行顺序作业法适合于人力、财力、物力都十分充足，工期又相当紧张的工程任务。虽然不能克服平行作业法造成的人力、物力、机械等的过分集中使用和顺序作业法的不连续等缺点，但在某些特定的情况下可以考虑应用。

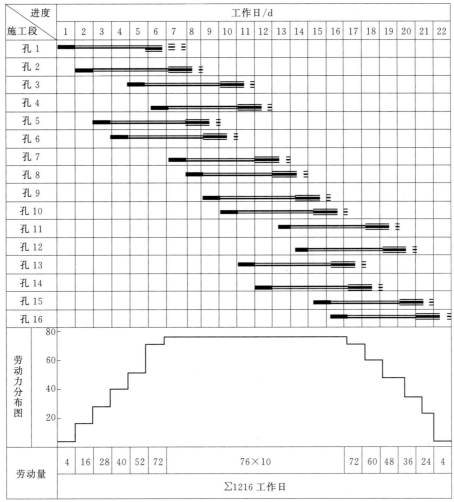

图 2.12　立体交叉平行流水作业进度图

2.5.3　立体交叉平行流水作业法

这种方法综合运用了平行、顺序、流水作业方法的特点。在空间上，利用一切可以利用的工作面，根据实际拥有的机械、材料、人力以发挥其最大的效力。以主导工序和主导机械为依据，进行时间组织安排。它有效地缩短了施工工期，使整个施工过程处于节奏当中，它非常适合于工序繁多、工程量大而又集中的大型构造物的施工。如：立交桥、特大桥的钻孔灌注桩工程、桥墩、桥台施工等。

【例 2.6】某工程二队承包了一座桥的基础工程，该桥基础为桩基础，共有 16 根钢筋混凝土桩，该工程队的施工组织方法如图 2.12 所示。

在图 2.12 中，每 8 个孔分成一组，按平行流水作业组织，这两组之间又进行立体交叉施工。由图 2.12 可知，埋护筒作业队 1 支，清理现场作业队 1 支，灌混凝土作业队 1 支，钻孔设备 4 套，这 4 个专业队都是连续作业。整个施工过程有条不紊，充分体现了连续、协调、均衡的施工组织原则。

复 习 思 考 题

1. 公路施工过程的概念及分类。

2. 公路施工过程的组成及其基本原则是什么？

3. 影响施工过程组织的因素有哪些？

4. 公路施工过程时间组织的类型有哪些？

5. 3 种基本作业方法分别是什么？各自的特点是什么？

6. 流水作业法的基本方法及主要参数有哪些？流水作业法的分类及各自的计算特点是什么？

7. 流水节拍的定义及计算方法是什么？

8. 流水步距的定义及遵循的原则是什么？

9. 潘特考夫斯基法和"纸条串"法是如何确定最小流水步距。

10. 约翰-贝尔曼法则的原则和具体步骤是什么？

11. 见表 2.14，采用流水作业施工，计算计划总工期，并画出流水作业的横道图及垂直图。

表 2.14   流 水 节 拍 表

施工过程 \ 施工段	作业时间/d				
	①	②	③	④	⑤
A	5	3	4	5	5
B	4	5	4	3	3
C	4	3	4	4	3
D	6	5	6	5	3

12. 见表 2.15，采用流水作业施工，试考虑最短工期方案，计算计划总工期，并画出流水作业的横道图及垂直图。

表 2.15   流 水 节 拍 表

施工过程 \ 施工段	作业时间/d				
	①	②	③	④	⑤
A	8	6	3	5	6
B	3	4	1	2	3
C	3	3	1	3	2
D	3	5	4	4	6

13. 某工程各施工段的施工次序为 B、A、C，工序次序为 a、b、c、d、e，其流水节拍 t_i 见表 2.16，若采用工序连续作业，试用潘特考夫斯基法求首工段的最小流水步距 K_{min}^B，并作图。

表 2.16 　　　　　　　　　　　流　水　节　拍　t_i　表　　　　　　　　单位：d

施工段＼工序	a	b	c	d	e
B	2	1	3	1	2
A	3	2	1	2	3
C	2	3	4	3	1

14. 根据下列期表，见表 2.17，请用约翰逊法则求最优施工工序。

表 2.17 　　　　　　　　　　　　流　水　节　拍　表　　　　　　　　单位：d

工序＼任务	A	B	C	D	E
a	6	6	8	7	9
b	4	3	4	6	6
c	2	4	1	2	3

15. 已知表 2.18 中所示工程的工段施工次序为 D、B、C、A，采用工序连续施工流水作业法，试用潘特考夫斯基法求首工段各工序的流水步距，并确定该工程的最短工期。

表 2.18 　　　　　　　　　　　　流　水　节　拍　表　　　　　　　　单位：d

工序＼施工段	D	B	C	A
a	4	3	5	7
b	3	6	1	2
c	5	9	2	8
d	7	4	5	1

项目3 网络计划技术

【学习目标】

通过对本项目的学习，了解网络计划技术，学会绘制双代号网络计划图，学会计算双代号网络计划的时间参数并能确定出关键线路；掌握网络计划的优化；掌握时标网络计划的绘制和应用；学会绘制单代号网络计划图，学会单代号网络计划图时间参数的计算并能确定关键线路。

【学习要求】

工作任务	能力要求	相关知识
网络计划技术认知	(1) 了解网络计划的产生与发展； (2) 了解网络计划的特点； (3) 了解网络计划的分类	(1) 网络计划的产生； (2) 网络计划的发展； (3) 网络计划的特点； (4) 按表示方法、目标、有无时间坐标、性质、层次等的分类
双代号网络计划	(1) 了解双代号网络计划的构成； (2) 掌握双代号网络计划的绘制	(1) 双代号网络计划的构成； (2) 双代号网络计划的绘制原则； (3) 双代号网络计划的绘制步骤
时间参数的计算及关键线路的确定	(1) 掌握节点时间参数的计算； (2) 掌握工作时间参数的计算； (3) 掌握工作时差时间参数的计算； (4) 掌握工期和关键线路确定的方法	(1) 节点时间参数的计算； (2) 工作时间参数的计算； (3) 工作时差时间参数的计算； (4) 关键线路确定的方法
时间坐标网络计划	(1) 了解时间坐标网络计划； (2) 掌握时间坐标网络计划的绘制方法； (3) 学会利用时间坐标网络计划解决实际问题	(1) 时间坐标网络计划的概念； (2) 时间坐标网络计划的绘制步骤； (3) 时间坐标网络计划的应用
网络计划的优化	(1) 了解网络计划优化的意义； (2) 掌握网络计划优化的方法	(1) 网络计划优化的意义； (2) 网络计划优化的分类
单代号网络计划简介	(1) 了解单代号网络计划图的构成； (2) 掌握单代号网络计划图的绘制； (3) 掌握单代号网络图时间参数的计算； (4) 了解单代号搭接网络计划	(1) 单代号网络计划图的构成； (2) 单代号网络计划图的绘制步骤； (3) 单代号网络图时间参数的计算； (4) 单代号搭接网络计划简介

工作任务 3.1　网络计划技术认知

网络计划技术是用网络的结构形式表示建设工程施工项目活动的内容及其相互关系。用网络图表示各工序的先后顺序、逻辑关系及所需要的时间，在网络图上进行时间组织的编制、协调、优化和控制的技术。

网络计划技术是建设工程施工项目进度计划分析的有力工具，它是用网络模型来表示建设工程施工项目进度的过程，对建设工程施工项目的施工进度进行定量分析、判断，以及实施过程的调整和控制。

3.1.1　网络计划的产生和发展

20 世纪 50 年代，为了适应日益完善的科学研究和新的生产组织管理的需要，国外陆续出现了一些计划管理的新方法。由于这些方法都建立在网络图形的基础上，因此统称为网络计划技术。

1956 年，为了适应对复杂系统进行管理的需要，美国杜邦·耐莫斯公司的摩根·沃克与莱明顿公司的詹姆斯 . E. 凯利合作，开发了面向计算机描述工程项目的合理安排进度计划的方法，（Critical Path Method，CPM），后来被称作关键路线法；1958 年年初，该方法用于一所价值 1000 万美元的新化工厂的建设，通过与传统的横道图对比，结果使工期缩短了 4 个月。后来，此方法又被用于设备维修上，使后来因设备维修需要停产 125h 的工程缩短 78h，仅一年就节约了近 100 万美元。从此，网络计划技术的关键线路法得以广泛应用。

1958 年，美国海军特种计划局在研制北极星导弹核潜艇时，北极星计划规模庞大，组织管理复杂，整个工程由 8 家总承包公司，250 家分包公司，3000 家三包公司，9000 多家厂商承担。该项目采用网络计划评审技术（Program Evaluation and Review Technique，PERT），使原定 6 年的研制时间提前 2 年完成。

1960 年，美国又采用了 PERT 技术，组织了"阿波罗载人登月"计划，该计划运用了一个 7000 人的中心试验室，把 120 所大学，2 万多家企业，42 万人组织在一起，耗资 400 亿美元，历经 9 年，于 1969 年人类第一次登上了月球，使 PERT 法声誉大振。随后，网络技术风靡全球。

我国对网络计划技术的研究与应用起步较早，是从 20 世纪 60 年代开始运用网络计划的，著名数学家华罗庚教授结合我国实际，在吸收国外网络计划技术理论的基础上，将 CPM、PERT 等方法统一定名为统筹法。在华罗庚教授的倡导下，网络计划技术开始在国民经济各部门试点。改革开放以后，网络计划技术在我国的工程建设领域也得到迅速的推广和应用，尤其是在大中型工程项目的建设中，对其资源的合理安排、进度计划的编制、优化和控制等应用效果显著。

3.1.2　网络计划的特点

网络计划技术既是一种科学的计划方法，又是一种有效的生产管理方法。

网络计划最大的特点在于它能够提供施工管理所需要的多种信息，有利于加强工程管理。它有助于管理人员合理地组织生产，做到心里有数，了解管理的重点应放在何处、怎样可以缩短工期、怎样挖掘潜力，如何降低成本等。在工程管理中提高应用网络计划技术的能力，必能进一步地提高工程管理的水平。

网络计划技术的特点如下：

（1）统筹安排，明确反映出各工序间的相互依赖、相互制约的关系。

（2）能计算出各种时间参数，能确定出关键线路，主次、缓急清楚，便于抓住主要矛盾；反映出各项工作的机动时间，有利于资源的合理分配，并通过优化提高管理效率。

3.1.3 网络计划的方法及分类

按照不同的分类原则，可以将网络计划分成不同的类别。

1. 按表示方法分类

网络计划按表示方法分类可分为：

（1）单代号网络计划。用单代号表示一项工作，按此绘制的网络图，称作单代号网络图。在单代号网络图中，每个节点表示一项工作，箭线仅用来表示各项工作间相互制约、相互依赖的关系，如图 3.1 所示。

（2）双代号网络计划。用双代号表示一项工作，按此绘制的网络图，称作双代号网络图。其网络图是由若干个表示工作项目的箭线和表示事件的节点所构成的网状图形。目前施工企业多采用这种网络计划，如图 3.2 所示。

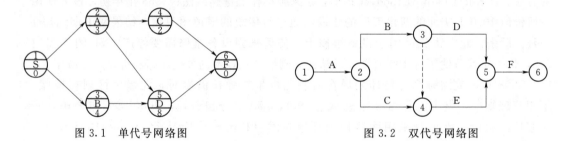

图 3.1 单代号网络图　　　　　　　　图 3.2 双代号网络图

2. 按目标分类

网络计划按目标分类可分为：

（1）单目标网络计划。它是指只有一个终点节点的网络计划，即网络图只具有一个工期目标。如一个建筑物的网络施工进度计划大多只具有一个工期目标，如图 3.3 所示。

（2）多目标网络计划。它是指终点节点不止一个的网络计划。此种网络计划具有若干个独立的工期目标，如图 3.4 所示。

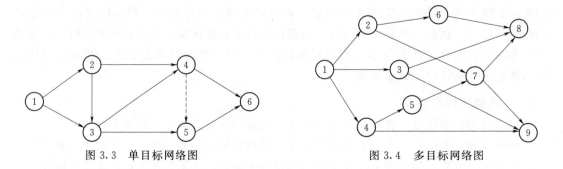

图 3.3 单目标网络图　　　　　　　　图 3.4 多目标网络图

3. 按有无时间坐标分类

网络计划按有无时间坐标分类可分为：

（1）时标网络计划。它是指以时间坐标为尺度绘制的网络计划。在网络图中，每项工作的箭线的水平投影长度，与其持续时间成正比，如图 3.5 所示。目前，时标网络计划的应用较为广泛。

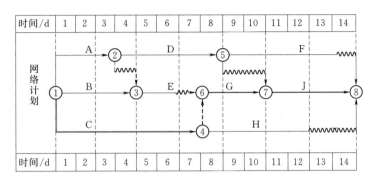

图 3.5　时标网络计划图

（2）非时标网络计划。它是指不按时间坐标绘制的网络计划。在网络图中，工作箭线的长短与持续时间无关，可按需要绘制。普通双代号、单代号网络计划都是非时标网络计划。

4. 按性质分类

网络计划按性质分类可分为：

（1）肯定型网络计划。肯定型网络计划是指工作、工作与工作之间的逻辑关系以及工作持续时间都肯定的网络计划。在这种网络计划中，各项工作的持续时间都是确定的、单一的数值，整个网络计划有确定的工期，如关键线路法（CPM）。

（2）非肯定型网络计划。非肯定型网络计划是指工作、工作与工作之间的逻辑关系和工作持续时间三者中一项或多项不肯定的网络计划。如计划评审技术和图示评审技术就属于非肯定型网络计划。

5. 按层次分类

网络计划按层次分类可分为：

（1）综合网络计划。它是指以整个计划任务为对象编制的网络计划，如总体网络计划或单项工程网络计划。

（2）单位工程网络计划。它是指以一个单位工程或单体工程为对象编制的网络计划。

（3）局部网络计划。它是指以计划任务的某一部分为对象编制的网络计划，如分部工程网络图。

6. 其他形式的网络图

网络计划中其他形式的网络图可分为：

（1）搭接网络图。在单代号网络图中显示工作之间的搭接关系，如图 3.6 所示。

（2）流水网络图。流水网络图就是流水施工用网络图来表示，如图 3.7 所示。

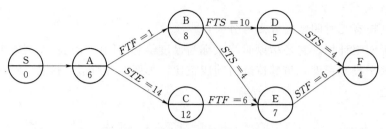

图 3.6　单代号搭接网络计划图

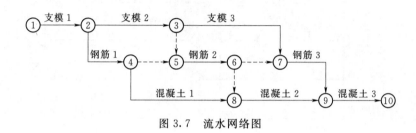

图 3.7　流水网络图

工作任务 3.2　双代号网络计划

3.2.1　双代号网络计划的构成

双代号网络图主要由箭头线、节点和线路 3 个基本要素构成。

3.2.1.1　箭线

在双代号网络图中，箭线即工作，一条箭线代表一项工作。箭线的方向表示工作的开展方向，箭尾表示工作的开始，箭头表示工作的结束，如图 3.8 所示。

1. 双代号网络图中工作的性质

双代号网络图中的工作可分为实工作和虚工作。

（1）实工作。对于一项实际存在的工作，它消耗了一定的资源和时间，称为实工作。对于只消耗时间而不消耗资源的工作，如混凝土的养护，也可以作为一项实工作来考虑。实工作用实箭线表示，将工作的名称标注于箭线上方，工作持续的时间标注于箭线的下方，如图 3.8（a）所示。

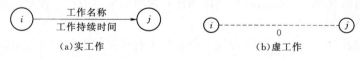

图 3.8　双代号网络图中一项工作的表达形式

（2）虚工作。在双代号网络图中，既不消耗时间也不消耗资源，表示工作之间逻辑关系的工作，称为虚工作。虚工作用虚箭线表示，如图 3.8（b）所示。

2. 双代号网络图中工作之间的关系

按照双代号网络图中工作之间的相互关系可将工作分为以下几种类型：

（1）紧前工作——紧排在本工作之前的工作。

（2）紧后工作——紧排在本工作之后的工作。

（3）平行工作——可与本工作同时进行的工作。

（4）起始工作——没有紧前工作的工作。

（5）结束工作——没有紧后工作的工作。

（6）先行工作——自起始工作开始至本工作之前的所有工作。

（7）后续工作——本工作之后至整个工程完工为止的所有工作。

其中，紧前工作、紧后工作和平行工作用图形表达，如图 3.9 所示。

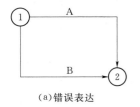

图 3.9　双代号网络图工作的关系

3. 双代号网络图中虚工作的应用

在双代号网络图中，虚工作一般起着联系、区分和断路的作用。

（1）联系作用。引入虚工作，将有组织联系或工艺联系的相关工作用虚箭线连接起来，确保逻辑关系的正确。如图 3.7 中，混凝土 2 工作的开始，从组织联系上讲，需在混凝土 1 工作完成后才能进行；从工艺联系上讲，混凝土 2 工作的开始，须在钢筋 2 工作结束后进行，引入虚箭线，表达这一工艺联系。

（a）错误表达　　　　（b）正确表达

图 3.10　虚工作的区分作用

（2）区分作用。双代号网络图中，以两个代号表示一项工作，对于同时开始、同时结束的两个平行工作的表达，需引入虚工作以示区别，如图 3.10 所示。

（3）断路作用。引入虚工作，在线路上隔断无逻辑关系的各项工作。产生错误的地方总是在同时有多条内向和外向箭线的节点处，如图 3.7 所示中，④与⑤节点之间引入虚工作，将钢筋 2 与钢筋 1 断开。

3.2.1.2　节点

在双代号网络图中，"○"代表节点。节点表示一项工作的开始时刻或结束时刻，同时它也是工作的连接点，如图 3.11 所示。

1. 节点的分类

一项工作，箭线指向的节点是工作的结束节点；引出箭线的节点是工作的开始节点。一项网络计划的第一个节点，称作该项网络计划的起始节点，它是整个项目计划的开始节点；一项网络计划的最后一个节点，称作终点节点，表示一项计划的结束。其余节点称作中间节点，如图 3.11 所示。

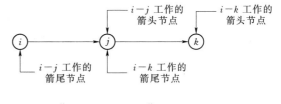

图 3.11　双代号网络图节点示意图

2. 节点的编号

为了便于网络图的检查和计算，需对网络图的各节点进行编号。编号由起点节点顺箭线方向至终点节点由小到大进行编制。要求每一项工作的开始节点号码小于结束节点号码，以不同的编码代表不同的工作，不重号、不漏编。可采用不连续编号方法，以备网络图调整时留出备用节点号。

3.2.1.3 线路

在网络图中，由起始节点沿箭线方向经过一系列箭线与节点直至终点节点，所形成的路线，称作线路。如图 3.12 所示的网络图中共有 5 条线路。

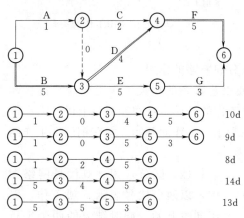

图 3.12 双代号网络图线路示意图

1. 关键线路与非关键线路

在一项计划的所有线路中，持续时间最长的线路，其对整个工程的完工起着决定性作用，称作关键线路，其余线路称作非关键线路。关键线路的持续时间即为该项计划的工期。在网络图中一般以双箭线、粗箭线或其他颜色的箭线来表示关键线路，如图 3.12 所示。

2. 关键工作与非关键工作

位于关键线路上的工作称为关键工作，其余的工作称作非关键工作。关键工作完成的快慢直接影响到整个计划工期的实现。

一个网络图中，有时可能出现若干条关键线路，它们的持续时间相等。关键线路并不是一成不变的，在一定条件下，关键线路和非关键线路会互相转化。非关键工作是非关键线路上关键工作以外的工作，在保证计划工期的前提下，它具有一定的机动时间，称作时差。利用非关键工作具有的时差可以科学地、合理地调配资源和进行网络计划优化。

3.2.2 绘制双代号网络计划的规则

绘制双代号网络计划的规则如下：

(1) 双代号网络图必须正确表达已定的逻辑关系。

(2) 双代号网络图中应只有一个起始节点和一个终点节点（多目标网络计划除外）；而其他所有节点均应是中间节点。

(3) 双代号网络图中，严禁出现循环回路。所谓循环回路是指从网络图中的某一个节点出发，顺着箭线方向又回到了原来出发点的线路，如图 3.13 所示。

(4) 双代号网络图中，在节点之间严禁出现带双向箭头或无箭头的连线，如图 3.14 所示。

(5) 双代号网络图中，严禁出现没有箭头节点或没有箭尾节点的箭线，如图 3.15 所示。

(6) 当双代号网络图的某些节点有多条外向箭线或多条内向箭线时，为使图形简洁，可使用母线法绘制（但应满足一项工作用一条箭线和相应的一对节点表示），如图 3.16 所示。

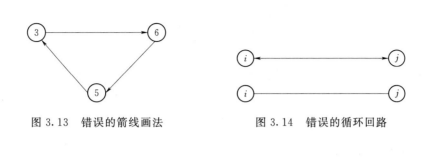

图 3.13　错误的箭线画法　　　　　图 3.14　错误的循环回路

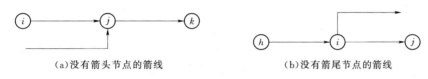

（a）没有箭头节点的箭线　　　　　　（b）没有箭尾节点的箭线

图 3.15　没有箭头或箭尾节点的箭线

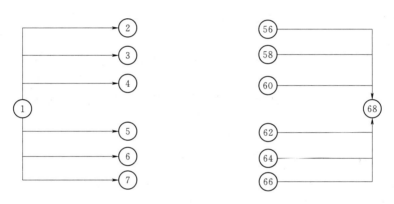

图 3.16　母线表示方法

（7）绘制网络图时，箭线尽量避免交叉；当交叉不可避免时，可用过桥法或指向法或断线法，如图 3.17 所示。

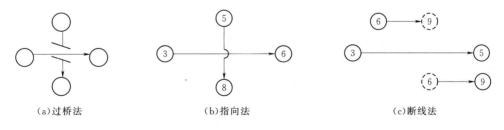

（a）过桥法　　　　　　　（b）指向法　　　　　　　（c）断线法

图 3.17　箭线交叉的表示方法

（8）一对节点之间只能有一条箭线，如图 3.18 所示。

（9）在网络图中，不允许出现编号相同的节点或工作。

（10）正确应用虚箭线，力求减少不必要的虚箭线。

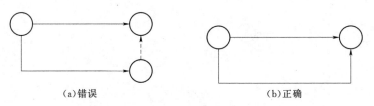

（a)错误　　　　　　　　　　　（b)正确

图 3.18　两节点之间箭线的表示方法

3.2.3　双代号网络计划的绘制

双代号网络图的绘制方法有两种：辅助绘制法和直接绘制法。

1. 辅助绘制法

为使双代号网络图绘制简洁、美观，宜用水平箭线和垂直箭线表示。在绘制之前，先确定出各节点的位置号，再按照节点位置及逻辑关系绘制网络图。

（1）节点位置号的确定方法：

1）无紧前工作的工作，其开始节点位置号为0。

2）有紧前工作的工作，其开始节点位置号等于其紧前工作的开始节点位置号的最大值加1。

3）有紧后工作的工作，其结束节点位置号等于其紧后工作的开始节点位置号的最小值。

4）无紧后工作的工作，其结束节点位置号等于网络图中所有工作的开始节点位置号的最大值加1。

（2）绘制步骤：

1）确定各工作之间的逻辑关系。

2）根据已知的紧前工作确定紧后工作，或者根据已知的紧后工作确定紧前工作。

3）确定出各工作的开始节点位置号和结束节点位置号。

4）根据节点位置号和逻辑关系绘出网络图。

5）检查逻辑关系是否正确，去掉多余的虚箭线，并进行节点编号。

在绘制时，若没有工作之间出现相同的紧后工作或者工作之间只有相同的紧后工作，则肯定没有虚箭线；若工作之间既有相同的紧后工作，又有不同的紧后工作，则肯定有虚箭线；到相同的紧后工作用虚箭线，到不同的紧后工作则无虚箭线。

【例 3.1】　已知某工程项目的各工作之间的逻辑关系见表3.1，试绘制网络图。

表 3.1　　　　　　　　　　　　工 作 逻 辑 关 系

工作	A	B	C	D	E	F	G	H	I
紧前工作	无	A	B	B	B	C、D	C、E	C	F、G、H

解：（1）列出关系表，确定紧后工作和各工作的节点位置号，见表3.2。

（2）根据逻辑关系和节点位置号，绘出网络图，如图3.19所示。由表3.2可知，显然 C 和 D 有共同的紧后工作 F 和不同的紧后工作 G、H，所以有虚箭线；C 和 E 有共同的紧后工作 G 和不同的紧后工作 F、H，所以也有虚箭线；其他均无虚箭线。

表 3.2　　　　　　　　　　　　　各工作之间的关系表

工作	A	B	C	D	E	F	G	H	I
紧前工作	无	A	B	B	B	C、D	C、E	C	F、G、H
紧后工作	B	C、D、E	F、G、H	F	G	I	I	I	无
开始节点位置号	0	1	2	2	2	3	3	3	4
结束节点位置号	1	2	3	3	3	4	4	4	5

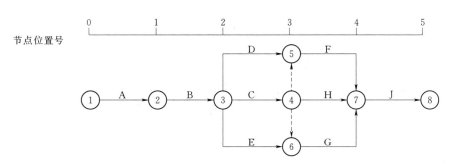

图 3.19　〔例 3.1〕的网络计划图

2. 直接绘制法

在熟练掌握辅助绘制法之后，可以用直接绘制法。

（1）逻辑关系。网络图中的逻辑关系是指表示一项工作与其他有关工作之间相互联系与制约的关系，即各个工作在工艺上、组织管理上所要求的先后顺序关系。项目之间的逻辑关系取决于工程项目的性质和轻重缓急、施工组织、施工技术等许多因素。

（2）逻辑关系的正确表达方法。表 3.3 是双代号网络图中常见工作的逻辑关系的表达方法。

表 3.3　　　　　双代号网络图中常见工作的逻辑关系的表达方法

序号	工作间的逻辑关系	网络图中的表达方法	说　明
1	A 工作完成后进行 B 工作	〇→A→〇→B→〇	A 工作的结束节点是 B 工作的开始节点
2	A、B、C 3 项工作同时开始	〇→A→〇〈B〉C→〇	3 项工作具有同时的开始节点
3	A、B、C 3 项工作同时结束	〇A〇B〇C→〇	3 项工作具有同时的结束节点
4	A 工作完成后进行 B 和 C 工作	〇→A→〇〈B〉C→〇	A 工作的结束节点是 B、C 工作的开始节点

续表

序号	工作间的逻辑关系	网络图中的表达方法	说　明
5	A、B工作完成后进行C工作		A、B工作的结束节点是C工作的开始节点
6	A、B工作完成后进行C、D工作		A、B工作的结束节点是C、D工作的开始节点
7	A工作完成后进行C工作 A、B工作完成后进行D工作		引入虚箭线，使A工作成为D工作的紧前工作
8	A、B工作完成后进行D工作 B、C工作完成后进行E工作		引入两道虚箭线，使B工作成为D、E工作的紧前工作
9	A、B、C工作完成后进行D工作 B、C工作完成后进行E工作		引入虚箭线，使B、C工作成为D工作的紧前工作
10	A、B两个施工过程，按3个施工段流水施工		引入虚箭线，B_2工作的开始受到A_2和B_1两项工作的制约

（3）绘制步骤：

1）列出各工作之间的逻辑关系。

2）按逻辑关系绘制网络图。

3）检查工作之间的逻辑关系，去掉多余的虚箭线，并进行节点编号。

【例3.2】　用直接法绘制表3.4所示工作逻辑关系的网络图。

表3.4　　　　　　　　　　工　作　逻　辑　关　系

工作	A	B	C	D	E	F	G	H	I
紧前工作	无	A	B	B	B	C、D	C、E	C	F、G、H

解：先绘制出A工作，B工作的紧前工作只有A工作，故在A工作后绘制出B工作，C、D、E的紧前工作是B，所以从B工作引出3条箭线，作为C、D、E工作，由于F、G、H 3个工作的紧前工作都有C工作，所以C工作放在中间，然后根据逻辑关系绘制出F、G、H 3个工作，再根据逻辑关系绘制出I工作，绘制步骤如图3.20所示。

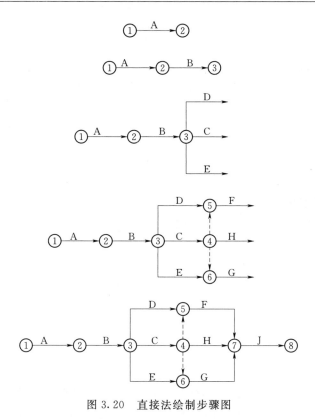

图 3.20　直接法绘制步骤图

工作任务 3.3　时间参数的计算及关键线路的确定

双代号网络计划时间参数计算的目的在于通过计算各项工作的时间参数，确定网络计划的关键工作、关键线路和计算工期，为网络计划的优化、调整和执行提供明确的时间参数。双代号网络计划时间参数的计算方法有很多，一般常用的有按工作计算法和按节点计算法进行计算；在计算方式上又有分析计算法、表上计算法、图上计算法、矩阵计算法和电算法等。本节只介绍图上计算法。

3.3.1　节点时间参数的计算

节点时间参数有节点的最早时间（ET_i）和节点的最迟时间（LT_i）。

节点时间参数的表示方法如图 3.21 所示。

1. 节点的最早时间 ET

（1）定义。节点时间是指某个瞬时或时点，节点的最早时间就是以此节点为开始节点的工作最早可以在此时刻开始工作。

（2）计算方法。从起始节点开始，沿着箭线的方向，依次计算每一个节点，直至终点节点。

规定：

$$ET_1 = 0 \tag{3.1}$$

$$ET_j = |\ ET_i + D_{i-j}\ |\ \text{max} \tag{3.2}$$

图 3.21　节点参数的表示法

口诀：顺着箭头方向相加，逢箭头相碰节点取大值。

2. 节点的最迟时间 LT

（1）定义。节点的最迟时间就是以此节点为结束节点的工作最迟必须在此时刻结束工作。

（2）计算方法。从终点节点开始，逆着箭线的方向，依次计算每一个节点，直至起始节点。

规定：

$$LT_n = ET_n \tag{3.3}$$

$$LT_i = | LT_j - D_{i-j} | \min \tag{3.4}$$

口诀：逆着箭头方向相减，逢箭尾相碰节点取小值。

3.3.2 工作时间参数的计算

工作时间参数有最早开始时间（ES）、最早完成时间（EF）、最迟开始时间（LS）及最迟完成时间（LF）。

1. 最早开始时间（ES）

（1）含义。工作最早开始时间的含义是指该工作最早此时刻才能开始。它受该工作开始节点最早时间控制，即等于该工作开始节点的最早时间。

（2）计算公式：

$$ES_{i-j} = ET_i \tag{3.5}$$

2. 最早完成时间（EF）

（1）含义。工作最早完成时间的含义是指该工作最早此时刻才能结束，它受该工作开始节点最早时间的控制，即等于该工作开始节点最早时间加上该项工作的持续时间。

（2）计算公式：

$$EF_{i-j} = ET_i + D_{i-j} = ES_{i-j} + D_{i-j} \tag{3.6}$$

3. 最迟完成时间（LF）

（1）含义。工作最迟完成时间的含义是指该工作此时刻必须完成。它受该工作结束节点最迟时间的控制，即等于该工作结束节点的最迟时间。

（2）计算公式：

$$LF_{i-j} = LT_i \tag{3.7}$$

4. 最迟开始时间（LS）

（1）含义。工作最迟开始时间的含义是指该工作最迟此时刻必须开始。它受该工作结束节点最迟时间的控制，即等于该工作结束节点的最迟时间减去该工作的持续时间。

（2）计算公式：

$$LS_{i-j} = LT_j - D_{i-j} = LF_{i-j} - D_{i-j} \tag{3.8}$$

3.3.3 工作时差的计算

工作时差参数分为工作总时差（TF）和工作自由时差（FF）两种。

1. 工作总时差（TF）

（1）含义。工作总时差的含义是指该工作可能利用的最大机动时间。在这个时间范围内若延长或推迟本工作时间，不会影响总工期。求出节点或工作的开始和完成时间参数后，即可计算出该工作总时差。其数值等于该工作结束节点的最迟时间减去该工作开始节点的最早时间，再减去该工作的持续时间。

（2）计算公式：

$$TF_{i-j} = LT_j - ET_i - D_{i-j} = LF_{i-j} - EF_{i-j} = LS_{i-j} - ES_{i-j} \qquad (3.9)$$

总时差主要用于控制计划总工期和判断关键工作。凡是总时差为最小的工作就是关键工作（一般总时差为零），其余工作为非关键工作。

2. 工作自由时差（FF）

（1）含义。工作自由时差的含义是指在不影响紧后工作按最早可能开始时间开始的前提下，该工作能够自由支配的机动时间。其数值等于该工作结束节点的最早时间减去该工作开始节点的最早时间再减去该工作的持续时间。

（2）计算公式：

$$FF_{i-j} = ET_j - ET_i - D_{i-j} = ES_{j-k} - ES_{i-j} - D_{i-j} = ES_{j-k} - EF_{i-j} \qquad (3.10)$$

3.3.4　工期及关键线路的确定

1. 工期

工期就是从开工起到竣工所经历的时间，以天数表示。施工工期是建筑企业重要的核算指标之一。工期的长短直接影响建筑企业的经济效益，并且关系到国民经济新增生产能力动用计划的完成和经济效益的发挥。

2. 关键线路

总时差最小的工作是关键工作，自始至终全部由关键工作组成的线路为关键线路，或线路上总的工作持续时间最长的线路为关键线路。

3. 关键线路的确定

工期和关键线路的确定有如下几种方法：

（1）直接法。总时间持续最长的线路为关键线路，关键线路的总时间即为工期。

（2）总时差最小法。总时差最小的工作相连的线路为关键线路，结束工作的最迟完成时间即为工期。

（3）节点参数法。节点的两个时间参数相等且 $ET_i + D_{i-j} = ET_j$，此工作为关键工作，关键工作连起来的线路为关键线路，终点节点的最迟时间即为工期。

（4）标号法：

1）标号法。标号法是一种可以快速确定计算工期和关键线路的方法。它利用节点计算法的基本原理，对网络计划中的每一个节点进行标号，然后利用标号值（节点的最早时间）确定网络计划的计算工期和关键线路。

2）步骤：

a. 确定节点标号值并标注。设网络计划起始节点的标号值为零，即：

$$b_1 = 0 \qquad (3.11)$$

其他节点的标号值等于以该节点为完成节点的各个工作的开始节点标号值加其持续时间之和的最大值，即：

$$b_j = \max |b_i + D_{i-j}| \qquad (3.12)$$

用双标号法进行标注，即用源节点（得出标号值的节点）作为第一标号，用标号值作为第二标号，标注在节点的上方。

b. 计算工期：网络计划终点节点的标号值即为计算工期。

c. 确定关键线路。从终点节点出发，依源节点号反跟踪到起始节点的线路即为关键线路。

（5）破圈法：

1）破圈法。在一个网络中有许多节点和线路，这些节点和线路形成了许多封闭的"圈"。这里所谓的"圈"是指在两个节点之间由两条线路连通该两个节点所形成的最小圈。破圈法是将网络中各个封闭圈的两条线路按各自所含工作的持续时间来进行比较，逐个"破圈"，直至圆圈不可破时为止，最后剩下的线路即为网络图的关键线路。

2）步骤：从起始节点到终点节点进行观察，凡遇到节点有两个及以上的内向箭线时，按线路工作时间的长短，把较短线路流进的一个箭头去掉（注意只去掉一个），便可把较短路线断开。能从起始节点顺箭头方向走到终点节点的所有路线，便是关键线路，关键线路的总时间即为工期。

【例 3.3】 某工程有表 3.5 所示的网络计划资料。

表 3.5 某工程的网络计划资料表

工作	A	B	C	D	E	F	H	G
紧前工作	—	—	B	B	A、C	A、C	D、F	D、E、F
持续时间/d	4	2	3	3	5	6	5	3

试绘制双代号网络图；若计划工期等于计算工期，计算各项工作的 6 个时间参数并确定关键线路，标注在网络计划上。

解：（1）绘制双代号网络图。根据表 3.5 中网络计划的有关资料，按照网络图的绘图步骤和规则，绘制双代号网络图如图 3.22 所示。

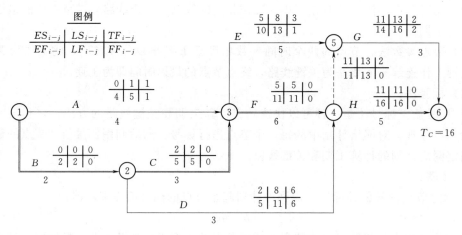

图 3.22 双代号网络图绘图实例

（2）计算各项工作的时间参数，并将计算结果标注在箭线上方相应的位置。

1）计算节点时间参数。

a. 计算节点的最早时间 ET_i。

$$ET_1 = 0 \quad ET_1 = 0$$

$$ET_2 = 0 + 2 = 2$$

$$ET_3 = \max\begin{pmatrix} ET_1 + D_{1-3} = 0 + 4 = 4 \\ ET_2 + D_{2-3} = 2 + 3 = 5 \end{pmatrix} = 5$$

$$ET_4 = \max\begin{pmatrix} ET_3 + D_{3-4} = 5 + 6 = 11 \\ ET_2 + D_{2-4} = 2 + 3 = 5 \end{pmatrix} = 11$$

$$ET_5 = \max\begin{pmatrix} ET_3 + D_{3-5} = 5 + 5 = 10 \\ ET_4 + D_{4-5} = 11 + 0 = 11 \end{pmatrix} = 11$$

$$ET_6 = \max\begin{pmatrix} ET_5 + D_{5-6} = 11 + 3 = 13 \\ ET_4 + D_{4-6} = 11 + 5 = 16 \end{pmatrix} = 16$$

b. 计算节点的最迟时间 LT_i。

$$LT_6 = ET_6 = 16$$

$$LT_5 = LT_6 - D_{5-6} = 16 - 3 = 13$$

$$LT_4 = \min\begin{pmatrix} LT_5 - D_{4-5} = 13 - 0 = 13 \\ LT_6 - D_{4-6} = 16 - 5 = 11 \end{pmatrix} = 11$$

同理可得：

$$LT_3 = 5 \quad LT_3 = 5$$

$$LT_2 = 2$$

$$LT_1 = 0$$

2）计算各项工作的最早开始时间和最早完成时间。

从起始节点（①节点）开始顺着箭线方向依次逐项计算到终点节点（⑥节点）。

a. 以网络计划起点节点为开始节点的各工作的最早开始时间为 0，即：

$$ES_{1-2} = ET_1 = 0$$

b. 计算各项工作的最早开始和最早完成时间为：

$$EF_{1-2} = ET_1 + D_{1-2} = ES_{1-2} = D_{1-2} = 0 + 2 = 2$$

$$ES_{1-3} = ET_1 = 0$$

$$EF_{1-3} = ET_1 + D_{1-3} = ES_{1-3} + D_{1-3} = 0 + 4 = 4$$

$$ES_{2-3} = ET_2 = 2$$

$$EF_{2-3} = ET_2 + D_{2-3} = ES_{2-3} + D_{2-3} = 2 + 3 = 5$$

$$ES_{2-4} = ET_2 = 2$$

$$EF_{2-4} = ET_2 + D_{2-4} = ES_{2-4} + D_{2-4} = 2 + 3 = 5$$

$$ES_{3-4} = ET_3 = 5$$

$$EF_{3-4} = ET_3 + D_{3-4} = ES_{3-4} + D_{3-4} = 5 + 6 = 11$$

$$ES_{3-5} = ET_3 = 5$$

$$EF_{3-5} = ET_3 + D_{3-5} = ES_{3-5} + D_{3-5} = 5 + 5 = 10$$

$$ES_{4-6} = ET_4 = 11$$

$$EF_{4-6} = ET_4 + D_{4-6} = ES_{4-6} + D_{4-6} = 11 + 5 = 16$$

$$ES_{4-5} = ET_4 = 11$$

$$EF_{4-5} = ET_4 + D_{4-5} = ES_{4-5} + D_{4-5} = 11 + 0 = 11$$

$$ES_{5-6} = ET_5 = 11$$

$$EF_{5-6} = ET_5 + D_{5-6} = ES_{5-6} + D_{5-6} = 11 + 3 = 14$$

将以上计算结果标注在图 3.22 中的相应位置。

3）确定计算工期 T_C 及计划工期 T_P：

a. 计算工期：$T_C = \max(EF_{5-6}, EF_{4-6}) = \max(14, 16) = 16$

已知计划工期等于计算工期，即：

b. 计划工期：$T_P = T_C = 16$

4）计算各项工作的最迟开始时间和最迟完成时间。从终点节点（⑥节点）开始逆着箭线方向依次逐项计算到起点节点（①节点）。

a. 以网络计划终点节点为箭头节点的工作的最迟完成时间等于计划工期，即：

$$LF_{4-6} = LT_6 = 16$$

b. 计算各项工作的最迟开始和最迟完成时间，即：

$$LS_{4-6} = LT_6 - D_{4-6} = LF_{4-6} - D_{4-6} = 16 - 5 = 11$$

$$LF_{5-6} = LT_6 = 16$$

$$LS_{5-6} = LT_6 - D_{5-6} = LF_{5-6} - D_{5-6} = 16 - 3 = 13$$

$$LF_{3-5} = LT_5 = 13$$

$$LS_{3-5} = LT_5 - D_{3-5} = LF_{3-5} - D_{3-5} = 13 - 5 = 8$$

$$LF_{4-5} = LT_5 = 13$$

$$LS_{4-5} = LT_5 - D_{4-5} = LF_{4-5} - D_{4-5} = 13 - 0 = 13$$

$$LF_{2-4} = LT_4 = 11$$

$$LS_{2-4} = LT_4 - D_{2-4} = LF_{2-4} - D_{2-4} = 11 - 3 = 8$$

$$LF_{3-4} = LT_4 = 11$$

$$LS_{3-4} = LT_4 - D_{3-4} = LF_{3-4} - D_{3-4} = 11 - 6 = 5$$

$$LF_{1-3} = LT_3 = 5$$

$$LS_{1-3} = LT_3 - D_{1-3} = LF_{1-3} - D_{1-3} = 5 - 4 = 1$$

$$LF_{2-3} = LT_3 = 5$$

$$LS_{2-3} = LT_3 - D_{2-3} = LF_{2-3} - D_{2-3} = 5 - 3 = 2$$

$$LF_{1-2} = LT_2 = 2$$

$$LS_{1-2} = LT_2 - D_{1-2} = LF_{1-2} - D_{1-2} = 2 - 2 = 0$$

5）计算各项工作的总时差 TF_{i-j}。各项工作的总时差可以用工作的最迟开始时间减去最早开始时间或用工作的最迟完成时间减去最早完成时间，即：

$$TF_{1-2} = LS_{1-2} - ES_{1-2} = 0 - 0 = 0$$

或

$$TF_{1-2} = LF_{1-2} - EF_{1-2} = 2 - 2 = 0$$

$$TF_{1-2} = LF_{1-2} - EF_{1-2} = 2 - 2 = 0$$

依次计算其他工作的总时差，即：

$$TF_{1-3} = LS_{1-3} - ES_{1-3} = 1 - 0 = 1$$
$$TF_{2-3} = LS_{2-3} - ES_{2-3} = 2 - 2 = 0$$
$$TF_{2-4} = LS_{2-4} - ES_{2-4} = 8 - 2 = 6$$
$$TF_{3-4} = LS_{3-4} - ES_{3-4} = 5 - 5 = 0$$
$$TF_{3-5} = LS_{3-5} - ES_{3-5} = 8 - 5 = 3$$
$$TF_{4-6} = LS_{4-6} - ES_{4-6} = 11 - 11 = 0$$
$$TF_{5-6} = LS_{5-6} - ES_{5-6} = 13 - 11 = 2$$

将以上计算结果标注在图 3.22 中的相应位置。

6）计算各项工作的自由时差 FF_i。各项工作的自由时差等于紧后工作的最早开始时间减去本工作的最早完成时间，即：

$$FF_{1-2} = ET_2 - ET_1 - D_{1-2} = ES_{2-3} - ES_{1-2} - D_{1-2} = ES_{2-3} - EF_{1-2} = 2 - 2 = 0$$

同理，计算其他工作的自由时差，即：

$$FF_{1-3} = ES_{3-4} - EF_{1-3} = 5 - 4 = 1$$
$$FF_{2-3} = ES_{3-5} - EF_{2-3} = 5 - 5 = 0$$
$$FF_{2-4} = ES_{4-6} - EF_{2-4} = 11 - 5 = 6$$
$$FF_{3-4} = ES_{4-6} - EF_{3-4} = 11 - 11 = 0$$
$$FF_{3-5} = ES_{5-6} - EF_{3-5} = 11 - 10 = 1$$

计算结束工作的自由时差为：

$$FF_{4-6} = ET_6 - ET_4 - D_{4-6} = 16 - 11 - 5 = 0$$
$$FF_{5-6} = ET_6 - ET_5 - D_{5-6} = 16 - 11 - 3 = 2$$

将以上计算结果标注在图 3.22 中的相应位置。

7）确定关键工作及关键线路。

a. 总时差最小法。在图 3.22 中，最小的总时差是 0，所以凡是总时差为 0 的工作均为关键工作。该例中的关键工作是①—②、②—③、③—④、④—⑥（或关键工作是：B、C、F、H）。

在图 3.22 中，自始至终全由关键工作组成的关键线路是：①—②—③—④—⑥。关键线路用双箭线进行标注。

b. 节点参数法。节点①的 $ET_1 = LT_1$，节点②的 $ET_2 = LT_2$，且 $ET_1 + D_1 - 2 = ET_2$，所以①—②为关键工作，节点③的 $ET_3 = LT_3$，但 $ET_1 + D_1 - 3 \neq ET_3$，所以①—③的工作不是关键工作。同理可以确定出②—③、③—④、④—⑥为关键工作，所有关键工作连起来就是关键线路：①—②—③—④—⑥。

【例 3.4】 已知某工程项目双代号网络计划如图 3.23 所示。

试用标号法确定其计算工期和关键线路。

解：（1）对网络计划进行标号，各节点的标

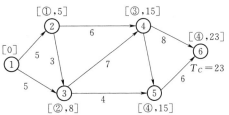

图 3.23　某工程项目双代号网络计划图

67

号值计算如下，并标注在图上。

$$b_1 = 0$$

$$b_2 = b_1 + D_{1-2} = 0 + 5 = 5$$

$$b_3 = \max[(b_1 + D_{1-3}), (b_2 + D_{2-3})] = \max[(0+5), (5+3)] = 8$$

$$b_4 = \max[(b_2 + D_{2-4}), (b_3 + D_{3-4})] = \max[(5+6), (8+7)] = 15$$

$$b_5 = \max[(b_4 + D_{4-5}), (b_3 + D_{3-5})] = \max[(15+0), (8+4)] = 15$$

$$b_6 = \max[(b_4 + D_{4-6}), (b_5 + D_{5-6})] = \max[(15+8), (15+6)] = 23$$

（2）确定关键线路。从终点节点出发，按照源节点号反跟踪到开始节点的线路为关键线路，如图 3.24 所示，①→②→③→④→⑥为关键线路。

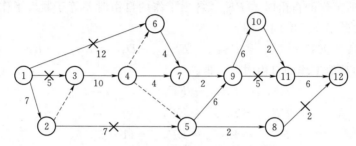

图 3.24　某工程项目双代号网络计划图

【例 3.5】　已知某工程项目双代号网络计划如图 3.24 所示。

试用破圈法确定其计算工期和关键线路

解：（1）从节点①开始，节点①、节点②、节点③形成了第一个圈，即到节点③有 2 条线路，一条是①→③，另一条是①→②→③。①→③需要时间是 5d，①→②→③需要时间是 7d，因 7d>5d 所以切断①→③。

（2）从节点②开始，节点②、③、④、⑤形成了第二个圈，即到节点⑤有 2 条线路，一条是②→③→④→⑤，另一条是②→⑤。②→③→④→⑤需要时间是 10d，②→⑤需要时间是 7d，因 10d>7d 所以切断②→⑤。

（3）同理，可切断①→⑥，⑤→⑧→⑫，⑨→⑪，如图 3.24 所示的×。

（4）剩下的线路即为网络图的关键线路，如图 3.25 所示。关键线路有 3 条：①→②→③→④→⑦→⑨→⑩→⑪→⑫；①→②→③→④→⑥→⑦→⑨→⑩→⑪→⑫；①→②→③→④→⑤→⑨→⑩→⑪→⑫。

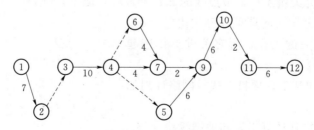

图 3.25　破圈法确定的关键线路

工作任务 3.4 时间坐标网络计划

3.4.1 时间坐标网络计划的概念

前面讲述的网络计划是标时网络计划，是将工作的持续时间标在箭线的下方，各工作的开始时间和完成时间不能直接看出来，必须经过计算才能知道，不能反映整个计划的时间进程。

时间坐标网络计划简称时标网络计划，是在时间坐标轴下绘制网络计划，用箭线的长短代表工作的持续时间。时标网络计划克服了标时网络计划的缺点，兼有网络计划与横道计划的优点，能直观看出工作的开始时间和结束时间，能看出工作的自由时差及关键线路；可以统计每一个单位时间对资源的需要量，以便进行资源优化；便于管理和计划调整。

3.4.2 时间坐标网络计划的绘制

1. 双代号时标网络计划的一般规定

双代号时标网络计划的一般规定如下：

（1）时间坐标的时间单位应根据需要在编制网络计划之前确定，可分为季、月、周和天等。

（2）时标网络计划应以实箭线表示实工作，以虚箭线表示虚工作，以波形线表示工作的自由时差。

（3）时标网络计划中所有符号在时间坐标上的水平投影位置，都必须与其时间参数相对应。节点中心必须对准相应的时标位置。

（4）虚工作必须以垂直方向的虚箭线表示，有自由时差时加水平波形线表示。

2. 双代号时标网络计划的编制

时标网络计划宜按各个工作的最早开始时间编制。在编制时标网络计划之前，应先按已确定的时间单位绘制出时标计划表，见表 3.6。

表 3.6   时标计划表

日历													
（时间单位）	1	2	3	4	5	6	7	8	9	10	11	12	13
网络计划													
（时间单位）	1	2	3	4	5	6	7	8	9	10	11	12	13

双代号时标网络计划的绘制方法有两种，分别是间接法绘制和直接法绘制。

（1）间接法绘制。先绘制出标时网络计划，计算各工作的最早时间参数，再根据最早时间参数在时标计划表上确定节点位置，连线完成，某些工作箭线长度不足以到达该工作的完成节点时，用波形线补足。

（2）直接法绘制。根据网络计划中工作之间的逻辑关系及各工作的持续时间，直接在时标计划表上绘制时标网络计划。绘制步骤如下：

1）将起始节点定位在时标计划表的起始刻度线上。

2）按工作持续时间在时标计划表上绘制起点节点的外向箭线。

3）其他工作的开始节点必须在其所有紧前工作都绘制出以后，定位在这些紧前工作最早完成时间最大值的时间刻度上，某些工作的箭线长度不足以到达该节点时，用波形线补足，箭头画在波形线与节点连接处。

4）用上述方法从左至右依次确定其他节点位置，直至网络计划终点节点定位，绘图完成。

【例 3.6】　某工程有表 3.7 所示的网络计划资料。

表 3.7　　　　　　　　　　某工程的网络计划资料表

工作名称	A	B	C	D	E	F	G	H	J
紧前工作	—	—	—	A	A、B	D	C、E	C	D、G
持续时间/d	3	4	7	5	2	5	3	5	4

试用直接法绘制双代号时标网络计划。

解：（1）绘图步骤：

1）将网络计划的起始节点定位在时标表的起始刻度线的位置上，如图 3.26 所示，起点节点的编号为 1。

2）画节点①的外向箭线，即按各工作的持续时间，画出无紧前工作的 A、B、C 的工作，并确定节点②、节点③、节点④的位置。

3）依次画出节点②、节点③、节点④的外向箭线工作 D、E、H，并确定节点⑤、节点⑥的位置。节点⑥的位置定位在其两条内向箭线的最早完成时间的最大值处，即定位在时标值 7 的位置，工作 E 的箭线长度达不到节点⑥，则用波形线补足。

4）按上述步骤，直到画出全部工作，确定出终点节点⑧的位置，时标网络计划绘制完毕，如图 3.26 所示。

（2）按步骤绘图。直接法绘制双代号时标网络计划，如图 3.26 所示。

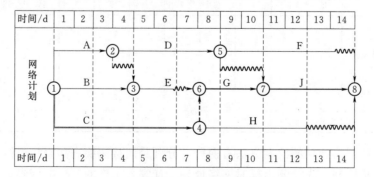

图 3.26　双代号时标网络计划绘图实例

3.4.3　时间坐标网络计划时间参数的计算

1. 关键线路和计算工期的确定

（1）时标网络计划关键线路的确定。时标网络计划关键线路的确定，应自终点节点逆箭线方向朝起点节点逐次进行判定：从终点到起点不出现波形线的线路即为关键线路。如图 3.27 所示，关键线路是：①－④－⑥－⑦－⑧，用双箭线表示。

（2）时标网络计划的计算工期。时标网络计划的计算工期，应是终点节点与起始节点所在位置之差。如图 3.27 所示，计算工期 $T_C = 14 - 0 = 14\mathrm{d}$。

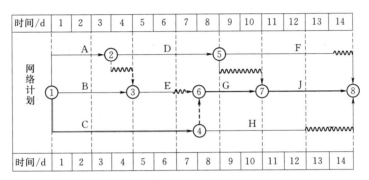

图 3.27　双代号时标网络计划

2. 时标网络计划时间参数的确定

在时标网络计划中，6 个工作时间参数的确定步骤如下：

（1）最早时间参数的确定。按最早开始时间绘制时标网络计划，最早时间参数可以从图 3.27 上直接确定。

1）最早开始时间 ES_{i-j}。每条实箭线左端箭尾节点（i 节点）中心所对应的时标值，即为该工作的最早开始时间。

2）最早完成时间 EF_{i-j}。若箭线右端无波形线，则该箭线右端节点（j 节点）中心所对应的时标值为该工作的最早完成时间；若箭线右端有波形线，则实箭线右端末所对应的时标值即为该工作的最早完成时间。

（2）自由时差的确定。

时标网络计划中各工作的自由时差值应为表示该工作的箭线中波形线部分在坐标轴上的水平投影长度。但当工作之后只紧接虚工作时，则该工作箭线上一定不存在波形线，而其紧接的虚箭线中波形线水平投影长度的最短者为该工作的自由时差。

（3）总时差的确定。时标网络计划中工作的总时差的计算应自右向左进行，且符合下列规定：

1）以终点节点（$j=n$）为箭头节点的工作的总时差 TF_{i-n} 应按网络计划的计划工期 T_P 计算确定，即：

$$TF_{i-n} = T_p - EF_{i-n} \tag{3.13}$$

2）其他工作的总时差等于其紧后工作 $j-k$ 总时差的最小值与本工作的自由时差之和，即：

$$TF_{i-j} = \min[TF_{j-k}] + EF_{i-j} \tag{3.14}$$

（4）最迟时间参数的确定。时标网络计划中工作的最迟开始时间和最迟完成时间可按式（3.15）和式（3.16）计算，即：

$$LS_{i-j} = ES_{i-j} + TF_{i-j} \tag{3.15}$$

$$LF_{i-j} = EF_{i-j} + TF_{i-j} \tag{3.16}$$

3.4.4 时间坐标网络计划的应用

时标网络计划在工程实践中的应用非常广泛，具体应用如下：

（1）对于工作项目少或工艺过程较简单的施工进度计划，利用时标网络计划图可以方便迅速地边绘制、边调整、边计算。

（2）对于大型复杂的工作，先用时标网络图绘制各分部分项工程的网络图，然后再综合起来绘制出比较简单的总网络计划图。在执行过程中，如果有偏差或其他原因等需要调整计划时，只需调整子网络计划，不必改动总网络计划。

（3）在时间坐标的表示上，根据网络计划图的层次性，时间的刻度可以是 1 天、1 周、1 个月、1 季或 1 年。在时间安排上，要考虑节假日和雨季的影响，要留有余地。

（4）根据实际进度与时标网络计划的比较，可以直观判别出进度计划的执行情况。根据实际情况及时作出调整。

（5）可以确定出各个时段的材料、机具、人员等资源的需用量。

工作任务 3.5 网 络 计 划 的 优 化

3.5.1 网络计划优化的概念和分类

1. 概念

网络计划的优化就是通过不断改善网络计划的初始方案，在满足既定的条件下，按某一衡量指标（如时间、成本和物资）来寻求最优方案。

2. 网络计划的优化的分类

网络计划的优化按优化目标分为工期优化、费用优化和资源优化。

（1）工期优化是指网络计划的计算工期不满足要求工期时，通过压缩关键工作的持续时间以满足要求工期的过程。

（2）费用优化是指寻求工程总成本最低时的工期安排，或按要求工期寻求最低成本的计划安排的过程。

（3）资源优化是指"资源有限、工期最短"和"工期固定、资源均衡"。

3.5.2 网络计划的优化
3.5.2.1 工期优化

1. 优化原理

网络计划优化的原理如下：

（1）压缩关键工作，压缩时间应保持其关键工作的地位。

（2）选择压缩的关键工作，应为压缩以后，投资费用少，不影响工程质量，又不会造成资源供应紧张和保证安全施工的关键工作。

（3）多条关键线路要同时、同步的进行压缩。

2. 优化步骤

网络计划优化的步骤如下：

（1）计算网络图，找出关键线路，计算工期 T_C 与要求工期 T_r 比较，当 $T_C > T_r$ 时，应压缩的时间为：

$$\Delta T = T_C - T_r \tag{3.17}$$

（2）选择压缩的关键工作，压缩到工作最短持续时间。

（3）重新计算网络图，检查关键工作是否超压（失去关键工作的位置），如超压则反弹，并重新计算网络图。

（4）比较 T_{C1} 与 T_r，如 $T_{C1} > T_r$ 则重复步骤（1）、步骤（2）、步骤（3）。

（5）如所有关键工作或部分关键工作都已压缩最短持续时间，仍不能满足要求，应对计划的原技术组织方案进行调整，或对工期重新进行审定。

【例 3.7】　已知某工程项目分部工程的网络计划如图 3.28 所示，箭杆下方括号外为正常持续时间，括号内为最短持续时间，箭线上方括号内的数字为优选系数。优选系数最小的工作应优先选择压缩。假定要求工期为 15d。

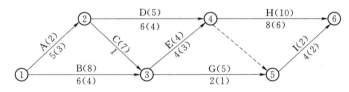

图 3.28　某分部工程的初始网络计划

试对该分部工程的网络计划进行工期优化。

解：（1）确定出关键线路及计算工期，如图 3.29 所示。

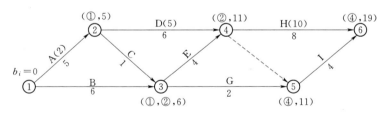

图 3.29　初始网络计划的关键线路

（2）应缩短的时间为：

$$\Delta T = t_c - t_r = 19 - 15 = 4(\text{d})$$

（3）压缩关键线路上关键工作的持续时间。

第 1 次压缩：关键线路 A→D→H 上 A 工作优选系数最小，先将 A 工作压缩至最短持续时间，压缩 3d，计算网络图，找出关键线路为 B→E→H（如图 3.30 所示），故关键工作 A 超压。反弹 A 的持续时间至 4d，使之仍为关键工作（如图 3.31 所示），关键线路为 A→D→H 和 B→E→H。

第 2 次压缩：因仍还需要压缩 3d，有以下 5 个压缩方案：①同时压缩工作 A 和 B，

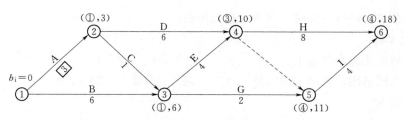

图 3.30　工作 A 压缩至最短时的关键线路

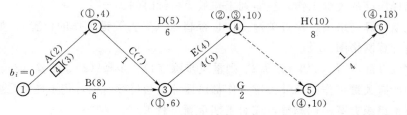

图 3.31　第 1 次压缩后的网络计划

组合优选系数为 2+8=10；②同时压缩工作 A 和 E，组合优选系数为 2+4=6；③同时压缩工作 B 和 D，组合优选系数为 8+5=13；④同时压缩工作 D 和 E，组合优选系数为 5+4=9；⑤压缩工作 H，优选系数为 10。由于压缩工作 A 和 E，组合优选系数最小，故应选择压缩工作 A 和 E。将这两项工作的持续时间各压缩 1d，再用标号法计算工期和确定关键线路。

　　由于工作 A 和 E 持续时间已达最短，不能再压缩，它们的优选系数变为无穷大。第 2 次压缩后的网络计划如图 3.32 所示。

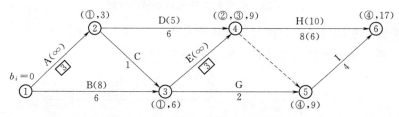

图 3.32　第 2 次压缩后的网络计划

　　第 3 次压缩：因仍还需要压缩 2d，由于工作 A 和 E 已不能再压缩，有 2 个压缩方案：①同时压缩工作 B 和 D，组合优选系数为 8+5=13；②压缩工作 H，优选系数为 10。由于压缩工作 H 优选系数最小，故应选择压缩工作 H。将此工作的持续时间压缩 2d，再用标号法计算工期和确定关键线路。此时计算工期已等于要求工期。工期优化后的网络计划如图 3.33 所示。

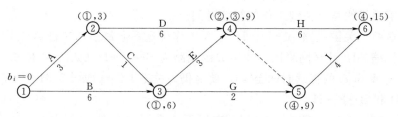

图 3.33　第 3 次压缩后的网络计划

3.5.2.2 费用优化

1. 工程费用与工期的关系

工程成本由直接费用和间接费用组成。由于直接费用随工期缩短而增加，间接费用随工期缩短而减少，故必定有一个总费用最少的工期，这便是费用优化所寻求的目标。工程费用与工期的关系如图 3.34 所示，当确定一个合理的工期 T_o，就能使总费用达到最小。

2. 费用优化的基本思路

不断地在网络计划中找出直接费用率（或组合直接费用率）最小的关键工作，缩短其持续时间，同时考虑间接费用随工期缩短而减少的数值，最后求得工程总成本最低时的最优工期安排或按要求工期求得最低成本的计划安排。

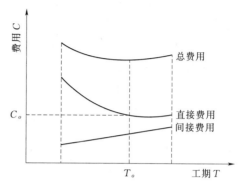

图 3.34　工程费用与工期的关系图

工作 $i-j$ 的直接费率 α_{i-j}^D 用公式（3.18）计算，即：

$$\alpha_{i-j}^D = \frac{CC_{i-j} - CN_{i-j}}{DN_{i-j} - DC_{i-j}} \tag{3.18}$$

式中　DN_{i-j}——工作 $i-j$ 的正常持续时间，即在合理的组织条件下，完成一项工作所需的时间；

DC_{i-j}——工作 $i-j$ 的最短持续时间，即不可能进一步缩短的工作持续时间，又称临界时间；

CN_{i-j}——工作 $i-j$ 的正常持续时间的直接费用，即按正常持续时间完成一项工作所需的直接费用；

CC_{i-j}——工作的最短持续时间的直接费用，即按最短持续时间完成一项工作所需的直接费。

3. 费用优化步骤

费用优化的具体步骤如下：

（1）算出工程的总直接费用 $\sum C_{i-j}^D$。

（2）计算各项工作的直接费用率 α_{i-j}^D。

（3）按工作的正常持续时间确定计算工期和关键线路。

（4）算出计算工期为 t 的网络计划的总费用，即：

$$C_t^T = \sum C_{i-j}^D + \alpha^{ID} t \tag{3.19}$$

式中　α^{ID}——工程的间接费用率，即缩短或延长工期每一单位时间所需减少或增加的费用。

（5）选择缩短持续时间的对象。当只有一条关键线路时，应找出组合直接费用率最小的一项关键工作，作为缩短持续时间的对象；当有多条关键线路时，应找出组合直接费用率最小的一组关键工作，作为缩短持续时间的对象。

当需要缩短关键工作的持续时间时，其缩短值的确定必须符合下列两条原则：①缩短后工作的持续时间不能小于其最短持续时间；②缩短持续时间的工作不能变成非关键工作。若被压缩工作变成了非关键工作，则应将其持续时间延长，使之仍为关键工作。

（6）选定的压缩对象（一项关键工作或一组关键工作）压缩。检查被压缩的工作的直接费率或组合直接费率是否等于、小于或大于间接费率。如等于间接费率，则已得到优化方案；如小于间接费率，则需继续按上述方法进行压缩；如大于间接费率，则在此前一次的小于间接费率的方案即为优化方案。

在压缩过程中，关键工作可以被动地（即未经压缩）变成非关键工作，关键线路也可以因此变成非关键线路。

（7）计算优化后的工程总费用。优化后的总费用等于初始网络计划的总费用减去费用变化合计的绝对值。

（8）绘出优化网络计划。在箭线上方注明直接费用，箭线下方注明持续时间。

【例 3.8】 已知某工程的初始网络计划如图 3.35 所示，图中箭线下方为正常持续时间，其括号内的为最短持续时间，箭线上方为正常直接费用（千元），其括号内的最短时间直接费用（千元），间接费率为 0.8 千元/d，试对该工程的网络计划进行费用优化。

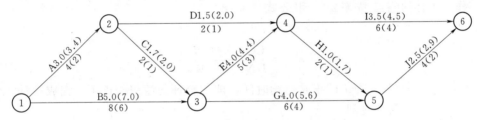

图 3.35　某工程初始网络计划

解：（1）算出工程的总直接费用为：

$$\sum C_{i-j}^{D}=3.0+5.0+1.5+1.7+4.0+4.0+1.0+3.5+2.5=26.2（千元）$$

（2）算出各项工作的直接费率（单位：千元/d）为：

$$\alpha_{1-2}^{D}=\frac{CC_{1-2}-CN_{1-2}}{DN_{1-2}-DC_{1-2}}=\frac{3.4-3.0}{4-2}=0.2$$

$$\alpha_{1-3}^{D}=\frac{7.0-5.0}{8-6}=1.0$$

同理可得：$\alpha_{2-3}^{D}=0.3$，$\alpha_{2-4}^{D}=0.5$；$\alpha_{3-4}^{D}=0.2$；$\alpha_{3-5}^{D}=0.8$；$\alpha_{4-5}^{D}=0.7$；$\alpha_{4-6}^{D}=0.5$；

$$\alpha_{5-6}^{D}=0.2$$

（3）用标号法找出网络计划中的关键线路并求出计算工期。如图 3.36 所示，关键线路有两条关键线路 B→E→I 和 B→E→H→J，计算工期为 19d。图中箭线上方括号内为直接费率。

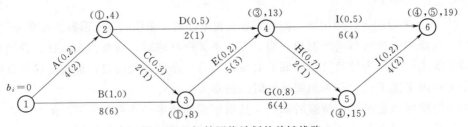

图 3.36　初始网络计划的关键线路

(4) 计算出工程的总费用为:

$$C_{19}^T = 26.2 + 0.8 \times 19 = 26.2 + 15.2 = 41.4(千元)$$

(5) 进行压缩。

进行第 1 次压缩:有两条关键线路 B→E→I 和 B→E→H→J,直接费率最低的关键工作为 E,其直接费率为 0.2 千元/d(以下简写为 0.2),小于间接费率 0.8,故需将其压缩。现将 E 压缩至 4(若压缩至最短持续时间 3,E 被压缩成了非关键工作),B→E→H→J 和 B→E→I 仍为关键线路。第 1 次压缩后的网络计划如图 3.37 所示。

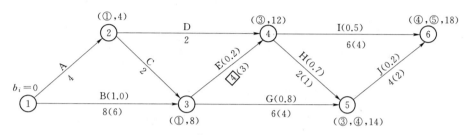

图 3.37　第 1 次压缩后的网络计划

进行第 2 次压缩:有 3 条关键线路,分别是:B→E→I、B→E→H→J、B→G→J。共有 5 个压缩方案:①压缩 B,直接费率为 1.0;②压缩 E、G,组合直接费率为 0.2＋0.8＝1.0;③压缩 E、J,组合直接费率为 0.2＋0.2＝0.4;④压缩 I、J,组合直接费率为 0.5＋0.2＝0.7;⑤压缩 I、H、G,组合直接费率为 0.5＋0.7＋0.8＝2.0。决定采用诸方案中直接费率和组合直接费率最小的第③方案,即压缩 E、J,组合直接费率为 0.4,小于间接费率 0.8。

由于 E 只能压缩 1d,J 随之只可压缩 1d。压缩后,用标号法找出关键线路,此时只有两条关键线路,分别是:B→E→I、B→G→J,H 未经压缩而被动地变成了非关键工作。第 2 次压缩后的网络计划如图 3.38 所示。

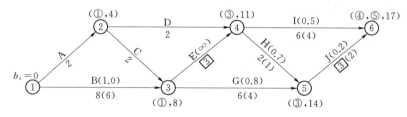

图 3.38　第 2 次压缩后的网络计划

进行第 3 次压缩:由于 E 压缩至最短持续时间,分析可知压缩 I、J,组合直接费率为 0.5＋0.2＝0.7,小于间接费率 0.8。

由于 J 只能压缩 1d,I 随之只可压缩 1d。压缩后关键线路用标号法判断未变化。如图 3.39 所示。

进行第 4 次压缩:因 E、J 不能再缩短,故只能选用压缩 B。由于 B 的直接费率 1.0 大于间接费率 0.8,故已出现优化点。优化网络计划即为第 3 次压缩后的网络计划,如图 3.40 所示。

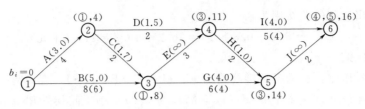

图 3.39 第 3 次压缩后的网络计划

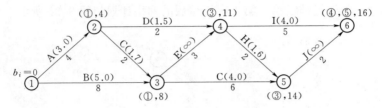

图 3.40 费用优化后的网络计划

（6）计算优化后的总费用。图中被压缩工作被压缩后的直接费用确定如下：①工作 E 已压缩至最短持续时间，直接费用为 4.4 千元；②工作 I 压缩 1d，直接费用为 $3.5 + 0.5 \times 1 = 4.0$（千元）；③工作 J 已压缩至最短持续时间，直接费用为 2.9 千元。

故优化后的总费用为：

$$C_{16}^T = \sum C_{i-j}^D + \alpha^{ID} t$$

$$= (3.0 + 5.0 + 1.7 + 1.5 + 4.4 + 4.0 + 1.0 + 4.0 + 2.9) + 0.8 \times 16$$

$$= 27.5 + 12.8 = 40.3（千元）$$

3.5.2.3 资源优化

1. 资源优化的前提条件

在优化过程中，除规定可中断的工作外，应保持其连续性；不改变网络计划中各项工作之间的逻辑关系；不改变网络计划中各项工作的持续时间；网络计划中各项工作的资源强度（单位时间内所需资源数量）为常数，而且是合理的。

2. 资源优化的分类

在通常情况下，网络计划的资源优化分为两种，即"资源有限、工期最短"的优化和"工期固定、资源均衡"的优化。前者是通过调整计划安排，在满足资源限制的条件下，使工期延长最小；后者是通过调整计划安排，在工期保持不变的条件下，使资源需用量尽可能的均衡。

3. 资源有限—工期最短的优化步骤

（1）按照各项工作的最早开始时间安排进度计划，并计算网络计划每个时间单位的资源需用量。

（2）从计划开始日期起，逐个检查每个时段（每个时间单位资源需用量相同的时间段）资源需用量 R_t 是否超过所能供应的资源限量 R_a。如果在整个工期范围内每个时段的资源需用量均能满足资源限量的要求，则该网络计划就符合优化要求；如发现 $R_t > R_a$，则停止检查进行调整。

（3）当 $R_t > R_a$ 时的工作调整。方法是将该处的一项工作移在该处的另一项工作之后，以减少该处的资源需用量。如该处有两项工作 α、β，则有 α 移至 β 后和 β 移至 α 后两个调整方案。

计算调整后的工期增量。调整后的工期增量等于前面工作的最早完成时间减去移在后面工作的最早开始时间再减去移在后面的工作总时差。

如 β 移去 α 后，则其工期增量 $\Delta T_{\alpha、\beta}$ 为：

$$\Delta T_{\alpha、\beta} = EF_\alpha - ES_\beta - TF_\beta \qquad (3.20)$$

式中　EF_α——工作 α 的最早完成时间；

　　　　ES_β——工作 β 的最早开始时间；

　　　　TF_β——工作 β 的工作的总时差。

这样，在有资源冲突的时段中，对平行作业的工作进行两两排序，即可得出若干个 $\Delta T_{\alpha、\beta}$，选择其中最小的 $\Delta T_{\alpha、\beta}$，将相应的工作 n 安排在工作 m 之后进行，既可降低该时段的资源需用量，又使网络计划的工期延长最短。

（4）对调整后的网络计划进行安排，重新计算每个时间单位的资源需用量。

（5）重复以上步骤，直至出现优化方案为止。

4. 工期固定—资源均衡的优化

安排建设工程进度计划时，需要使资源需用量尽可能地均衡，使整个工程每单位时间的资源需用量不出现过多的高峰和低谷，这样不仅有利于工程建设的组织与管理，而且可以降低工程费用。

（1）衡量资源均衡的 3 种指标：

1）不均衡系数 K，即

$$K = \frac{R_{max}}{R_m} \qquad (3.21)$$

式中　R_{max}——最大的资源需用量；

　　　　R_m——资源需用量的平均值。

不均衡系数 K 越接近于 1，资源需用量均衡性越好。

2）极差值 ΔR，即：

$$\Delta R = \max[\,|R_t - R_m|\,] \qquad (3.22)$$

资源需用量极差值越小，资源需用量均衡性越好。

3）均方差值 σ^2，即：

$$\sigma^2 = \frac{1}{T} \sum_{T=1}^{T} (R_t - R_m)^2 \qquad (3.23)$$

将式（3.23）展开，由于工期 T 和资源需用量的平均值 R_m 均为常数，得均方差的另一个表达式，即：

$$\sigma^2 = \frac{1}{T} \sum_{T=1}^{T} R_t^2 - R_m^2 \qquad (3.24)$$

均方差越小，资源需用量均衡性越好。

（2）方差值最小的优化方法。利用非关键工作的自由时差，逐日调整非关键工作的开始时间，使调整后计划的资源需要量动态曲线能削峰填谷，达到降低方差的目的。

设有 $i-j$ 工作，从 m 天开始，第 n 天结束，日资源需要量为 $r_{i,j}$。将 $i-j$ 工作向右移动一天，则该计划第 m 天的资源需要量 R_m 将减少 $r_{i,j}$，第（$n+1$）天的资源需要量 R_{n+1} 将增加 $r_{i,j}$。若第（$n+1$）天新的资源量值小于第 m 天的调整前的资源量值 R_m，则调整有效。即要求：

$$R_{n+1} + r_{i,j} \leqslant R_m \tag{3.25}$$

（3）方差值最小的优化步骤。

1）按照各项工作的最早开始时间安排进度计划，确定计划的关键线路、非关键工作的总时差和自由时差。

2）确保工期固定、关键线路不做变动，对非关键工作由终点节点开始，按工作完成节点编号值从大到小的顺序依次进行调整。每次调整 1d，判断其右移的有效性，直至不能右移为止。若右移 1d，不能满足式（3.25）时，可在自由时差范围内，一次向右移动 2d 或 3d，直至自由时差用完为止。当某一节点同时作为多项工作的完成节点时，应先调整开始时间较迟的工作。

3）所有非关键工作都做了调整后，在新的网络计划中，再按上述步骤，进行第 2 次调整，以使方差进一步减小，直至所有工作不能再移动为止。

当所有工作均按上述顺序自右向左调整了一次之后，为使资源需用量更加均衡，再按上述顺序自右向左进行多次调整，直至所有工作既不能右移也不能左移为止。

【例 3.9】 已知某工程网络计划如图 3.41 所示。图中箭线上方为资源强度，箭线下方为持续时间，资源限量 $R_a = 12$。试对该工程的网络计划进行资源有限—工期最短的优化。

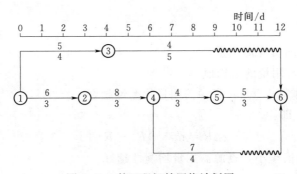

图 3.41 某工程初始网络计划图

解：（1）计算资源需用量，如图 3.42 所示。至第 4 天，$R_4 = 13 > R_a = 12$ 故需进行调整。

（2）第 1 次调整：

方案 1：1-3 移至 2-4 后：$EF_{2-4} = 6$；$ES_{1-3} = 0$；$TF_{1-3} = 3$；

则 $\Delta T_{2-4,1-3} = 6 - 0 - 3 = 3$

方案 2：2-4 移至 1-3 后：$EF_{1-3} = 4$；$ES_{2-4} = 3$；$TF_{2-4} = 0$；

则 $\Delta T_{1-3,2-4} = 4 - 3 - 0 = 1$

选择工期增量较小的第 2 方案，绘出调整后的网络计划，如图 3.43 所示。

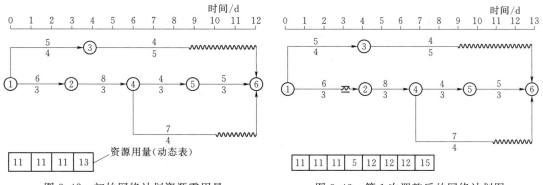

图 3.42 初始网络计划资源需用量 | 图 3.43 第 1 次调整后的网络计划图

（3）再次计算资源需用量至第 8 天：$R_8 = 15 > R_a = 12$，故需进行第 2 次调整。

（4）第 2 次调整：被考虑调整的工作有 3—6、4—5、4—6 3 项，现列出表 3.8，进行选择方案调整。

表 3.8　　　　　　　　　　　　第 2 次调整计算表

方案编号	前面工作 α②	后面工作 β③	EF_α④	ES_β⑤	TF_β⑥	$\Delta T_{\alpha,\beta}$⑦=④-⑤-⑥	T⑧
1	3—6	4—5	9	7	0	2	15
2	3—6	4—6	9	7	2	0	13
3	4—5	3—6	10	4	4	2	15
4	4—5	4—6	10	7	2	1	14
5	4—6	3—6	11	4	4	3	16
6	4—6	4—5	11	7	0	4	17

（5）决定选择工期增量最少的方案 2，绘出第 2 次调整的网络计划，如图 3.44 所示。从图 3.44 中可以看出，自始至终皆是 $R_t \leqslant R_a$，故该方案为优选方案。

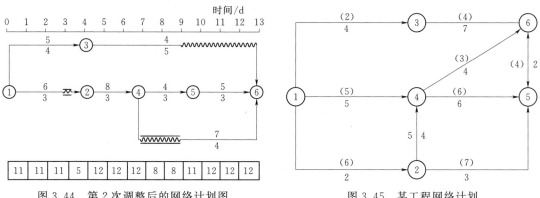

图 3.44 第 2 次调整后的网络计划图 | 图 3.45 某工程网络计划

【例 3.10】 已知某工程的网络计划如图 3.45 所示，图中箭线上方为每日资源需要量，箭线下方为持续时间。试对该工程的网络计划进行工期固定—资源均衡的优化。

解：（1）绘制初始网络计划时标图，如图 3.46 所示。计算每日资源需要量，确定计划的关键线路、非关键工作的总时差和自由时差。

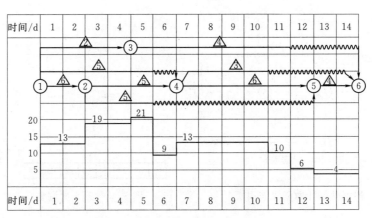

图 3.46 初始网络计划时标图

对照网络计划时标图，可计算出每日资源需要量，见表 3.9。

表 3.9 每日资源需要量表

时间/d	1	2	3	4	5	6	7	8	9	10	11	12	13	14
资源数量	13	13	19	19	21	9	13	13	13	13	10	6	4	4

不均衡系数 K 为：

$$K = \frac{R_{max}}{R_m} = \frac{R_5}{R_m} = \frac{21}{\dfrac{13 \times 2 + 19 \times 2 + 21 + 9 + 13 \times 4 + 10 + 6 + 4 \times 2}{14}} = 1.7$$

（2）对初始网络计划进行第 1 次调整。

1）逆箭线调整以⑥节点为结束节点的④→⑥工作和③→⑥工作，由于④→⑥工作开始较晚，先调整此工作。

将④→⑥工作向右移动 1d，则 $R_{11} = 13$，原第 7 天的资源量为 13，故可移动 1d；将④→⑥工作再向右移动 1d，则 $R_{12} = 6 + 3 = 9 < R_8 = 13$，故可移动 1d；同理，④→⑥工作再向右移动 2d，故④→⑥工作可持续向右移动 4d，④→⑥工作调整后的时标图如图 3.47 所示。

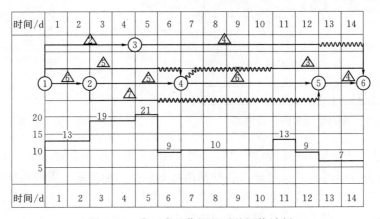

图 3.47 ④→⑥工作调整后的网络计划

2）调整③→⑥工作。将③→⑥工作向右移动 1d，则 $R_{12}=9+4=13<R_5=21$，可移动 1d；将③→⑥工作再向右移动 1d，则 $R_{12}=7+4=11>R_6=9$，右移无效；将③→⑥工作再向右移动 1d，则 $R_{14}=7+4=11>R_7=10$，右移无效。故③→⑥工作可持续向右移动 1d，③→⑥工作调整后的时标图如图 3.48 所示。

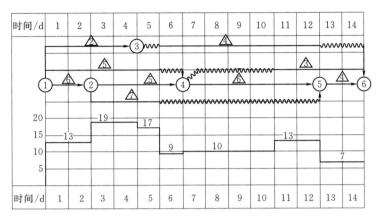

图 3.48 ③→⑥工作调整后的网络计划

3）调整以⑤节点为结束节点的工作。将②→⑤工作向右移动 1d，则 $R_6=9+7=16<R_3=19$，可移动 1d；将②→⑤工作再向右移动 1d，则 $R_7=10+7=17<R_4=19$，可移动 1d；同理，考察得可持续向右移动 3d，②→⑤工作调整后的时标图如图 3.49 所示。移动后的资源需用量的变化情况如图 3.49 所示。

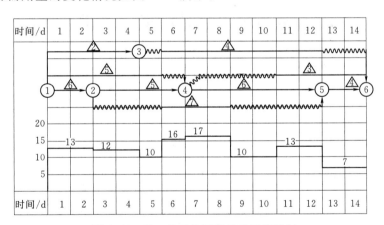

图 3.49 ②→⑤工作调整后的网络计划

4）调整以④节点为结束节点的工作。将①→④工作向右移动 1d，则 $R_6=16+5=21>R_1=13$，右移无效。

（3）进行第 2 次调整。

1）再对以⑥节点为结束节点的工作进行调整。调整③→⑥工作，将③→⑥工作向右移动 1d，则 $R_{13}=7+4=11<R_6=16$，可移动 1d；将③→⑥工作再向右移动 1d，则 $R_{14}=7+4=11<R_7=17$，可移动 1d；故③→⑥工作可持续向右移动 2d，③→⑥工作调整后的时标图如图 3.50 所示。

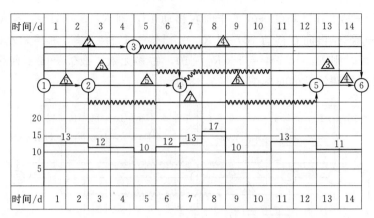

图 3.50 ③→⑥工作调整后的网络计划

2）再调整以⑤节点为结束节点的工作。将②→⑤工作向右移动 1d，则 $R_9=10+7=17>R_6=12$，右移无效；经考察，在保证②→⑤工作连续作业的条件下，②→⑤工作不能移动。同样，其他工作也不能移动，则如图 3.50 所示的网络图为资源优化后的网络计划。

优化后的网络计划，其资源不均衡系数 K 降低为：

$$K=\dfrac{17}{\dfrac{13\times2+12\times2+10+12+13+17+10\times2+13\times2+11\times2}{14}}=1.4$$

工作任务 3.6 单代号网络计划的简介

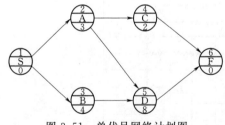

图 3.51 单代号网络计划图

单代号网络图是以节点及其编号表示工作，以有向箭线表示工作之间的逻辑关系的网络图。在单代号网络计划图中，每一项工作都用一个节点来表示，每个节点都编以号码，节点的号码即代表该节点所表示的工作，"单代号"的名称由此而来。如图 3.51 所示为一个单代号网络计划图。

与双代号网络图比较，单代号网络图的逻辑关系容易表达，绘图简便，便于检查修改；单代号网络图没有虚箭线，产生逻辑错误的可能性较小。单代号网络图用节点表示工作，更适合用计算机进行绘制、计算、优化和调整。最新发展起来的几种网络计划形式，如决策网络（DCPM）和图示评审技术（GERT）等，都是采用单代号表示的。正是由于具有以上特点，近年来国内外对单代号网络图逐渐重视起来。特别是随着计算机在网络计划中的应用不断地扩大，单代号网络图获得了广泛的应用。

3.6.1 单代号网络计划图的构成

单代号网络计划图与双代号网络图一样，也是由三要素构成，它们分别是：节点、箭线和线路。

1. 节点

节点通常表示一项工作，可以用圆圈或方框表示，节点所表示的工作的名称（或代号）、工作的持续时间和编号都标在圆圈（或方框）内，如图 3.52 所示。箭头节点的编号应大于箭尾节点的编号。

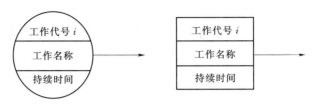

图 3.52　单代号网络图节点表示方法

2. 箭线

箭线的含义是表示顺序关系，表示工作之间的相互关系，既不消耗时间也不消耗资源。

3. 线路

同双代号网络计划图，由起始节点沿箭线方向经过一系列箭线与节点至终点节点，所形成的路线，称为线路。关键线路是时间总和最大的线路。

3.6.2　单代号网络计划图的绘制

1. 绘制单代号网络图需遵循的规则

（1）箭线应画成水平直线、折线或斜线。单代号网络图中不设虚箭线，箭线的箭尾节点的编号应小于箭头节点的编号。箭线水平投影的方向应自左向右，表达工作的进行方向。

（2）节点必须编号，严禁重复。一项工作只能有唯一的一个节点和唯一的一个编号。

（3）严禁出现循环回路。

（4）严禁出现双向箭头或无箭头的连线；严禁出现没有箭尾节点的箭线和没有箭头节点的箭线。

（5）箭线不宜交叉，当交叉不可避免时，可采用过桥法、断线法和指向法绘制。

（6）单代号网络图只应有一个起始节点和一个终点节点。当网络图中有多项起始节点或多项终点节点时，应在网络图的两端分别设置一项虚工作，作为该网络图的起始节点和终点节点。

2. 单代号网络图绘制的步骤

（1）列出工作之间的逻辑关系表，写出各工作的紧前工作。

（2）绘制出紧前工作为无的工作，若有多个紧前工作为无的工作，引入一个虚拟的起始工作 S。

（3）根据逻辑关系绘制其他工作，若有多个紧后工作为无的工作，引入一个虚拟的结束工作 F（F_n）。

（4）检查、编号。

【例 3.11】 已知某工程项目的各工作之间的逻辑关系见表 3.10。

表 3.10 各工作之间的逻辑关系表

工作	A	B	C	D	E	G
紧前工作	—	—	—	B	B	C、D

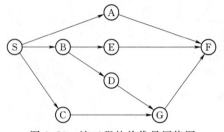

图 3.53 该工程的单代号网络图

试绘制该工程的单代号网络图。

解： 本案例中 A、B、C 均无紧前工作，故应设虚拟工作 S。同时，有多项结束工作 A、E、G，应增设一项虚拟工作 F。

该工程的单代号网络图如图 3.53 所示。

3.6.3 单代号网络图时间参数的计算

单代号网络图时间参数有工作的最早开始时间 ES、最早完成时间 EF_i、最迟开始时间 LS_i、最迟完成时间 LF_i、工作总时差 TF_i、工作自由时差 FF_i，还有工作之间的时间间隔 LAG_{i-j}。

1. 计算最早开始时间和最早完成时间

规定：
$$ES_1 = 0$$
$$EF_i = ES_i + D_i \tag{3.26}$$
$$ES_j = \max\{(ES_i + D_i)，\} = \max EF_i \tag{3.27}$$

计算方法：从开始节点开始，沿着箭线方向，依次计算每一个节点，若有多个内向箭线式，取所有紧前工作最早完成时间的最大值。

2. 计算相邻两项工作之间的时间间隔 $LAG_{i,j}$

相邻两项工作 i 和 j 之间的时间间隔 $LAG_{i,j}$，等于紧后工作 j 的最早开始时间 ES_j 和本工作的最早完成时间 EF_i 之差，即：
$$LAG_{i,j} = ES_j - EF_i \tag{3.28}$$

3. 计算工作总时差 TF_i

（1）终点节点的总时差 TF_n，如计划工期等于计算工期，其值为零，即：
$$TF_n = 0 \tag{3.29}$$

（2）其他工作 i 的总时差 TF_i，即：
$$TF_i = \min[TF_j + LAG_{i,j}] \tag{3.30}$$

4. 计算工作自由时差 EF_i

（1）工作 i 若无紧后工作，其自由时差 FF_i 等于计划工期 T_p 减去该工作的最早完成时间 EF_n，即：
$$EF_i = T_p - EF_n \tag{3.31}$$

（2）当工作 i 有紧后工作 j 时，自由时差 FF_i 为：
$$FF_i = \min[LAG_{i,j}] \tag{3.32}$$

5. 计算工作的最迟开始时间和最迟完成时间
$$LS_i = ES_i + TF_i \tag{3.33}$$

$$LF_i = EF_i + TF_i \tag{3.34}$$

以上式中　D_i——工作 i 的延续时间；

　　　　ES_j——工作 j 的最早开始时间；

　　　　EF_i——工作 i 的最早完成时间；

　　　　LS_i——工作 i 的最迟开始时间；

　　　　LF_i——工作 i 的最迟完成时间；

　　　　TF_i——工作 i 的总时差；

　　　　FF_i——工作 i 的自由时差；

　　　　T_p——计划工期。

6. 确定关键线路

所有时间间隔为 0 的线路为关键线路。

【例 3.12】 已知某工程项目单代号网络计划如图 3.54 所示，计划工期等于计算工期。

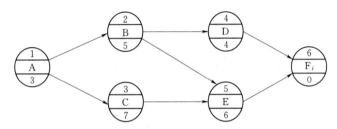

图 3.54　某工程项目单代号网络计划图

试计算单代号网络计划的时间参数并确定关键线路，并用双箭线标在图上示出。

解：（1）时间参数的计算。

1）计算最早开始时间和最早完成时间。网络计划中各项工作的最早开始时间和最早完成时间的计算应从网络计划的起点节点开始，顺着箭线方向依次逐项进行计算。

$ES_1 = 0$　　　　　　　　　　　　　　$EF_1 = ES_1 + D_1 = 0 + 3 = 3$

$ES_2 = EF_1 = 3$　　　　　　　　　　　$EF_2 = ES_2 + D_2 = 3 + 5 = 8$

$ES_3 = EF_1 = 3$　　　　　　　　　　　$EF_3 = ES_3 + D_3 = 3 + 7 = 10$

$ES_4 = EF_2 = 8$　　　　　　　　　　　$EF_4 = ES_4 + D_4 = 8 + 4 = 12$

$ES_5 = \max[EF_2, EF_3] = \max[8, 10] = 10$　　$EF_5 = ES_5 + D_5 = 10 + 5 = 15$

$ES_6 = \max[EF_4, EF_5] = \max[12, 15] = 15$　　$EF_6 = ES_6 + D_6 = 15 + 0 = 15$

2）计算相邻两项工作之间的时间间隔 $LAG_{i,j}$。相邻两项工作 i 和 j 之间的时间间隔等于紧后工作 j 的最早开始时间 ES_j 和本工作的最早完成时间 EF_i 之差。

$$LAG_{1,2} = ES_2 - EF_1 = 3 - 3 = 0$$

$$LAG_{1,3} = ES_3 - EF_1 = 3 - 3 = 0$$

$$LAG_{2,4} = ES_4 - EF_2 = 8 - 8 = 0$$

$$LAG_{2,5} = ES_5 - EF_2 = 10 - 8 = 2$$

$$LAG_{3,5} = ES_5 - EF_3 = 10 - 10 = 0$$

$$LAG_{4,6} = ES_6 - EF_4 = 15 - 12 = 3$$
$$LAG_{5,6} = ES_6 - EF_5 = 15 - 15 = 0$$

3）计算工作的总时差 TF_i。因计划工期等于计算工期，故终点节点总时差为零，其他工作 i 的总时差 TF_i 应从网络计划的终点节点开始，逆着箭线方向依次逐项计算。

$$TF_6 = 0$$
$$TF_5 = TF_6 + LAG_{5,6} = 0 + 0 = 0$$
$$TF_4 = TF_6 + LAG_{4,6} = 0 + 3 = 3$$
$$TF_3 = TF_5 + LAG_{3,5} = 0 + 0 = 0$$
$$TF_2 = \min[(TF_4 + LAG_{2,4}), (TF_5 + LAG_{2,5})] = \min[(3+0), (0+2)] = 2$$
$$TF_1 = \min[(TF_2 + LAG_{1,2}), (TF_3 + LAG_{1,3})] = \min[(2+0), (0+0)] = 0$$

4）计算工作的自由时 FF_i。

$$FF_6 = T_p - EF_6 = 15 - 15 = 0$$
$$FF_5 = LAG_{5,6} = 0$$
$$FF_4 = LAG_{4,6} = 3$$
$$FF_3 = LAG_{3,5} = 0$$
$$FF_2 = \min[LAG_{2,4}, LAG_{2,5}] = \min[0, 2] = 0$$
$$FF_1 = \min[LAG_{1,2}, LAG_{1,3}] = \min[0, 0] = 0$$

5）计算工作的最迟开始时间 LS_i 和最迟完成时间 LF_i。

$$LS_1 = ES_1 + TF_1 = 0 + 0 = 0 \qquad LF_1 = EF_1 + TF_1 = 3 + 0 = 3$$
$$LS_2 = ES_2 + TF_2 = 3 + 2 = 5 \qquad LF_2 = EF_2 + TF_2 = 8 + 2 = 10$$
$$LS_3 = ES_3 + TF_3 = 3 + 0 = 3 \qquad LF_3 = EF_3 + TF_3 = 10 + 0 = 10$$
$$LS_4 = ES_4 + TF_4 = 8 + 3 = 11 \qquad LF_4 = EF_4 + TF_4 = 12 + 3 = 15$$
$$LS_5 = ES_5 + TF_5 = 10 + 0 = 10 \qquad LF_5 = EF_5 + TF_5 = 15 + 0 = 15$$
$$LS_6 = ES_6 + TF_6 = 15 + 0 = 15 \qquad LF_6 = EF_6 + TF_6 = 15 + 0 = 15$$

（2）关键线路确定。所有工作的时间间隔为零的线路为关键线路。即①—③—⑤—⑥为关键线路，用双箭线标示在图 3.55 中。或用总时差为零（A、C、E）来判断是否是关键线路。

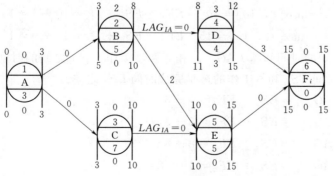

图 3.55 单代号网络图

3.6.4 单代号搭接网络计划简介

前面介绍的网络计划，工作之间的逻辑关系是紧前工作全部完成之后本工作才能开始。但是在工程建设的实践当中，有许多工作的开始并不是以其紧前工作的完成为条件，可进行搭接施工。为了简单、直接地表达工作之间的搭接关系，使网络计划的编制得到简化，便出现了搭接网络计划。

搭接网络计划一般都采用单代号网络图的表示方法，即以节点表示工作，以节点之间的箭线表示工作之间的逻辑顺序和搭接关系。

1. 搭接关系的种类及表达方式

在搭接网络计划中，工作之间的搭接关系是由相邻两项工作之间的不同时距决定的。所谓时距，就是在搭接网络计划中相邻两项工作之间的时间差值，如图 3.56 所示。

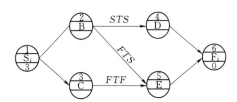

图 3.56 单代号搭接网络图

（1）结束到开始（FTS）的搭接关系。例如，在修建堤坝时，一定要等土堤自然沉降后才能修护坡，筑土堤与修护坡之间的等待时间就是 FTS 时距。从结束到开始的搭接关系及这种搭接关系在网络计划中的表达方式如图 3.57 所示。

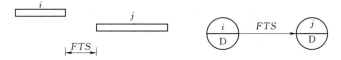

图 3.57 FTS 搭接关系及其在网络计划中的表达方式

当 FTS 时距为零时，就说明本工作与其紧后工作之间紧密衔接。当网络计划中所有相邻工作只有 FTS 一种搭接关系且其时距均为零时，整个搭接网络计划就成为前述的单代号网络计划。

（2）开始到开始（STS）的搭接关系。例如，在道路工程中，当路基铺设工作开始一段时间，为路面浇筑工作创造一定条件之后路面浇筑工作才开始，路基铺设工作的开始时间与路面浇筑工作的开始时间之间的差值就是 STS 时距。

从开始到开始的搭接关系及这种搭接关系在网络计划中的表达方式如图 3.58 所示。

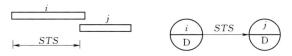

图 3.58 STS 搭接关系及其在网络计划中的表达方式

（3）结束到结束（FTF）的搭接关系。例如，在道路工程中，如果路基铺设工作的进展速度小于路面浇筑工作的进展速度时，须考虑为路面浇筑工作留有充分的工作面；否则，路面浇筑工作就将因没有工作面而无法进行。路基铺设工作的完成时间与路面浇筑工作的完成时间之间的差值就是 FTF 时距。

从结束到结束的搭接关系及这种搭接关系在网络计划中的表达方式如图 3.59 所示。

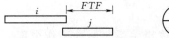
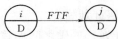

图 3.59 *FTF* 搭接关系及其在网络计划中的表达方式

（4）开始到结束（*STF*）的搭接关系。从开始到结束的搭接关系及这种搭接关系在网络计划中的表达方式如图 3.60 所示。

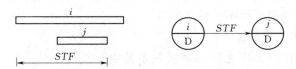

图 3.60 *STF* 搭接关系及其在网络计划中的表达方式

（5）混合搭接关系。在搭接网络计划中，除上述 4 种基本搭接关系之外，相邻两项工作之间有时还会同时出现两种以上的基本搭接关系，称为混合搭接关系。

2. 搭接网络计划时间参数的计算

（1）计算工作的最早开始时间和最早完成时间。单代号搭接网络计划时间参数的计算与前述单代号网络计划和双代号网络计划时间参数的计算原理基本相同。工作的最早开始时间和最早完成时间的计算应从网络计划起点节点开始，顺着箭线方向依次进行。

1）由于在单代号搭接网络计划中的起点节点一般都代表虚拟工作，故其最早开始时间和最早完成时间均为零。

凡是与网络计划起点节点相联系的工作，其最早开始时间为零；其最早完成时间应等于其持续时间。

2）其他工作的最早开始时间和最早完成时间

a. 相邻时距为 *FTS* 时：

$$ES_j = EF_i + FTS_{i,j} \tag{3.35}$$

$$EF_j = ES_j + D_j \tag{3.36}$$

b. 相邻时距为 *STS* 时：

$$ES_j = ES_i + STS_{i,j} \tag{3.37}$$

$$EF_j = ES_j + D_j \tag{3.38}$$

c. 相邻时距为 *FTF* 时：

$$EF_j = EF_i + FTF_{i,j} \tag{3.39}$$

$$ES_j = EF_j - D_j \tag{3.40}$$

d. 相邻时距为 *STF* 时：

$$EF_j = ES_i + STF_{i,j} \tag{3.41}$$

$$ES_j = EF_j - D_j \tag{3.42}$$

式中　ES_i——工作 i 的最早开始时间；

ES_j——工作 i 的紧后工作 j 的最早开始时间；

EF_i——工作 i 的最早完成时间；

EF_j——工作 i 的紧后工作 j 的最早完成时间；

$FTS_{i,j}$——工作 i 与工作 j 之间完成到开始的时距；

$STS_{i,j}$——工作 i 与工作 j 之间开始到开始的时距；

$FTF_{i,j}$——工作 i 与工作 j 之间完成到完成的时距；

$STF_{i,j}$——工作 i 与工作 j 之间开始到完成的时距。

注意：

当出现最早开始时间为负值时，应将该工作与起点用虚箭线相连，并确定其 STS 为零。

当有两种以上时距（有两项或以上紧前工作）限制工作间的逻辑关系时，应分别进行最早时间的计算，取其最大值。

最早完成时间的最大值的工作应与终点节点用虚箭线相连，并确定其 FTF 为零。

由于在搭接网络计划中，终点节点一般都表示虚拟工作（其持续时间为零），故其最早完成时间与最早开始时间相等，且一般为网络计划的计算工期。但是，由于在搭接网络计划中，决定工期的工作不一定是最后进行的工作。因此，在用上述方法完成计算之后，还应检查网络计划中其他工作的最早完成时间是否超过已计算出的计算工期。如其他工作的最早完成时间超过已计算出的计算工期，则应由其他工作的最早完成时间决定。同时，应将该工作与虚拟工作（终点节点）用虚箭线相连。

（2）计算相邻两项工作之间的时间间隔。

1）搭接关系为结束到开始（FTS）时的时间间隔为：

$$LAG_{i,j} = ES_j - EF_i - FTS_{i,j} \tag{3.43}$$

2）搭接关系为开始到开始（STS）时的时间间隔为：

$$LAG_{i,j} = ES_j - ES_i - STS_{i,j} \tag{3.44}$$

3）搭接关系为结束到结束（FTF）时的时间间隔为：

$$LAG_{i,j} = EF_j - EF_i - FTF_{i,j} \tag{3.45}$$

4）搭接关系为开始到结束（STF）时的时间间隔为：

$$LAG_{i,j} = EF_j - ES_i - STF_{i,j} \tag{3.46}$$

5）搭接关系为混合搭接时，应分别计算时间间隔，然后取其中的最小值。

（3）计算工作的总时差和自由时差。搭接网络计划中工作的总时差和自由时差仍用单代号求总时差和自由时差公式，即：

$$TF_n = T_p - T_c \tag{3.47}$$

$$TF_i = \min\{LAG_{i,j} + TF_j\} \tag{3.48}$$

$$FF_n = T_p - EF_n \tag{3.49}$$

$$FF_i = \min\{LAG_{i,j}\} \tag{3.50}$$

（4）计算工作的最迟完成时间和最迟开始时间。计算工作的最迟完成时间和最迟开始时间仍用单代号求最迟完成时间和最迟开始时间公式，即：

$$LF_i = EF_i + TF_i \tag{3.51}$$

$$LS_i = ES_i + TF_i \tag{3.52}$$

（5）确定关键线路。同单代号网络计划一样，可以利用相邻两项工作之间的时间间隔来判定关键线路。即从搭接网络计划的终点节点开始，逆着箭线方向依次找出相邻两项工作之间时间间隔为零的线路就是关键线路。

复 习 思 考 题

1. 单选题

（1）工程网络计划的计算工期应等于其所有结束工作的（ ）。

A. 最早完成时间的最小值   B. 最早完成时间的最大值

C. 最迟完成时间的最小值   D. 最迟完成时间的最大值

（2）在某工程双代号网络计划中，工作 M 的最早开始时间为第 15 天，其持续时间为 7d。该工作有两项紧后工作，它们的最早开始时间分别为第 27 天和第 30 天，最迟开始时间分别为第 28 天和第 33 天，则工作 M 的总时差和自由时差（ ）d。

A. 均为 5   B. 分别为 6 和 5   C. 均为 6   D. 分别为 11 和 6

（3）某分部工程双代号时标网络计划如图 3.61 所示。请问其中工作 A 的总时差和自由时差（ ）d。

A. 分别为 1 和 0   B. 均为 1   C. 分别为 2 和 0   D. 均为 0

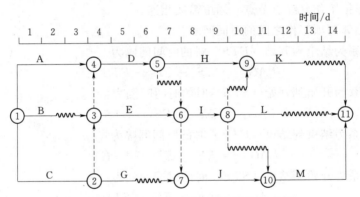

图 3.61　某分部工程双代号时标网络计划图

（4）某分部工程双代号时标网络计划如图 3.62 所示。其中工作 C 和 I 的最迟完成时间分别为第（ ）天。

A. 4 和 11   B. 4 和 9   C. 3 和 11   D. 3 和 9

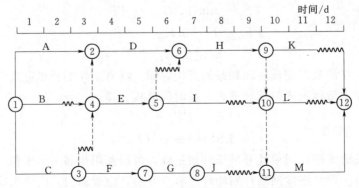

图 3.62　某分部工程双代号时标网络计划图

(5) 在网络计划中，关键工作的总时差值为（　　　）。

A. 零　　　　　　　　B. 最大　　　　　　　C. 最小　　　　　　　D. 不定数

(6) 在下列所述线路中，（　　　）必为关键线路。

A. 双代号网络计划中没有虚箭线的线路

B. 时标网络计划中没有波形线的线路

C. 双代号网络计划中由关键节点组成的线路

D. 双代号网络计划中持续时间最长

(7) 某工程双代号网络计划如图 3.63 所示，其关键线路有（　　　）条。

A. 1　　　　　　　　B. 2　　　　　　　　C. 3　　　　　　　　D. 4

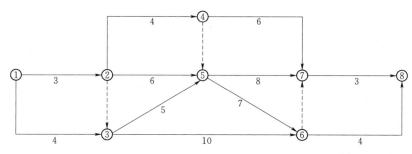

图 3.63　某工程双代号网络计划图

(8) 标号法是一种快速确定双代号网络计划（　　　）的方法。

A. 关键线路和计算工期　　　　　　　B. 要求工期

C. 计划工期　　　　　　　　　　　　D. 工作持续时间

(9) 对关键线路而言，下列说法中（　　　）是错误的。

A. 关键线路是由关键工作组成的线路　　B. 关键线路是所有线路中时间最长的

C. 一个网络图只有一条关键线路　　　　D. 关键线路时间拖延则总工期也拖延

(10) 网络图中由节点代表一项工作的表达方式称作（　　　）。

A. 时标网络图　　　　　　　　　　　B. 双代号网络图

C. 单代号网络图　　　　　　　　　　D. 横道图

(11) 单代号网络图中，若 n 项工作同时开始时，应虚设（　　　）

A. 一个原始结点　　　　　　　　　　B. 多个原始结点

C. 虚设一个开始工作　　　　　　　　D. 虚设两个开始工作

(12) 单代号网络中出现若干个同时结束工作时，采取的措施是（　　　）

A. 虚设一个虚工作　　　　　　　　　B. 虚设一个结束节点

C. 构造两个虚设节点　　　　　　　　D. 增加虚工序表示结束节点

(13) 某单代号网络图中两项工作的时间参数如图 3.64 所示，则二者的时间间隔 LAG 为（　　　）d。

A. 0　　　　　　　　B. 1

C. 2　　　　　　　　D. 3

图 3.64　某单代号网络图

（14）某工程单代号搭接网络计划如图 3.65 所示，节点中下方数字为该工作的持续时间，其中关键工作是（　　　）。

A. 工作 A 和工作 B
B. 工作 C 和工作 D

C. 工作 B 和工作 E
D. 工作 C 和工作 E

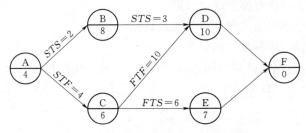

图 3.65　某工程单代号搭接网络计划图

（15）搭接网络计划的计算图形与单代号网络计划的计算图形的差别为（　　　）。

A. 单代号网络计划必须有虚拟的起点节点和虚拟的终点节点

B. 搭接网络计划必须有虚拟的起点节点和虚拟的终点节点

C. 单代号网络计划有虚工作

D. 搭接网络计划有虚工作

（16）单代号搭接网络计划描述前后工作间的逻辑关系符号有（　　　）个。

A. 2
B. 3
C. 4
D. 5

（17）当计算工期不能满足合同要求时，应首先压缩（　　　）的持续时间。

A. 持续时间最长的工作
B. 总时差最长的工作

C. 关键工作
D. 非关键工作

（18）在进行网络计划费用优化时，应首先将（　　　）作为压缩持续时间的对象。

A. 直接费用率最低的关键工作
B. 直接费用率最低的非关键工作

C. 直接费用率最高的非关键工作
D. 直接费用率最高的关键工作

（19）不允许中断工作资源优化，资源分配的原则是（　　　）

A. 按时差从大到小分配资源
B. 非关键工作优先分配资源

C. 关键工作优先分配资源
D. 按工作每日需要资源量大小分配资源

（20）网络计划的工期优化的目的是缩短（　　　）

A. 计划工期
B. 计算工期
C. 要求工期
D. 合同工期

（21）在工程网络计划工期优化的过程中，当出现两条独立的关键线路时，在考虑对质量和安全影响差别不大的基础上，应选择的压缩对象是分别在这两条关键线路上的两项（　　　）的工作组合。

A. 直接费用率之和最小
B. 资源强度之和最小

C. 持续时间总和最大
D. 间接费用率之和最小

（22）在费用优化时，如果被压缩对象的直接费用率或组合费用率等于工程间接费用率时（　　　）。

A. 应压缩关键工作
B. 应压缩非关键工作的持续时间

C. 停止缩短关键工作

D. 停止缩短非关键工作的持续时间

（23）工程总费用由直接费用和间接费用两部分组成，随着工期的缩短，会引起（ ）。

A. 直接费用和间接费用同时增加

B. 直接费用增加，间接费用减少

C. 直接费用和间接费用同时减少

D. 直接费用减少，间接费用增加

2. 多选题

（1）某分部工程双代号网络计划如图 3.66 所示，其中图中错误包括（ ）。

A. 有多个起点节点

B. 有多个终点节点

C. 存在循环回路

D. 工作代号重复

E. 节点编号有误

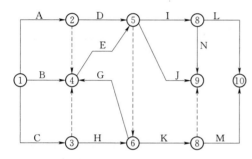

图 3.66　某分部工程双代号网络计划图

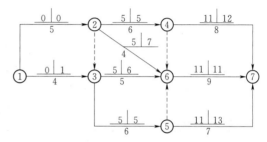

图 3.67　某工程双代号网络计划图

（2）某工程双代号网络计划如图 3.67 所示，图中已标出每项工作的最早开始时间和最迟开始时间，该计划表明（ ）。

A. 关键线路有 2 条

B. 工作①—③与工作③—⑥的总时差相等

C. 工作④—⑦与工作⑤—⑦的自由时差相等

D. 工作②—⑥的总时差与自由时差相等

E. 工作③—⑥的总时差与自由时差不等

（3）下列关于双代号时标网络计划的表述中，正确的有（ ）。

A. 工作箭线左端节点中心所对应的时标值为该工作的最早开始时间

B. 工作箭线中波形线的水平投影长度表示该工作与其紧后工作之间的时距

C. 工作箭线中实线部分的水平投影长度表示该工作的持续时间

D. 工作箭线中不存在波形线时，表明该工作的总时差为零

E. 工作箭线中不存在波形线时，表明该工作与其紧后工作之间的时间间隔为零

（4）在如图 3.68 所示的双代号时标网络计划中，所提供的正确信息有（ ）。

A. 计算工期为 14d

B. 工作 A、D、F 为关键工作

C. 工作 D 的总时差为 3d

D. 工作 B 的总时差为 2d，自由时差为 0

E. 工作 C 的总时差和自由时差均为 2d

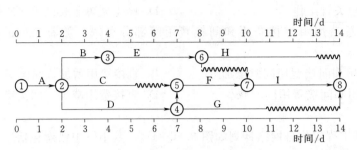

图 3.68 双代号时标网络计划图

3. 绘图题

（1）根据表 3.11 所给资料绘制双代号网络图。

表 3.11   工作逻辑关系（1）

工作	A	B	C	D	E	F	H	G
紧前工作	—	—	A	A	B、C	B、C	D、E、F	D、E

（2）根据表 3.12 所给资料绘制双代号网络图。

表 3.12   工作逻辑关系（2）

工作	A	B	C	D	E	F	G	H	I	J
紧前工作	—	A	A	B、C	A	A	F	D、E、G	D、E	H、I

（3）根据表 3.13 所给资料绘制双代号网络图。

表 3.13   工作逻辑关系（3）

工作	A	B	C	D	E	F
紧前工作	—	—	—	A、B	A、C	A、B、C

（4）根据表 3.14 所给资料绘制双代号网络图并计算时间参数，确定关键线路。

表 3.14   工作逻辑关系（4）

工作	A	B	C	D	E	F	G	H
紧前工作	—	A	B	B	B	C、D	C、E	F、G
持续时间	3	3	8	2	4	4	2	5

（5）根据表 3.15 所给资料绘制双代号网络图并计算时间参数，确定关键线路。

表 3.15   工作逻辑关系（5）

工作	A	B	C	D	E	G	H	M	N	Q
紧前工作	—	—	—	—	B、C、D	A、B、C	G	H	H	M、N
持续时间	3	2	2	5	4	3	2	4	6	5

（6）根据表 3.16 所给资料绘制双代号时标网络图并确定关键线路。

表 3.16 工作逻辑关系（6）

工作	A	B	C	D	E	F	G	H
紧前工作	—	A	B	B	B	C、D	C、E	F、G
持续时间	3	3	8	2	4	4	2	5

4. 简答题

（1）双代号网络图中工作的编码应遵循什么原则？

（2）双代号网络图中节点编号应遵循什么原则？

（3）总时差的含义。

（4）自由时差的含义。

（5）什么是网络优化？

（6）简述工期优化的步骤。

项目4　公路施工组织设计文件的编制

【学习目标】

通过对公路工程施工组织设计文件各个部分编制方法的学习，了解施工组织设计文件编制的依据和文件组成，掌握施工进度计划、资源需要量计划、施工平面图和施工质量控制与安全文明施工措施各部分编制的要点，为能完整地编制公路工程施工组织设计文件打好基础。

【学习任务】

工作任务	能力要求	相关知识
公路施工组织设计文件编制的依据	了解施工组织设计的基本原则、编制的依据和编制的程序	(1) 施工组织设计的概念； (2) 编制施工组织设计的基本原则； (3) 施工组织设计的作用； (4) 公路施工组织设计的编制依据和编制程序
施工组织设计资料的调查	了解施工组织设计资料调查的主要内容	(1) 调查的目的及方法； (2) 自然条件的调查； (3) 施工资源的调查； (4) 施工单位能力的调查； (5) 施工干扰的调查
施工组织设计的阶段与文件组成	了解不同阶段施工组织文件的基本组成	(1) 施工方案； (2) 修正施工方案； (3) 施工组织计划； (4) 指导性施工组织计划； (5) 实施性施工组织设计
施工进度图	掌握不同施工进度计划的编制步骤	(1) 施工进度图的作用； (2) 施工进度图的分类； (3) 编制施工进度图的依据和步骤； (4) 注意事项
资源需要量计划及其图表	掌握劳动力、材料和机械设备等资源需要量计划编制的方法	(1) 劳动力需求量计划； (2) 主要材料需求量计划； (3) 主要施工机具、设备需要量计划； (4) 技术组织措施； (5) 临时工程计划； (6) 公路临时用地计划
工地运输与临时设施设计	了解工地运输的方法和交通工具的选择；了解临时设施设计的内容和方法	(1) 工地运输设计； (2) 临时设施设计

工作任务	能力要求	相关知识
施工平面图	了解施工平面图的类型；理解施工平面图设计的主要内容	（1）施工总平面图的设计原则； （2）施工平面图的类型； （3）施工总平面图的设计内容； （4）单位工程施工平面图的设计内容
施工质量控制与安全文明施工	了解质量、安全文明施工和环境保护的措施	（1）质量保证措施； （2）安全文明施工措施； （3）环境保护措施

工作任务 4.1　施工组织设计概述

4.1.1　施工组织设计的概念

公路施工组织设计，是公路工程基本建设项目在设计、招投标、施工阶段、公路大中修以及旧桥加固阶段必须提交的技术文件，它是准备、组织、指导施工和编制施工作业计划的基本依据。因此，公路施工组织设计是公路工程基本建设管理的主要手段之一。

那么，什么是施工组织设计呢？施工组织设计就是从工程的全局出发，按照客观的施工规律和当时、当地的具体条件（自然、环境、地质等），统筹考虑施工活动中的人力、资金、材料、机械和施工方法这 5 个主要因素后，对整个工程的施工进度和资源消耗等做出的科学而合理的安排。施工组织设计的目的是使工程建设在一定的时间和空间内实现有组织、有计划、有秩序的施工，以达到工期尽量短、质量上精度高、资金省、施工安全的效果。

施工组织设计既可以是对整个基本建设项目起控制作用的总体战略部署，又可以是对某一单位工程的具体施工作业起指导作用的战术安排。

4.1.2　编制施工组织设计的基本原则

1. 认真贯彻我国基本建设的方针政策

公路工程建设工期长，规模大，耗用的人力、物力等各种资源多，需要巨大投资。因此，必须纳入国家的计划安排，经上级主管部门批准，公路建设才有保障。

组织施工应严格按照基本建设程序和施工程序的要求，按照合同签订的或上级下达的施工期限，根据工程情况，对人、材料、机械等资源合理组织，确保重点工程，分期、分批进行安排，保质、保量完成施工任务。

2. 合理安排施工顺序

公路施工是野外作业，受外界影响很大，不仅要考虑时间顺序，还要考虑空间顺序。首先需要考虑影响全局的工程项目，再按照公路工程施工的客观规律安排施工顺序，如施工准备、基础工程、主体结构工程、路面工程以及附属结构物工程等。

将整个施工项目划分为几个阶段或分项工程，在保证质量的前提下，尽量实现连续、紧凑、均衡的施工过程，以减少资源的不均衡利用，尽可能地缩短工期，降低工程成本。

3．应用科学的计划方法

根据工程的特点和工期要求，尽可能采用流水作业施工方法。当工程项目较大时，可采用平行流水作业，立体交叉平行流水作业。并积极应用网络计划技术，管理控制工程计划，在保证关键线路畅通的情况下，组织连续、均衡的施工。

4．采用先进的施工技术和设备

采用先进的科学技术是提高劳动生产率、加快施工速度、提高工程质量、降低工程成本的重要途径。同时，积极运用和推广新技术、新工艺、新材料、新设备，是现代文明施工的标志。

在条件允许的情况下，尽可能采用先进的施工技术。不断提高施工机械化、预制装配化程度，减轻劳动强度，提高劳动效率，无形中缩短了工期，降低了成本。

5．合理安排冬、雨季施工项目

对于受季节影响的工程项目，应优先考虑安排，如混凝土工程、路面工程不易在冬季施工，桥梁基础工程、下部工程不易在汛期施工。

合理安排冬、雨季施工项目，就是把那些不因冬、雨季施工而带来技术复杂的工程项目列入冬、雨季施工。当然，冬、雨季施工要采取一些必要的措施，从而增加工程的其他的一些直接费用。但能全面均衡人工、材料的需要量，提高施工的均衡性和连续性。

6．确保工程质量与安全

公路是永久性的建筑物，工程质量的好坏会直接影响其使用效果，甚至影响到沿线国民经济的发展。为了保证工程质量，要认真贯彻施工技术规范，严格按设计要求组织施工。

在进行施工组织设计时，要有确保工程质量和安全施工的措施，尤其是一些复杂的大型工程项目，如大跨径现浇连续箱梁施工，后张预应力施工的质量、安全保证等。在组织施工时，要经常进行质量、安全教育，严格按操作规程进行施工。杜绝一切违章操作，是保证工程质量和施工安全的必要措施。

7．统筹布置施工现场，降低工程成本

合理布置施工平面图，节约施工用地，充分利用原有地形、地物。尽量减少临时设施、临时便道、临时便桥的设置。方便施工，避免材料二次搬运，充分利用当地人工、材料等。

公路工程建设所耗费的巨额资金和各种资源数量，是通过公路工程概、预算得到的，是一个最高限额。施工时一般不允许突破这一限额，施工企业要想获得经济效益，必须实行经济核算，在保证工程质量的前提下，尽量通过各种途径降低工程成本。对于大型工程项目，以上几条做得合理，就可降低工程成本。

4.1.3　施工组织设计的作用

施工组织设计的作用主要表现在以下几方面：

（1）施工组织设计是施工单位领导、职能部门指导施工准备工作、全面布置施工活动、指挥生产开展工作、进行项目管理、控制施工进度的依据。

（2）施工组织设计是工地领导进行劳动力和机械调配的依据。

（3）施工组织设计是工地全体员工进行施工生产活动的行动纲领。

（4）施工组织设计是编制施工预算的主要依据。

总之，施工组织设计对于能否优质、高效、按时、低耗地完成公路工程施工任务起着决定性的作用。

4.1.4　公路施工组织设计的编制依据和编制程序

1. 公路施工组织设计的编制依据

编制公路施工组织设计需要各种资料，根据公路工程建设的不同阶段，以及施工组织设计的具体用途不同，对资料的内容及深度要求不尽相同，一般需要如下资料：

（1）计划文件和合同文件。计划文件和合同文件是指国家批准的基本建设计划文件，施工期限的要求，建设单位对工程设计、施工的要求，施工单位上级主管部门下达的施工任务及与工程沿线单位签订的协议、合同、纪要等。

（2）自然条件调查资料。

（3）各种定额及技术规范。

（4）施工时可能调用的资源。

（5）类型相似或相近项目的经验资料。

（6）其他资料。

2. 公路施工组织设计的编制程序

（1）分析设计资料，了解工程概况，进行调查研究。

（2）提出施工整体部署，选择施工方案，确定施工方法。

（3）编制工程进度图。

（4）计算人工、材料、机具、设备需要量，编制人工、主要材料和主要机具的使用计划。

（5）编制临时工程计划。

（6）工地运输组织。

（7）布置施工平面图。

（8）计算技术经济指标。

（9）编写施工组织设计说明书。

3. 编制公路施工组织设计的注意事项

（1）根据工程的特点，集中力量解决好施工中的主要矛盾。

（2）认真细致地做好各工程项目的施工次序。

（3）施工展开的进行方向应注意技术物质和生活资料的补给，为工地运输创造条件。

（4）留有余地，便于调整。

工作任务 4.2　施工组织设计资料的调查

4.2.1　调查的目的和方法

公路施工涉及面广、专业多、材料及机具种类繁多、投资大以及需要协调的问题复杂。如果原始资料不全或出现错误，对施工组织设计的编制和施工作业的正常进行都会造成不利影响，常常会导致延误工期、质量低劣、设计变更、工程事故等严重后果。因此，施工前应有计划、有步骤地认真做好原始资料的调查、搜集和分析工作。

为编制设计阶段的施工组织设计文件，设计单位在野外勘察阶段由调查组进行原始资料的调查、搜集。为编制施工阶段的施工组织设计文件而进行的原始资料调查，是由施工单位在施工准备阶段进行的，是对设计阶段调查结果的复核和补充。设计阶段和施工阶段的调查方法和内容基本相同，都要深入现场，通过实地勘察、座谈访问、查阅历史资料，并采取必要的测试手段获得所需数据和资料。

调查工作的基本要求是座谈有纪要、协商有协议、调查有证明、政策规定应索取原件或影印件。特别是要注意所有资料均要真实可靠、手续齐全、措辞严谨、依法生效。

4.2.2　自然条件的调查

1. 地形、地貌

重点调查公路沿线、大桥桥位、隧道、附属加工厂、工程困难地段的地形、地貌。调查资料用于选择施工用地，布置施工平面图、规划临时设施、掌握障碍物及其数量等。

2. 地质

通过实验、观察和地质勘探等手段确定公路沿线的地质情况。用以选择路基土石方施工方法、确定特殊路基处理措施、复核地基基础设计及其施工方案、选定自采加工材料料场、制订障碍物的拆除计划等。

3. 水文地质

（1）地下水。判定水质及其侵蚀性质和施工的注意事项、研究降低地下水位的措施、选择基础施工方案、复核地下排水设计。

（2）地面水。调查汛期和枯水期地面水的最高水位。用于制定水下工程施工方案、施工季节、复核地面排水设计。

4. 气象

（1）气温。调查冬季最低气温、冬季期月数及夏季最高气温。用于确定冬季施工项目及夏季防暑降温措施，估计混凝土、水泥砂浆的强度增长情况，选择水泥混凝土工程、路面工程及砌筑工程的施工季节。

（2）降雨。调查雨季期月数和降雨量。用于确定雨季施工措施、工地排水及防洪方案，确定全年施工作业的有效工作天数及桥涵下部构造的施工季节。

（3）风力及风向。调查当地最大风力、风向及大风季节。用于布置临时设施，确定高空作业及吊装的方案与安全措施。

5. 其他自然条件

其他自然条件如地震、泥石流、滑坡等，必要时也应进行调查，并注意它们对基础和路基的影响，以便采取专门的施工保障措施。

4.2.3　施工资源的调查

1. 筑路材料

（1）外购材料：发货地点、规格、品种、可供应数量、运输方式及运输费用等。

（2）地方材料：分布情况、质量、单价、运输方式及运输费用等。

（3）自采加工材料：料场选择、料场位置、可开采数量、运距等。

2. 运输情况的调查

公路沿线及临近地区的铁路、公路、河流的位置；车站、码头存储货物的能力及到工地的距离；装卸费和运杂费标准；公路及桥梁的最大承载能力；航道的运输能力；当地汽车修理厂的情况及水平；民间的运输能力。

3. 供水、供电、通信情况的调查

当地水源位置、供水数量、水压、水质、水费；当地电源位置、供电的容量、电压、电费、每月停电次数；对于通信，调查当地邮电机构设置情况。如果以上水、电、通信当地都有能力解决，应签订相应的协议书，以利于有关部门提前做好准备。

4. 劳动力及生活设施

（1）公路沿线可利用的劳动力人数、技术水平，还应了解沿线民风、民俗。

（2）公路沿线有无可利用的房屋、面积有多大。

（3）公路沿线的文化教育、生活、医疗、消防、治安情况及支援能力。

（4）环境条件，周围有无有害气体、液体、有无地方性疾病。

5. 地方施工能力的调查

地方施工能力的调查如当地钢筋混凝土预制构件厂、木材加工厂、采石厂等建筑施工附属企业的生产能力，能否满足公路施工的需求量。

4.2.4　施工单位能力的调查

在公路设计阶段，施工单位尚不明确，应向建设单位调查落实施工单位。对于施工单位，主要调查其施工能力，如施工技术人员数量、施工人数、机械设备的装备水平、施工单位的资质等级及近几年的施工业绩等。对实行招、投标的工程，在设计阶段不能明确施工单位的，编制施工组织设计时，应从工程设计的角度出发，提出优化的、最合理的意见作为依据。在施工阶段，施工单位已确定，施工单位能够调动的施工力量及技术装备水平，都是编制施工组织设计的依据。

4.2.5　施工干扰的调查

施工需调查行车、行人干扰，用于确定施工方法和考虑安全措施。

工作任务 4.3　施工组织设计的阶段与文件组成

在公路工程设计和施工的各个阶段，都必须编制相应的施工组织设计文件。在初步设计阶段拟定《施工方案》；在技术设计阶段提出《修正的施工方案》；在施工图设计阶段编制《施工组织计划》；在招投标阶段编制《指导性施工组织设计》；在施工阶段编制《实施性施工组织设计》；在公路大中修及旧桥加固阶段，编制《施工组织计划》。它们统称为《施工组织设计文件》。

4.3.1　施工方案

两阶段初步设计和三阶段初步设计中的施工组织设计文件称为施工方案。施工方案由以下文件组成。

1. 施工方案说明

（1）贯彻国家有关方针政策的说明。

（2）工程概况。

（3）施工组织、施工力量的设想和施工期限的安排。

（4）主要工程、控制工期的工程和特殊工程的施工方案及采取的措施。

（5）主要材料的供应，施工机具、设备的配备及临时工程的安排。

（6）下一阶段应解决的问题及注意事项。

2. 人工、主要材料及机具、设备安排表

列出人工数量和施工所用材料、机具、设备的名称、单位、总数量，并分上半年、下半年编列。主要材料一般指钢材、木材、水泥、沥青、砂、石料等。

3. 工程概略进度图

根据劳动力、施工期限、施工条件和施工方案按年和季度进行施工进度概略安排。图中应列出工程项目名称、单位、数量，按年度和季度列出各工程项目的起止时间、机动时间、衔接时间等。

4. 临时工程一览表

列出临时工程名称（如便桥、便道、房屋、预制场、电力设施和通信设施等）。列出各项临时工程的地点或桩号，工程说明、工程数量等。

5. 公路临时用地表

列出临时用地的位置或桩号、工程名称、土地的隶属（县、乡、村、个人）关系、长度、宽度、土地类别及数量等。

上述施工方案说明列入初步设计文件的第一篇即总说明书中，其余4项构成第十篇即施工方案文件。

4.3.2 修正施工方案

采用三阶段设计的公路工程，在技术设计阶段编制的施工组织设计文件称为修正施工方案。修正施工方案根据初步设计的审查意见和施工方案说明中提出的应进一步解决的问题及注意事项进行编制，修正施工方案编制深度和提交的文件内容介于施工方案和施工组织计划之间。

4.3.3 施工组织计划

公路工程不论采用几阶段设计，在施工图设计阶段都要编制施工组织计划。施工组织计划由以下内容的文件组成。

1. 说明

（1）贯彻国家方针政策和采用先进技术的情况。

（2）初步设计（或技术设计）批复意见的执行情况。

（3）施工组织、施工期限、主要工程的施工方法、工期、进度及采取的措施。

（4）劳动力计划及主要施工机具的使用安排。

（5）主要材料供应、运输方案及临时工程的安排。

（6）对缺水、风沙、高原、严寒等地区以及冬、雨季施工所采取的措施。

（7）对高速公路和一级公路的交通工程、沿线设施施工协调和分期实施等有关问题的说明。

（8）施工准备工作的意见，如拆迁、用地、修建便道、便桥、临时房屋、架设临时电力线路、通信设施等。

2. 工程进度图

工程进度图中应列出工程项目名称、单位、数量、劳动量等，按年、月分别绘出各工程项目起止日期，并标出计划用人工数，绘出劳动力安排示意图等。

3. 主要材料计划表

主要材料计划表中应列出材料的名称、规格、单位、数量、来源、运输方式，年、季计划用量等。

4. 主要施工机具、设备计划表

主要施工机具、设备计划表中应列出机具、设备的名称，规格，数量（台班数、台数），使用期限，年、季计划用量等。

5. 临时工程数量表

临时工程包括便桥、便道、房屋、预制场、电力设施、通信设施等。临时工程数量表中应列出各项临时工程的地点或桩号、工程名称、工程说明、工程数量等。

6. 公路临时用地表

公路临时用地表中应列出临时用地的位置或桩号、工程名称、土地的隶属（县、乡、村、个人）关系、长度、宽度、土地类别及数量等。

4.3.4　指导性施工组织设计

公路工程招投标包括公路勘测设计招投标、公路工程施工监理招投标和公路工程施工招投标。其招投标过程是一致的，如公路工程施工招投标过程如下：

（1）公路工程施工招标包括以下几个方面：

1）招标准备。其内容有：工程施工招标应具备的条件；招标机构；确定招标方式和合同形式；制定招标计划；施工标段划分和确定工期。

2）资格预审。其内容有：施工招标资格预审程序；编制施工招标资格预审文件；资格预审通告；资格评审。

3）招标文件编制。其内容有：招标文件组成；招标文件编制准备工作；投标须知；合同通用条款和专用条款；技术规范；工程量清单；投标文件格式及其他。

4）组织招标。其内容有：邀请投标；现场考察和标前会议；标底编制；开标和评标；签订合同协议。

（2）公路施工企业为了提高中标率，一般建立投标管理制度，组织专门的投标机构。公路工程施工投标包括：

1）参加资格预审。

2）投标准备。

3）编制投标文件。

4）投标文件的签署、包装和递交。

5）投标后的工作。

指导性施工组织设计,是施工单位用于工程投标所编制的施工组织设计,它是投标文件组成中的必备文件。乙方中标后,它是承包合同的重要组成文件。

指导性施工组织设计的内容、文件组成,目前,国家尚无统一规定,通常与设计阶段的"施工组织计划"内容相似,但为满足招标文件,要求更加具体、详细,并增加了如下内容:施工单位、施工项目组织管理框架、人员组成分工及法人代表;质量自检体系、人员和试验设备配备清单;施工机械、关键设备进场使用清单;工程平面、高程和方位控制体系及程序安排方案;施工安全和环境保护措施;施工设计和施工辅助设计等有关资料等。

4.3.5　公路大中修及旧桥加固阶段施工组织设计

公路大中修及旧桥加固阶段施工组织设计的内容、文件组成,目前,国家尚无统一规定,通常与施工图设计阶段的《施工组织计划》内容相似,但是与新建公路工程施工组织设计不同,因为工程内容不同,其侧重点不同,施工规模比新建工程要小。对于高速公路由于是全封闭运营,不中断交通,在进行施工组织时,施工平面图布置及施工运输还要考虑进出口的问题;对于其他等级公路,要考虑交通干扰和交通安全问题,施工平面图布置及施工运输要考虑充分利用现有地形、地物和可利用道路;对于旧桥加固,要考虑交通干扰和交通安全的问题,当需要改善桥面铺装时,在不中断交通的情况下,半幅施工,另外通车半幅要控制车速,防止车辆震动造成混凝土开裂。

4.3.6　实施性施工组织设计

在公路工程的施工准备阶段,由施工单位编制的施工组织设计称为实施性施工组织设计。施工单位根据施工图设计图纸,并对野外调查资料及本单位的施工条件(施工力量和技术水平等)进行编制。因此,这一阶段编制的施工组织设计十分具体、可行。因为要在工程施工中实施,就必须对各分部、分项工程、各道工序和施工专业队都进行施工进度的日程安排和具体的操作设计。

实施性施工组织设计文件的内容与施工图设计阶段的施工组织设计相似,但更具体、更详细。工程进度图应按月、旬安排,并编制相应的人工、材料、机具和设备计划。

综上所述,从施工方案到实施性施工组织设计,后一阶段比前一阶段的要求更高,内容也更详细、具体,但是各个阶段之间既是独立的又是相互联系的。

工作任务 4.4　施 工 进 度 图

4.4.1　施工进度图的作用

施工进度图的作用如下:

(1) 它是对全部施工项目进行时间组织的成果。

(2) 确定了各工程项目之间的衔接关系。

(3) 它是控制施工进度、指挥施工活动的依据。

(4) 它是编制作业计划、物资供应计划、机具调度计划和资金使用计划等施工组织文件的依据。

施工进度图简单易懂，有助于领导部门抓住关键，统筹全局，合理布置人力、材料及机械，正确指导施工生产活动的顺利进行；有利于工人群众明确目标，更好地发挥主动精神；有利于施工企业内部及时配合。

4.4.2　施工进度图的分类

1. 横道图

最常见且普遍应用的计划方法就是横道图。

横道图是按时间坐标绘出的，横向线条表示工程各工序的施工起止时间先后顺序，整个计划由一系列横道线组成。它的优点是易于编制、简单明了、直观易懂、便于检查和计算资源，特别适合于现场施工管理。

但是，作为一种计划管理的工具，横道图有它的不足之处。首先，不容易看出工作之间的相互依赖、相互制约的关系；其次，反映不出哪些工作决定了总工期，更看不出各工作分别有无伸缩余地（即机动时间），有多大的伸缩余地；再者，由于它不是一个数学模型，不能实现定量分析，无法分析工作之间相互制约的数量关系；最后，横道图不能在执行情况偏离原订计划时，迅速而简单地进行调整和控制，更无法实行多方案的优选。

2. 网络计划技术

与横道图相反，网络计划方法能明确地反映出工程各组成工序之间的相互制约和依赖关系，可以用它进行时间分析，确定出哪些工序是影响工期的关键工序，以便施工管理人员集中精力抓施工中的主要矛盾，减少盲目性。而且它是一个定义明确的数学模型，可以建立各种调整优化的方法，并可利用计算机进行分析计算。

在实际施工过程中，应注意横道图和网络计划的结合使用。即在应用计算机编制施工进度计划时，先用网络方法进行时间分析，确定关键工序，进行调整优化，然后输出相应的横道图用于指导现场施工。

4.4.3　编制施工进度图的依据和步骤

1. 编制施工进度图的依据

（1）工程的全部设计图纸。

（2）有关地形、地质、水文、气象等自然调查资料及技术经济资料。

（3）上级或合同规定的开工、竣工日期。

（4）各类有关定额。

（5）劳动力、材料、机械设备等供应情况。

2. 编制施工进度图的步骤

（1）确定施工方法。确定施工方法主要是针对本工程的主导施工工序而言，各工程项目均可以采用各种不同的方法进行施工，每一种方法都有其各自的优点和缺点。确定施工方法时，首先应考虑工程特点、现有机具的性能、施工环境等因素，选择适于本工程的最先进、最合理、最经济的施工方法，从而达到降低工程成本和提高劳动生产率的预期效果。如：以下为某施工单位根据工程特点和本单位所拥有的机械设备、技术力量等，对路基、路面所确定的施工方法。

1）石方挖方：本合同段路基施工的主要特点是石方开挖量大，约占总挖方的 70% 以上，其中又以弱风化花岗岩居多。

施工方法：采用进口大型凿岩机打岩，采取松动爆破的方法，严格控制装药量，精心计算，确保施工安全。

2）土方挖方：采用挖掘机配合自卸汽车；或推土机、装载机配合自卸汽车运土。对地势平坦，土量集中的路段，使用大型产运机。

3）填方路基：按照技术规范的要求清理场地后，当地面横坡不大于1：10时，直接填筑路堤；采用推土机配合平地机摊土、石，严格掌握虚铺厚度，按工艺要求充分碾压，土、石材料分层填筑、分段使用。对填石路堤采用大吨位震动式压路机；土方适用于光轮压路机，配合震动压路机碾压。对于地面横坡大于1：10的路段，分别采取翻松或挖土质台阶的方法。

4）路面基层施工：采用路拌法和集中厂拌法，下承层检查合格后，用摊铺机配合平地机摊平。经初压后，用震动式压路机压实。

5）路面面层施工：①做好沥青混凝土的配合比试验。在准备好的基层上喷洒透油层，将合格的热拌混合料，用自卸汽车运到摊铺路段。采用德国产S1800型摊铺机整幅摊铺。②碾压。先用8t轻型压路机初压2遍，再用12～15t压路机压4遍，最后用6～8t轻型压路机压实。

（2）选择施工机具。施工方法一经确定，施工机具的选择就应以满足它的需求为基本依据。但是，在现代化的施工条件下，许多时候是以选择施工机具为主来确定施工方法的，所以施工机具的选择往往成为主要的问题。在选择施工机具时，应注意以下几点：

1）只能在现有的或可能获得的机械中进行选择。尽管某种机械在各方面都是适合的，但如不可能得到，就不能作为一个供选择的方案。

2）所选择的机具必须满足施工的需要，但又要避免大机小用。

3）选择施工机具时，要考虑相互配套，充分发挥主机的作用。

4）在选择施工机具时，必须从全局出发，不仅要考虑到在本工程或某分部工程施工中使用，还要考虑到同一现场上其他工程或其他分项工程是否也可以使用。

（3）选择施工组织方法。根据具体的施工条件选择最合理的施工组织方法，是编制工程进度图的关键。流水作业法是公路工程施工较好的组织方法，但不能孤立采用，有些工程技术复杂，工程量大，还可以考虑采用平行流水作业法、立体交叉流水作业法、网络计划法等。有些工程工程量小、工作面窄小、工期要求不紧，可以采用顺序作业法。

（4）划分施工项目。施工方法确定后，就可以划分施工项目。每项工程都是由若干个相互关联的施工项目所组成，如：桥梁工程由施工准备、基础工程、下部工程、上部工程、桥面系和引道工程等施工项目组成。施工项目划分的粗细程度，与工程进度图的阶段即用途有关（施工项目可以是单位工程、分部工程、分项工程和工序等）。一般按所采用的定额细目或子目来划分，这样便于查阅定额。

划分施工项目时，必须明确哪一项是主导施工项目。一般情况下，主导施工项目就是施工难度大，耗用资源多或施工技术复杂、需要使用专门的机械设备的工序或单位工程。主导施工项目常常控制着施工进度。因此，首先应安排好主导施工项目的施工进度，其他施工项目的进度要密切配合。在公路工程中，高级路面，集中土石方，特殊路基，大、中桥等一般都是主导施工项目。

（5）排序。排序即列项。按照客观的施工规律和合理的施工顺序，将所划分的施工项目进行排序，如施工准备、路基处理、路基填筑、涵洞、防护及排水、路面基层及路面铺筑等。路面基层施工项目必须放在路基填筑、涵洞施工项目的后面。注意不要漏列、重列。工程进度图的实质就是科学合理地确定这些施工项目的排列次序。

（6）划分施工段，并找出最优施工次序。在一般的横道图中，一般采用横线工段式。设计阶段所进行的施工进度图，一般不明确划分施工段。在实施性施工进度中，如果组织流水作业，为了更好地安排施工进度，缩短施工工期，就应该划分施工段，并尽可能地按照约翰逊-贝尔曼法则找出最优或较优的施工次序，并在施工进度图中表示出来。

（7）计算工程量与劳动量。当划分完施工项目并排好序后，即可根据施工图纸及有关工程数量的计算规则，计算各个施工项目的工程数量，并填入相应的表格中，工程数量的单位，应与所采用的定额单位一致。当划分施工段组织流水作业时，必须分段计算工程数量。此外，还应考虑为保证施工质量和安全的附加工程数量。

计算劳动量时要注意施工现场的具体情况和施工的难易程度，例如：同样的工程数量，都是挖基坑，挖普通土和挖硬土的劳动量不同；同样工程数量的砌筑工程，搬运材料的运距不同，劳动量也不同。

所谓劳动量，就是施工项目的工程量与相应的时间定额的乘积。也就是实际投入的人数与施工项目的作业持续时间的乘积。人工操作时称为劳动量，机械操作时称为作业量。

劳动量可按式（4.1）计算，即：

$$D = QS \tag{4.1}$$

式中 D——劳动量（工日或台班）；

　　　Q——工程量；

　　　S——时间定额。

（8）计算各施工项目的作业持续时间。计算过程中应结合实际的施工条件认真考虑以下几点：

1）各施工项目均应按照一定的技术操作程序进行。

2）保证工作面和劳动人数的最佳施工组合。

3）相邻施工项目之间应有良好的衔接和配合，互不影响工程进度。

4）必须保证施工安全和工程质量。

5）确定技术间歇时间（混凝土的养生、油漆的干燥等），确定组织间歇时间（施工人员或机械的转移及施工中的检查、校正等属于最小流水步距以外增加的间歇时间）。

（9）初步拟定工程进度。按照客观的施工规律和合理的施工顺序，采用前面确定的施工组织方法、施工段间最优或较优施工次序及各施工项目的作业持续时间就可以拟定工程进度。在拟定时应考虑施工项目之间的相互配合，例如某一路线工程，采用流水施工，为了使各施工项目尽早投入施工生产，首先集中人力、物力进行第 1km 的施工准备工作，第 1km 的施工准备工作完成后，小桥涵等人工构造物可以投入施工，小桥涵等人工构造物完成后，路基施工开始，路基完成后，路面施工开始，……，其他辅助工作（材料加工及运输等）应与工程进度相配合。

拟定工程进度时，应特别注意人工的均衡使用。施工开始后，人工数量应逐渐增加，然后在较长时间内保持稳定，接近完工时又应逐渐减少。另外，还要力求材料、机械及其他物资的均衡使用。初拟方案若不能满足规定工期要求或超过物资资源供应量，应对工程进度进行调整。

（10）检查和调整施工进度计划。无论采用流水作业法还是网络计划法组织施工，都要在初拟方案的基础上通过优化调整，最后得到工程进度图。在优化过程中重点检查的内容有：

1）施工工期。施工进度计划的工期应符合上级或合同规定的工期。

2）施工顺序。检查施工项目的施工顺序是否科学、合理，相邻施工项目之间衔接、配合是否良好。

3）劳动力等资源的消耗是否均衡。劳动力需要量图反映了施工期间劳动力的动态变化，它是衡量施工组织设计合理性的重要标志。不同的工程进度安排，劳动力需要量图呈现不同的形状，一般可归纳为如图 4.1 所示的 3 种典型图式。如图 4.1（a）所示出现了短暂的劳动力高峰，如图 4.1（b）所示劳动力需要量为锯齿波动形，这两种情况都不便于施工管理并增大了临时生活设施的规模，应尽量避免。如图 4.1（c）所示在一个较长时间内劳动力保持均衡，符合施工规律，是最理想的状况。

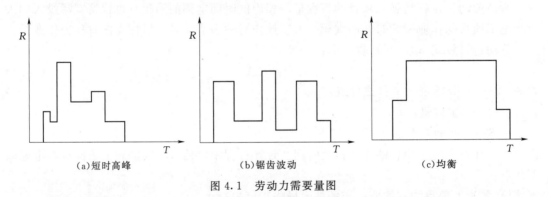

（a）短时高峰 （b）锯齿波动 （c）均衡

图 4.1 劳动力需要量图

劳动力消耗的均衡性，用劳动力不均衡系数 K 表示。劳动力不均衡系数应大于或等于 1，越接近于 1 越合理，一般不允许超过 1.5。其值按式（4.2）计算，即：

$$K = R_{max}/R_{平均} \tag{4.2}$$

式中 R_{max}——施工期间人数最高峰值；

$R_{平均}$——施工期间加权平均人数，即总劳动量/计划总工期。

针对出现的问题，采取有效的技术措施和组织措施，使全部施工在技术上协调，在人工、材料、机具的需要量上均衡，力争达到最优的状态。调整结束后，采用恰当的形式绘制工程进度图。

4.4.4 注意事项

编制工程进度图需注意的事项如下：

（1）安排工程进度时，应扣除法定节假日，并充分估计因气候或其他原因的停工时间。上级规定或合同签订的施工工期减去这些必要的停工时间之后，才是实际可做安排的施工作业时间。此外，还要考虑必要的准备工作时间，必需的外部协调时间。

（2）注意施工的季节性。如：桥梁的基础施工应避开洪水期，沥青路面和水泥混凝土路面应避免冬季施工等。

（3）公路工程是野外施工，影响施工的因素很多，任何周密详尽的计划也很难一一实现。安排工程进度时应保证重点、留有余地、方便调整。特别是对于施工难度大、物资资源供应条件差的工程，更应注意留有充分的调整余地。

（4）各种施工间歇时间（技术间歇时间和组织间歇时间等），由于不消耗资源，往往容易被忽视。采用网络计划法组织施工时，可以将间歇时间作为一条箭线处理（不消耗资源，但消耗时间，故仍为实箭线）。

（5）在对初步方案进行优化时，注意外购材料和各种设备的分批到达工地的合同日期，需要这些材料和设备的施工项目的开工时间不得早于合同日期。

编制工程进度图是一项十分细致而又复杂的工作。因此，在编制前必须做好深入的调查研究和资料的收集工作，编制时要认真负责，充分估计可能发生的各种情况，根据现场的条件实事求是地进行编制。

工作任务 4.5 资源需要量计划及其他图表

4.5.1 劳动力需要量计划

如果施工进度计划已确定，就可计算出各个施工项目每天所需的人工数，将同一时间内所有施工项目的人工数累加，即可绘出劳动力需要量图。根据劳动力需要量图，可以编制劳动力需要量计划，见表 4.1。劳动力需要量计划是确定临时生活设施和组织施工工人进场的依据。

表 4.1　　　　　　　　　　　　　　　劳动力需要量计划表

序号	工种名称	总人数	需要人数及时间										备注
			全年					全年					
			一季度	二季度	三季度	四季度	合计	一季度	二季度	三季度	四季度	合计	
1	2	3	4	5	6	7	8	9	10	11	12	13	14

4.5.2 主要材料计划

主要材料计划包括施工需要的材料、构件和半成品等的名称、规格、数量以及来源和运输方式等内容，它是运输组织和布置工地仓库的依据。

主要材料应包括：钢材、木材、水泥、沥青、石灰、砂、石料及爆破器材等公路施工中用量大的材料。特殊工程使用的土工织物、各种加筋带、外掺剂等也应列入主要材料计划中。

主要材料计划的编制过程与劳动力计划相同，一般按年度和季度编制，见表 4.2 为主要材料计划表。

表 4.2　　　　　　　　　　　　　　　主 要 材 料 计 划 表

序号	材料名称及规格	单位	数量	来源	运输方式	年度、季度需要量											备注
						全年					全年						
						一季度	二季度	三季度	四季度	合计	一季度	二季度	三季度	四季度	合计		
1	2	3	4	5	6	7	8	9	10	11	12	13	14	15	16	17

4.5.3　主要施工机具、设备计划

在确定施工方法时，已经考虑了哪些施工项目需用何种施工机具或设备。为了做好机具、设备的供应工作，在工程进度确定之后，将每个施工项目采用的机械名称、规格和需要数量以及使用的日期等综合汇总，编制成施工机具、设备计划表，见表 4.3。

资源需要量计划是根据工程进度图编制的，而资源需要量的均衡性又反映了工程进度的合理性。因此，上述人工、材料、机械等的需要量计划，在实际工程中是结合工程进度图的编制、调整、优化过程同时进行的。

表 4.3　　　　　　　　　　　　　　主 要 施 工 机 具、设 备 计 划 表

序号	机具名称及规格	数量		使用期限		年度、季度需要量																	备注
		台班	台数	开始时间	完成时间	全年								全年									
						一季度		二季度		三季度		四季度		一季度		二季度		三季度		四季度			
						台班	台数	台班	台数	台班	台数	台班	台数	台班	台数	台班	台数	台班	台数	台班	台数		
1	2	3	4	5	6	7	8	9	10	11	12	13	14	15	16	17	18	19	20	21	22	23

4.5.4　技术组织措施计划

为了保证工程质量、提高劳动生产率、降低成本、安全生产等所采取的技术组织措施。尤其是采用新材料、新工艺的工程及技术复杂的工程等，此项工作是必不可少的。其

表格形式见表4.4。

表 4.4　　　　　　　　　　　技术组织措施计划表

措施名称及内容提要	经济效果/元	计划依据	负责人	完成日期

4.5.5　临时工程计划

在施工组织设计中，除了临时建筑（如宿舍、仓库和试验室等）外，还会遇到其他的临时工程设施，如便道、便桥、临时车站、码头和通信设施等，其表格形式见表4.5。

表 4.5　　　　　　　　　　　临 时 工 程 一 览 表

序号	设置地点	工程名称	说明	单位	数量	工程数量										备注
1	2	3	4	5	6	7	8	9	10	11	12	13	14	15	16	17

注　表4.5的格式和内容可根据实际情况进行删除或增加。第7～16栏一般可填写临时便道、便桥等的工程数量（如土方、石方、基层、面层等）。若临时工程中只有一些加工场地、临时建筑等简单设施，第7～16栏可删除。

4.5.6　公路临时占地计划

公路临时占地包括：临时便道、便桥、临时车站、码头及通信设施占地，工地加工场地、临时仓库、工地试验室、施工队驻地、监理驻地、工程指挥所临时驻地等，其表格形式见表4.6。

表 4.6　　　　　　　　　　　公路临时占地计划表

位置或桩号	工程名称	占地			土地类别		土地隶属（县、乡、村、个人）
		长度/m	宽度/m	面积/m²	荒地	良田	
1	2	3	4	5	6	7	8

工作任务 4.6　工地运输与临时设施设计

公路工程施工的正常进行，除了安排合理的施工进度之外，还需在正式开工前充分做好各项准备工作，如：各种临时设施（临时道路、临时供水、供电、通信、工棚、办公室、仓库及工地运输等）的设计。

各种临时设施设计是施工平面图设计中的一部分，尤其是实施性施工平面图的设计，除了应确定各临时设施的相互位置外，还应确定各个临时设施的容量、面积等。

4.6.1　工地运输设计

工地运输设计应解决的问题有确定运输量、选择运输方式、计算运输工具需要量等。

1. 确定运输量

工地需要运输的物资有建筑材料、构件、半成品、机械设备、施工生活用品等。其运输量用式（4.3）计算，即：

$$q = \frac{\sum Q_i L_i}{T} K \tag{4.3}$$

式中　q——每日运输量，$t \cdot km$；

Q_i——各种物资的年度或季度需用量；

L_i——运输距离，km；

T——工程年度或季度计划运输天数，d；

K——运输工作不均衡系数，公路运输取 1.2，铁路运输取 1.5。

2. 选择运输方式

目前工地运输的方式有铁路运输、公路运输、水路运输和特种运输（索道和管道）等。选择运输方式，必须充分考虑各种影响因素，如：运输量的大小、运距和物资性质；现有运输设备条件；利用永久性道路的可能性；地形、地质、水文等自然条件；运杂费用等。

一般情况，当货运量较大，运距长，又具备条件时，宜采用铁路运输。运距短、地形复杂、坡度较陡时，宜采用汽车或当地的拖拉机运输。当有几种可能的运输方式可供选择时，应通过比较后确定。

3. 计算运输工具需要量

运输方式确定后，即可计算运输工具的需要量。运输工具的数量可用式（4.4）计算，即：

$$m = \frac{QK_1}{qTnK_2} \tag{4.4}$$

式中　m——所需的运输工具台数；

Q——年度或季度最大运输量，t；

K_1——运输不均衡系数，场外运输一般采用 1.2，场内运输一般采用 1.1；

T——工程年度或季度的工作天数，d；

K_2——运输工具供应系数，一般采用 0.9；

q——汽车台班产量，$t/台班$（根据运距按定额确定）；

n——每日的工作班数。

4.6.2　临时设施设计

1. 工地加工场地的设计

工地临时加工场地施工组织的任务主要是确定建筑面积和结构型式。

工地临时加工厂（站、场）的建筑面积，通常参照有关资料或按经验确定，也可按以下公式计算：

（1）钢筋混凝土构件预制厂、木工房、钢筋加工间等的场地或建筑面积用式（4.5）计算，即：

$$F = \frac{KQ}{TS\alpha} \tag{4.5}$$

式中　F——所需建筑面积，m^2；

Q——加工总量，m^2、t 等；

K——不均衡系数，取 1.3～1.5；

T——加工总工期，月；

S——每平方米场地的月平均产量；

α——场地或建筑面积的利用系数，取 0.6～0.7。

（2）水泥混凝土搅拌站面积用式（4.6）计算，即：

$$F = NA \tag{4.6}$$

式中　F——搅拌站面积，m^2；

A——每台搅拌机所需的面积，m^2；

N——搅拌机台数，台，按式（4.7）计算。

$$N = \frac{QK}{TR} \tag{4.7}$$

式中　Q——混凝土总需要量，m^3；

T——混凝土工程施工总工作日，d；

K——不均衡系数，取 1.5；

R——混凝土搅拌机台班产量。

大型沥青混凝土拌和设备的场地面积，根据设备说明书的要求确定。

上述建筑场地的结构型式应根据当地条件和使用期限而定。使用年限短的宜用简易结构，使用年限长的宜采用砖木结构。

2. 临时仓库设计

工地临时仓库分为转运仓库、中心仓库和现场仓库等，其施工组织的任务为确定材料储备量和仓库面积，选择仓库位置和进行仓库设计等。

（1）确定材料储备量。材料储备量既要考虑到保证连续施工的需要，又要避免材料积压。对于场地窄小、运输方便的现场可少储存；对于供应不易保证、运输困难、受季节影响大的材料可多储存些。

对常用材料，如砂、石、水泥、钢材、木材等的储备量可按式（4.8）计算，即：

$$P = T_e \frac{Q_i K}{T} \tag{4.8}$$

式中　P——材料储备量，m^3、t 等；

T_e——储备期，天，按材料来源确定，一般不小于 10d，即保证 10 天的需用量；

Q_i——材料、半成品等的总需要量；

K——材料使用不均匀系数，取 $1.2\sim1.5$；

T——有关施工项目的总工日数，d。

对于不经常使用或储备期长的材料，可按年度需用量的某一百分比储备。

（2）确定仓库面积。一般的仓库面积可按式（4.9）计算，即：

$$F=\frac{P}{qK} \tag{4.9}$$

式中　F——仓库总面积，m^2；

P——仓库材料储备量；

Q——每平方米仓库面积能存放的材料数量；

K——仓库面积利用系数（考虑人行道和车道所占面积），一般为 $0.5\sim0.8$。

特殊材料，如：爆炸品、易燃或易腐蚀品的仓库面积，按有关安全要求确定。

在设计仓库时，除满足仓库总面积外，还要正确地确定仓库的平面尺寸。仓库的长度应满足装卸要求，仓库的宽度需要考虑材料存放方式、使用方便和仓库的结构型式。

3. 行政、生活、福利等临时建筑设计

此类临时建筑的建筑面积主要取决于建筑工地的人数，包括职工和家属人数。建筑面积按式（4.10）计算，即：

$$S=NP \tag{4.10}$$

式中　S——建筑面积，m^2；

N——工地人数；

P——建筑面积指标。

做施工组织设计时，应尽量利用工地附近的现有建筑物，或提前修建能利用的永久房屋，如道班房、加油站等，不足的部分再修建临时建筑。

临时建筑按节约、适用、拆装方便的原则进行设计，其结构型式按当地气候、材料来源和工期长短来确定，见表 4.7 为行政、生活临时建筑面积指标。

表 4.7　　　　　　　　　　　行政、生活临时建筑面积指标　　　　　　　　单位：$m^2/$人

项次	名称	面积定额	说明
1	办公室	$2.1\sim2.5$	
2	宿舍	$3.0\sim3.5$	
3	食堂	0.7	
4	卫生所	0.06	
5	浴室及理发室	0.1	
6	招待所	0.06	包括家属招待所
7	会议及文娱室	0.1	
8	商店	0.07	
9	锅炉房	$10\sim40$	指总面积

4. 工地临时供水、供电、供热设计

工地临时供水、供电、供热应解决的主要问题有：确定用量、选择供应来源、设计管

线网路等。如需工地自行解决的供应来源，还需确定相应的设备。

（1）工地临时供水。

1）用水量的计算。

a. 施工工程用水可按式（4.11）计算，即：

$$q_1 = K_1 \sum \frac{Q_1 N_1}{T_1 b} \frac{K_2}{8 \times 3600} \tag{4.11}$$

式中　q_1——施工工程用量，L/s；

　　　K_1——未预见的施工用水系数，$K_1 = 1.05 \sim 1.15$；

　　　Q_1——年度或季度工程量（以实物计量单位表示）；

　　　N_1——施工用水定额；

　　　T_1——年度或季度有效作业日；

　　　b—每天工作班数；

　　　K_2——用水不均衡系数。

b. 施工机械用水可按式（4.12）计算，即：

$$q_2 = K_1 \sum Q_2 N_2 \frac{K_3}{8 \times 3600} \tag{4.12}$$

式中　q_2——施工机械用水量，L/s；

　　　K_1——未预见的用水系数，$K_1 = 1.05 \sim 1.15$；

　　　Q_2——同一种机械台数，台；

　　　N_2——施工机械台班用水定额；

　　　K_3——施工机械用水不均衡系数。

表 4.8 为施工用水定额表，表 4.9 为施工用水不均衡系数表。

表 4.8　　　　　　　　　　　　　　施 工 用 水 定 额 表

序号	用水对象	耗水量/L	备注
1	浇注混凝土全部用水/m³	1700～2400	
2	搅拌混凝土/m³	250～350	
3	混凝土养生/m³	200～700	
4	湿润、冲洗模板/m³	5～15	
5	洗石子、砂/m³	600～1000	
6	砌砖工程全部用水/m³	150～250	
7	砌石工程全部用水/m³	50～80	
8	搅拌砂浆/m³	300	
9	抹灰/m²	4～6	不包括调制用水
10	素土路面、路基/m²	0.2～0.3	
11	消化生石灰/t	3000	
12	浇砖/千块	500	

表 4.9 施工用水不均衡系数表

系数符号	用水名称	系数
K_2	施工工程用水	1.5
	生产企业用水	1.25
K_3	施工机械、运输机具	2.00
	动力设备	1.05~1.10
K_4	施工现场生活用水	1.30~1.50
K_5	居住区生活用水	2.00~2.50

c. 施工现场生活用水可按式（4.13）计算，即：

$$q_3 = \frac{P_1 N_3 K_4}{8 \times 3600} b \tag{4.13}$$

式中　q_3——施工现场生活用水量，L/s；

　　P_1——施工现场高峰人数，人；

　　N_3——施工现场生活用水定额，一般为 20~60L/（人·班）；

　　b——每天工作班数；

　　K_4——用水不均衡系数。

d. 生活区生活用水可按式（4.14）计算，即：

$$q_4 = \frac{P_2 N_4 K_5}{24 \times 3600} \tag{4.14}$$

式中　q_4——生活区生活用水量，L/s；

　　N_4——生活区生活用水定额；

　　P_2——生活区居住人数，人；

　　K_5——用水不均衡系数。

表 4.10 为施工机械用水量参考定额表

表 4.10 施工机械用水量参考定额表

序号	机械名称	耗水量	备注
1	内燃挖掘机/［L/（台班·m³）］	200~300	以斗容量立方米计
2	内燃起重机/［L/（台班·t）］	15~18	以起重吨数计
3	蒸汽打桩机/［L/（台班·t）］	1000~1200	以锤重吨数计
4	内燃压路机/［L/（台班·t）］	12~15	以压路机吨数计
5	拖拉机/［L/（昼夜·台）］	200~300	
6	汽车/［L/（昼夜·台）］	400~700	
7	空气压缩机/｛L/［台班·（m³/min）］｝	40~80	以压缩空气排气量计
8	内燃动力装置/［L/（台班·kW）］	160~480	直流水
9	内燃动力装置/［L/（台班·kW）］	35~55	循环水
10	锅炉/（L/h）	1000	以小时蒸发量计

序号	机械名称	耗水量	备注
11	锅炉/（L/hm²）	15～30	以受热面积计
12	电焊机/（L/h）	100～350	
13	对焊机/（L/h）	300	
14	冷拔机/（L/h）	300	
15	凿岩机/（L/min）	8～12	

e. 消防用水量。消防用水量用 q_5 表示。

f. 总用水量。总用水量并不是所有用水量的总和。因为施工用水是间断的，生活用水时多时少，而消防用水又是偶然的。因此，工地总用水量按以下公式计算：

当 $(q_1 + q_2 + q_3 + q_4) \leqslant q_5$ 时，则：

$$Q = q_5 + 0.5(q_1 + q_2 + q_3 + q_4) \tag{4.15}$$

当 $(q_1 + q_2 + q_3 + q_4) > q_5$ 时，则：

$$Q = q_1 + q_2 + q_3 + q_4 \tag{4.16}$$

当工地面积小于 $5 \times$ 万 m²，而且 $(q_1 + q_2 + q_3 + q_4) < q_5$ 时，则：

$$Q = q_5 \tag{4.17}$$

式中　Q——总用水量，L/s；

其余符号意义同前。

表 4.11 为生活区用水量参考定额表。

表 4.11　　　　　　　　　生活区用水量参考定额表

序号	用水名称	单位	耗水量	备注
1	生活用水	L/（人·日）	20～30	盥洗、饮用
2	食堂	L/（人·日）	15～20	
3	淋浴	L/（人·次）	50	入浴人数按出勤人数的30％计
4	洗衣服	L/人	30～35	
5	理发室	L/（人·次）	15	
6	工地医院	L/（病床·日）	100～150	

表 4.12 为消防用水量参考表。

表 4.12　　　　　　　　　消 防 用 水 量 参 考 表

用水区域	用水情况	火灾同时发生次数	用水量/（L/s）
生活区	5000 人以内	1 次	10
	10000 人以内	2 次	10～15
	25000 人以内	2 次	15～20
施工现场	施工现场在 $25 \times$ 万 m² 以内	1 次	10～15
	施工现场每增加 $25 \times$ 万 m²	1 次	5

2）水源的选择。工地临时供水水源，首先应考虑当地的自来水，如不可能时，再另选其他的天然水源。天然水源有河水、湖水、水库蓄水等地面水和泉水、井水等地下水。

任何临时水源都应满足以下要求：①水量充足稳定，能保证最大需水量的供应；②符合生活饮用和生产用水的水质标准；③取水、输水、净水设施安全可靠；④施工安装、运转、管理和维护方便。

（2）工地临时供电。

1）工地总用电量。工地用电可分为动力用电和照明用电两类，用电量可用式（4.18）计算，即：

$$P = 1.1 \times (K_1 \sum P_1 / \cos\phi + K_2 \sum P_2 + K_3 P_3) \tag{4.18}$$

式中　P——工地总用电量，kV·A；

P_1、K_1——电动机额定功率，kW，需要系数 $K_1 = 0.5 \sim 0.7$，电动机 10 台以下取 0.7，超过 30 台取 0.5；

P_2、K_2——电焊机额定容量，kV·A，需要系数 $K_2 = 0.5 \sim 0.6$，电焊机 10 台以下取 0.6；

P_3、K_3——室内照明容量，kW，需要系数 $K_3 = 0.8$；

P_4、K_4——室外照明容量，kW，需要系数 $K_4 = 1.0$；

$\cos\phi$——电动机的平均功率因数，根据用电量和负荷情况而定，最高为 $0.75 \sim 0.78$，一般为 $0.65 \sim 0.75$。

2）选择电源及确定变压器。根据所确定的总用电量来选择电源，并确定变压器。

如果选择当地电网供电，要考虑当地电源能否满足施工期间的最高负荷，电源距离较远时是否经济；如果设临时电站，供电能力应满足需要，避免浪费或供电不足，电源位置应设在设备集中、负荷最大而输电距离又最短的地方。

一般首先考虑将附近的高压电通过工地的变压器引入。变压器的功率按式（4.19）计算，即：

$$P = K \left(\frac{\sum P_{max}}{\cos\phi} \right) \tag{4.19}$$

式中　P——变压器的功率，kV·A；

K——功率损失系数，取 1.05；

$\sum P_{max}$——各施工区的最大计算负荷，kW；

$\cos\phi$——功率因数。

3）选择导线截面。合理的导线截面应满足 3 个方面的要求：

a. 足够的机械强度，即在各种不同的敷设方式下，确保导线不会因为一般的机械损伤而导致折断或损坏，造成漏电。

b. 应满足通过一定的电流强度，即导线必须能承受电流长时间通过所引起的温度升高。

c. 导线上引起的电压降必须限制在容许范围之内。

按这 3 项的要求，选其截面最大者。

4）配电线路的布置要点。线路宜架设在道路的一侧，并尽可能选择平坦路线。线路距建筑物的水平距离应大于 1.5m。在 380/220V 低压线路中，木杆的间距为 25～40m。分支线及引入线均应从电杆处接出。

临时布线一般都采用架空线，因为架空线工程简单、经济、便于检修。电杆及线路的交叉跨越要符合有关输变电的规范。配电箱要设在便于操作的地方，并设有防雨、防晒设施。各种施工用电机具必须单机单闸，绝不可一闸多用。闸刀的容量按最高负荷选用。

（3）工地临时供热。工地临时供热的主要对象是临时房屋（办公室、宿舍、食堂等）的冬季采暖、给某些冬季施工项目供热、预制场（钢筋混凝土构件的蒸汽养生等）供热。

建筑物内部的采暖耗热量，按有关《建筑设计手册》进行计算。

临时供热的热源，一般都设立临时性的锅炉房或个别分散设备（煤火炉），如果有条件，也利用当地的现有热力管网。

临时供热的蒸汽用量用式（4.20）计算，即：

$$W = \frac{Q}{IH} \tag{4.20}$$

式中 W——蒸汽用量，kg/h；

Q——所需总热量，按《建筑采暖设计手册》计算，J/h；

I——在一定压力下蒸汽的含热量，查有关《热工手册》，J/kg；

H——有效利用系数，一般为 0.4～0.5。

蒸汽压力根据供热距离来确定，供热距离在 300m 以内时，蒸汽压力为 30～50kPa 即可；在 1000m 以内时，则需要 200kPa。确定了蒸汽压力后，又按公式（4.20）计算得到了蒸汽用量，即可查阅《锅炉手册》，选定锅炉的型号。

5．其他临时工程设施设计

在施工组织设计中，除了前面提到的临时设施外，还会遇到其他的临时工程设施，如：便道、便桥、临时车站、码头、通信设施等。

全部临时建筑及临时工程设施都应在设计完成之后，再编制临时工程一览表。临时工程一览表是施工组织设计规定的文件之一。

工作任务 4.7 施 工 平 面 图

在施工现场，有各种拟建工程所需的各种临时设施，如混凝土搅拌站、材料堆场及仓库、工地临时办公室及食堂等。为了使现场施工科学有序、安全，就必须对施工现场进行合理的平面规划和布置。这种在建筑总平面图上布置各种为施工服务的临时设施现场布置图称为施工平面图。单位工程施工平面图一般按 1：200～1：500 比例绘制，如图 4.2 所示。

施工平面图是施工方案在现场空间上的体现，反映已建工程和拟建工程之间，以及各种临时建筑、临时设施之间的合理位置关系。现场布置的好，就可以使现场管理的好，为文明施工创造条件；反之，如果现场施工平面布置的不好，施工现场道路不通畅，材料堆放混乱，就会对施工进度、质量、安全、成本产生不良后果。因此，施工平面图设计是施工组织设计中一个很重要的内容。

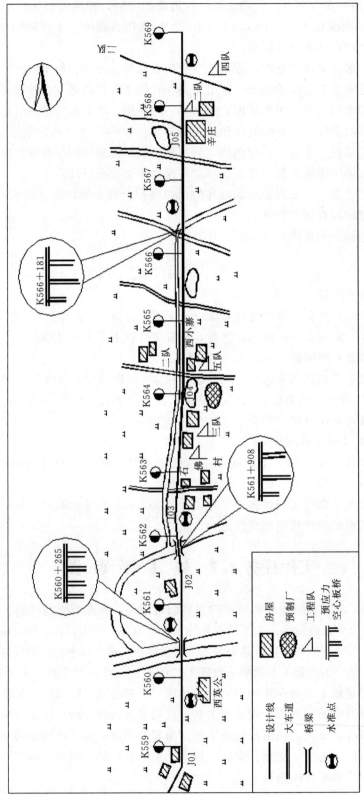

图 4.2　某项目施工总平面图

施工平面图设计是施工过程空间组织的具体成果，亦即根据施工过程空间组织的原则，对施工过程所需的工艺路线、施工设备、原材料堆放、动力供应、场内运输、半成品生产、仓库、料场及生活设施等进行空间的特别是平面的科学规划与设计，并以平面图的形式加以表达。这项工作就叫做施工平面图设计。

4.7.1 施工总平面图的设计原则

施工总平面图是建设项目或群体工程的施工布置图，由于栋号多、工期长、施工场地紧张及分批交工的特点，使施工平面图的设计难度加大，应当坚持以下原则：

（1）在满足施工要求的前提下布置紧凑，少占地，不挤占交通道路。

（2）最大限度地缩短场内运输距离，尽可能地避免二次搬运。物料应分批进场，大件置于起重机下。

（3）在满足施工需要的前提下，临时工程的工程量应该最小，以降低临时工程费用。故应利用已有房屋和管线，永久工程前期完工的为后期工程使用。

（4）临时设施布置应利于生产和生活，减少工人的往返时间。

（5）充分考虑劳动保护、环境保护、技术安全和防火要求等。

（6）施工总平面图的设计依据包括设计资料、调查收集到的地区资料、施工部署和主要工程的施工方案、施工总进度计划以及资源需要量表。

4.7.2 施工平面图的类型

1. 按施工平面图的作用分类

（1）施工总平面图。施工总平面图是以整个工程项目或一个合同段为对象的平面布置，主要反映工程沿线的地形情况、料场位置、运输路线和生活设施等的位置和相互关系，如图 4.2 所示。

（2）单位工程或分部、分项工程的施工平面图。单位工程或分部、分项工程的施工平面图是以单位工程或分部、分项工程为对象而设计的平面组织形式。

2. 按主体工程形态分类

（1）路线工程施工平面图。路线工程施工平面图是沿路线全长绘制的一个狭长的带状平面图。图中一方面要反映地形、地物，如河流、道路、房屋、田地等；另一方面要反映出施工过程中的场地安排，如料场、加工厂、仓库、施工管理机构、临时工程、便道、便桥等，如图 4.2 所示。必要时应分别绘制路基施工平面图和路面施工平面图。路线工程施工平面图可以按道路中线为假想的直线进行相对展绘，也可以在平面图的下方绘出路线纵断面。

（2）集中型工程施工平面图。集中型工程包括大、中桥工程和预制厂等的平面图的设计，其特点是场地狭小，工作面集中。

4.7.3 施工总平面图的设计内容

1. 施工总平面图的设计内容

（1）拟建建筑物、构筑物位置，平面轮廓。

（2）施工用地范围、围墙、入口、道路的位置。

（3）资源仓库和堆场。

（4）钢筋、木材等加工场地。

（5）取土及弃土位置。

（6）大型机械设备的位置（塔吊的回转范围）。

（7）管理和生活用临时房屋。

（8）供电、给水、排水等管线和设施。

（9）安全、消防设施。

（10）永久性、半永久性坐标的位置。

（11）山区建筑场地的等高线。

（12）特殊图例、方向标志和比例尺等。

2. 单位工程、分部分项工程施工平面图的内容

（1）重点工程施工场地布置图。一般来说，大桥、隧道、立交枢纽等都是重点工程施工场地，其布置图应在有等高线的地形图上按比例绘制。图上应详细地绘出施工现场、辅助生产、生活等区域的布置情况，绘出原有的地物情况。

（2）其他单项局部平面图的布置。对于大型项目，因施工周期长、管理工作量大、附属辅助企业多，必要时应绘制其他的平面布置图。这类图主要有以下几种：

1）沿线砂石料场平面布置图。

2）大型附属企业，如沥青混和料拌和场、预制构件场、主要材料加工厂等平面布置图。

3）临时供水、供电、供热基地及管线分布平面图。

4）主要施工管路机构的平面布置图。

4.7.4　施工总平面图的设计依据

施工总平面图的设计依据包括：

（1）勘查设计资料。

（2）施工部署和主要工程施工方案。

（3）施工总进度计划。

（4）施工场地情况。

（5）调查收集到的地区资料。

（6）资源需要量表。

（7）工地业务量的计算。

（8）有关参考资料等。

4.7.5　施工总平面图的设计原则

（1）根据施工部署、施工方案、进度计划、区域划分，分阶段地进行布置。

（2）生产区、生活区、办公区相对独立的原则。

（3）尽可能地缩短运距、减少二次搬运、减少占地。

（4）有利于减少扰民、环境保护和文明施工。

（5）尽量利用已有设施或先行施工的成品，使临时工程投入最少。

（6）充分考虑劳动保护、职业健康、安全与消防。

4.7.6 施工总平面图的设计步骤

1. 场外交通的引入

设计整个项目的施工总平面图时，首先应从研究材料、成品、半成品和设备等进入工地的运输方式入手。

（1）水路运输。当大量物资由水路运输时，就应充分利用原有码头的吞吐能力。当原有码头能力不足时，应考虑增设码头，其码头的数量不应少于 2 个，且宽度应大于 2.5m，一般用石或钢筋混凝土结构建造。

一般码头距工程项目施工现场应有一定的距离，故应考虑码头建仓储库房以及从码头到工地的运输问题

（2）公路运输。当大量物资由公路运进现场时，由于公路布置较灵活，一般将仓库、加工厂等生产性临时设施布置在最方便、最经济合理的地方，而后再布置通向场外的公路线。

（3）铁路运输。一般大型工业企业都设有永久性铁路专用线，通常将其提前修建，以便为工程项目施工服务。由于铁路的引入，将会严重影响场内施工的运输和安全，因此一般将铁路先引入到工地两侧，当整个工程进展到一定程度后，工程可分为若干个独立施工区域时，再把铁路引到工地中心区。此时铁路对每个独立的施工区都不应有干扰，位于各施工区的外侧。

2. 仓库与材料堆场的布置

仓库与材料堆场的布置通常考虑设置在运输方便、位置适中、运距较短且安全防火的地方，并应区别于不同的材料、设备和运输方式。

（1）当采用水路运输时，一般应在码头附近设置转运仓库，以缩短船只在码头的停留时间。

（2）当采用公路运输时，仓库的位置设置应比较灵活。一般中心仓库布置在工地中央或靠近使用的地方，也可以布置在靠近外部交通的连接处。砂、石、水泥、石灰和木材等仓库或堆场宜布置在搅拌站、预制场和木材加工厂附近；砖、瓦和预制构件等直接使用的材料应该直接布置在施工对象附近，以免二次搬运。工业项目建设工地还应考虑主要设备的仓库（或堆场），一般笨重设备应尽量放在车间附近，其他设备仓库可布置在外围或其他空地上。

各种加工厂的布置，应以方便使用、安全防火、运输费用最少、不影响建筑安装工程施工的正常进行为原则。一般应将加工厂集中布置在同一个地区，且多处于工地边缘。各种加工厂应与相应的仓库或材料堆场布置在同一地区。

3. 加工厂的布置

加工厂一般包括混凝土搅拌站、构件预制厂、钢筋加工厂、木材加工厂以及金属结构加工厂等。布置这些加工厂时主要需要考虑到来料加工和成品、半成品运往需要地点的总运输费用最小，且加工厂的生产和工程项目施工互不干扰。

（1）搅拌站的布置。根据工程的具体情况可采用集中、分散或集中与分散相结合的 3 种方式布置。当现浇混凝土量大时，宜在工地设置混凝土搅拌站。当运输条件好时，以采用集中搅拌最有利；当运输条件较差时，则宜采用分散搅拌。

（2）预制构件加工厂的布置。一般建在空闲地带，既能安全生产，又不影响现场施工。

（3）钢筋加工厂的布置。根据不同情况，采用集中或分散布置。对于冷加工、对焊、点焊的钢筋网等宜集中布置，设置中心加工厂，其位置应靠近构件加工厂；对于小型加工件，利用简单机具即可加工的钢筋，可在靠近使用地分散设置加工棚。

（4）木材加工厂的布置。根据木材加工的性质、加工的数量，采用集中或分散布置。一般原木加工批量生产的产品等加工量大的应集中布置在铁路、公路附近；简单的小型加工件可分散布置在施工现场设置几个临时加工棚。

（5）金属结构、焊接、机修等车间的布置，应尽量集中布置在一起，由于相互之间生产上联系密切。

4．布置场内运输道路

根据各加工厂、仓库及各施工对象的相对位置，研究货物转运图，区分主要道路和次要道路，进行道路的规划。规划厂区内道路时，应考虑以下几点：

（1）合理规划临时道路与地下管网的施工程序。在规划临时道路时，应充分利用拟建的永久性道路，提前修建永久性道路或者先修路基和简易路面，作为施工所需的道路，以达到节约投资的目的。若地下管网的图纸尚未出全，必须采取先施工道路，后施工管网的顺序时，临时道路就不能完全建造在永久性道路的位置，而应尽量布置在无管网地区或扩建工程范围的地段上，以免开挖管道沟时破坏路面。

（2）保证运输通畅。道路应有两个以上的进出口，道路末端应设置回车场地，且尽量避免临时道路与铁路交叉。厂内道路干线应采用环形布置，主要道路宜采用双车道，宽度不小于 6m，次要道路宜采用单车道，宽度不小于 3.5m。

（3）选择合理的路面结构。临时道路的路面结构，应当根据运输情况和运输工具的不同类型而定。一般场外与省（市）公路相连的干线因其以后会成为永久性道路，因此一开始就建成混凝土路面；场区内的干线和施工机械行驶路线，最好采用碎石级配路面，以利修补；场内支线一般为土路或砂石路。

5．行政与生活临时设施的布置

行政与生活临时设施包括办公室、汽车库、职工休息室、食堂和浴室等。要根据工地施工人数计算这些临时设施和建筑面积，应尽量利用建设单位将来的永久建筑，不足部分另行建造。

一般行政管理用房宜设在工地入口处，以便对外联系；也可以在工地中间，以便于全工地管理。工人用的福利设施应设置在工人较集中的地方，或工人必经之处。生活基地应设在场外，距工地 500～1000m 为宜。食堂可布置在工地内部或工地与生活区之间。

6．临时水电网及其他动力设施的布置

当有可以利用的水源、电源时，可以将水电从外面接入工地，沿主要干道布置干管、主线，然后与各用户接通。临时总变电站应设置在高压电引入处，不应放在工地中心；临时水电应放在地势较高处。

当无法利用现有电源、水源时，为了获得电源，应在工地中心或工地中心附近设置临时发电设备，并沿干道布置主线；为了获得水源可以利用地上水或地下水，并设置抽水设

备和加压设备,以便于储水和提高水压,然后从水管接出,布置管网。

(1) 施工用的临时给水管。一般由建设单位的干管或自行布置的干管接到用水地点。布置时应力求管网总长度最短。管径的大小和龙头数目的设置需视工程规模的大小通过计算进行确定。管道可埋于地下,也可铺设在地面上,以当时当地的气候条件和使用期限的长短而定。工地内要设置消火栓,消火栓距离建筑物不应小于 5m,也不应大于 25m,距离路边不大于 2m。条件允许时,可利用城市或建筑单位的永久消防设施。

1) 施工用水。本工程现场用水分为施工用水、施工机械用水、生活用水和消防用水 4 个部分。

a. 施工用水量按式 (4.21) 计算,即:

$$q_1 = K_1 \sum Q_1 N_1 K_2 / (8 \times 3600) \tag{4.21}$$

式中 K_1——未预计的施工用水系统,取 1.15;

K_2——用水不均衡系数,取 1.5;

Q_1——两台砂浆搅拌机 8h 内的生产量,混凝土养护 8h 内的用水;

N_1——每立方米混凝土搅拌耗水量取 300L,每立方米混凝土养护耗水量,取 300L。

$q_1 = 1.15 \times (3 \times 30 \times 300 + 150 \times 300) \times 1.5 / (8 \times 3600) = 4.31 \text{L/s}$

b. 施工机械用水量按式 (4.22) 计算,即:

$$q_2 = K_1 Q_2 N_2 K_3 / (8 \times 3600) \tag{4.22}$$

式中 K_1——未预计的施工用水系统,取 1.15;

K_3——施工机械用水不均衡系数,取 2.0;

Q_2——以一个木工房 2 个台班计;

N_2——每个木工房耗水量 20L/台。

$q_2 = 1.15 \times (20 \times 2) \times 2 / (8 \times 3600) = 0.003 \text{L/s}$

c. 生活用水 q_3 按式 (4.23) 计算,即:

$$q_3 = P_1 N_1 K_4 / 8 \tag{4.23}$$

现场高峰期人数以 200 人计算,每人每工作班用水 40L。

$q_3 = P_1 N_3 K_4 / 8 \times 3600 = 300 \times 40 \times 1.5 / (8 \times 3600) = 0.625 \text{L/s}$

d. 消防用水量 q_4:根据规定,现场面积在 10hm^2 以内,同时发生火警 2 次,消防用水定额按 $10 \sim 15 \text{L/s}$ 考虑。根据现场占地面积,按 10L/s 考虑。

e. 现场总用量:根据规定,当 $q_1 + q_2 + q_3 < q_4$ 时,采用 q_4 的原则,现场总用水量为 $q = q_4 = 10 \text{L/s}$。

2) 供水管径计算。供水管径按式 (4.24) 计算,即:

$$d = \sqrt{\frac{4Q}{\pi \cdot V \times 1000}} \tag{4.24}$$

式中 Q——耗水量,$Q = q = 10 \text{L/s}$;

V——管网中水流速度,查表可知经济流速为 2L/s。

$d = \sqrt{4 \times 10 / 3.14 \times 2 \times 1000} = 0.08 \text{m}$

现场水源管径不低于 DN50。

（2）排水设施。为便于排除地面水和地下水，要及时修通永久性下水道，并结合现场地形在建筑物四周设置排泄地面水和地下水的沟渠，如排入城市下水系统，还应设置沉淀池。

（3）临时供电。单位工程施工用电应在全工地施工总平面图中一并考虑。一般计算出在施工期间的用电总数，如由建筑单位解决，可不另设变压器。必要时根据现场用电量选用变压器。变压器（站）的位置应布置在现场边缘高压线接入处，四周用铁丝网围住。不宜布置在交通要道口。临时变压器的设置，应距地面不小于 30cm，并应在 2m 以外处设置高度大于 1.7m 的保护栏杆。

4.7.7　施工总平面图的科学原理

编制施工总平面图的原则如下：

（1）建立统一的施工总平面图管理制度，划分总平面图的使用管理范围。各区各片需有人负责，严格控制各种材料、构件、机具的位置、占用时间和占用面积。

（2）实行施工总平面的动态管理，定期对现场平面进行实录、复核，修正其不合理的地方，定期召开总平面执行检查会议，奖优罚劣，协调各单位之间的关系。

（3）做好现场的清理和维护工作，不准擅自拆迁建筑物和水电线路，不准随意挖断道路。大型临时设施和水电管路不得随意更改和转移。

工作任务 4.8　施工质量控制与安全文明施工

4.8.1　质量保证措施

在施工阶段的施工组织设计的工程施工质量控制部分，一般包括确定质量目标、制订质量计划、控制生产要素、控制工程质量、出现工程质量问题时的分析处理办法及工程质量检验验收等内容。

1. 施工项目质量计划

质量计划作为对外质量保证和对内质量的依据文件，既应体现施工项目从分项工程、分部工程，到单位工程控制，同时又要体现从资源投入到完成工程。质量计划的内容主要包括以下 4 个方面。

（1）质量目标。合同范围内的全部工程的所有使用功能达到设计图纸要求。分项、分部、单位工程的质量达到质量的验收规范要求，或国家、省市优质工程要求。

（2）质量管理组织结构。建立从公司质量部门、项目经理部到施工组的质量责任制，每一级都有专人负责，对质量控制即管理组织协调进行系统性的描述。

（3）质量控制手段。建立材料设备采购、施工过程、检验和试验、服务等的质量控制程序，并付诸实施。质量记录必须具有可追溯性。

（4）作业指导书。对关键工序和特殊过程编制详细的作业指导书，严格按作业指导书的要求执行。

2. 施工生产要素的控制

（1）人的控制。人是生产过程的活动主题，其总体要素和个体能力将决定着一切质量活动的成果，人即是质量控制的对象又是其他质量活动的控制动力。施工现场对人的控制措施有以下 5 种。

1）因事设岗组建项目经理部，配置具有相应上岗资质、能胜任工作岗位的管理和技术人员。

2）对分包单位的资质进行严格的审查，严禁转包，以防资质失控。

3）坚持作业人员持证上岗，特别是对重要技术工种、特殊工种、高空作业等，一定要做到有资质者上岗。

4）加强现场管理制度和作业人员的质量意识教育和技术培训。

5）严格现场管理制度和生产纪律，规范人的作业技术和管理活动的行为。

（2）材料的控制。材料（包括原材料、成品、半成品和构配件）是工程施工的物质条件，是保证工程施工质量的必要条件之一。材料的质量控制应抓好材料的采购、检验和保管 3 个环节。凡是取样抽检不合格的材料应严禁使用。

（3）施工机械设备的控制。施工方法包括施工中采用的技术方案、工艺流程、检验手段和施工程序安排等，应着重抓好以下 3 个关键：

1）施工方案应随工程进展而不断细化和深化。

2）对主要项目要拟定几个可行方案，突出主要矛盾，进行技术经济比较，选出最佳方案。

3）对主要项目、关键部分和难度较大的项目，如新结构、新材料、新工艺、大跨度、大悬臂和高大的结构部分等，制订方案是要充分估计可能发生的质量问题和处理对策。

（4）环境的控制。创造良好的施工环境对保证工程质量和施工安全，实现文明施工具有重要的作用。如自然环境（水文、地质和气象）会直接影响施工方案的制订；作业环境和施工平面的合理规划和管理可以提高生产效率；协调好各参建单位的关系及与周围单位、居民的关系，保证工程施工的顺利进行。

3．施工工序质量控制

工序质量指施工中人、材料、机械、工艺方法和环境对产品起综合作用的工程质量，又称为过程质量，它具体体现为产品质量。工序质量控制要着中做好下列工作：

（1）制定工序质量控制的工作计划，主动控制各施工生产要素，及时检验工序活动效果的质量，做好班组自检、互检以及上下道工序交接检，特别是对隐蔽工程和分项分部的质量检验，检验不合格的不得进入下一工序。

（2）设置工序质量控制点，实行重点控制。工序质量控制点一般设置在重要和关键性的施工环节和部位；质量不稳定或施工质量没有把握的施工工序和环节；施工技术难度大或施工条件困难的部位或环节；质量标准高或质量精度要求高的部位和环节；对后续工序质量安全有重要影响的施工工序或部位；采用新技术、新工艺、新材料施工的部位或环节。

4．工程质量问题的处理

工程质量问题一般分为工程质量缺陷、工程质量通病和工程质量事故。工程质量缺陷是指工程达不到技术标准允许的技术指标的现象；工程质量通病是指各类影响工程结构、使用功能和外形观感的常见性质损失；工程质量事故是指对工程结构安全、使用功能和外形观感影响较大、损伤较大的质量损伤。

出现工程质量问题后，要及时分析产生的原因，采取针对性的措施，避免再发生类似问题。在施工中发生工程质量事故时，必须按《建设工程质量管理条例》的有规定给予处理。

4.8.2　安全文明施工措施

建筑施工安全是指对施工过程中涉及人员和财产的安全保障要求，包括施工作业安全、施工设施（备）安全、施工现场（通行、停留）安全、消防安全以及其他意外情况出现时的安全防护。

安全施工是依据工程情况、设计要求和现场条件，创建安全的施工现场，采取安全的施工安排和技术措施，实行严格的安全管理，遵守安全的作业和操作要求所进行的确保人员和财产安全的施工活动。

文明施工是体现现代施工文明，即符合合理施工程序、不扰民、环保、安全和卫生要求的施工。安全施工是文明施工的重要部分，作为生产工作中不可缺少的组成部分来抓。坚持"安全第一，预防为主"和"管生产必须管安全"的原则，遵守安全规程，贯彻"以放为主"的方针，提高对事故的预见性，防微杜渐。

1. 安全文明生产的组织工作

安全生产是一项综合性的工作，它关系到施工管理的各个方面。特别是采用新技术、新结果和新的施工方法，以及在新工人、新设备、新工具日益增多的情况下，必须建立健全安全生产责任制，还要根据具体情况，在各级行政和技术负责人的领导下，选择认真负责、懂得安全技术并富有经验的技术干部担任专职安全员，安全员人数应为施工总人数的1%～3%，应严格执行《公路工程施工安全技术规程》（JTJ 076—1995）和《公路筑养路机械操作规程》（JZ 0030—1995），能及时发现明显的和潜在的危险情况，制止违章作业，为生产创造安全环境，防患于未然。

除了加强组织工作外，技术措施也是非常重要的。安全技术措施是根据不同的工程和具体的工作条件，在施工方法、平面位置、材料设备上提出保证安全生产的措施以及必须遵守和注意的事项。如起重设备、脚手架的负荷计算、锚固措施及架设、拆除的程序和方法以及多层作业隔离措施的设置方法；高空作业的防护措施；土方开挖的边坡控制方法；施工机具的制动装置和技术要求；电器设备的接地、防护和技术要求；爆破器材的管理和使用技术条件易燃、易爆材料的保管与防火措施；原有建筑物的拆除程序、保护措施等。

2. 安全文明施工的措施

根据《建筑工程施工现场管理规定》中的"文明施工管理"和《建筑工程项目管理规范》（GB/T 50326—2006）中"项目现场管理"的规定，以及各省市有关建筑工程文明施工管理的要求，施工单位应规范施工现场，创造良好的生产、生活环境，保证职工的安全与健康，做到文明施工，安全有序、整洁卫生、不扰民、不损害公众利益。

（1）现场大门和围栏设置：

1）施工现场设置钢制大门，大门牢固、美观。高度不宜低于4m，大门上应标有企业标志。

2）施工现场的围挡必须沿工地四周连续设置，不得有缺口，并且围挡要坚固、平稳、严密、整洁、美观。

3）围挡的高度，市区主要路段不宜低于 2.5m；一般路段不低于 1.8m。

4）围挡材料应选用砌体、金属板材等硬质材料，禁止使用彩布条、竹笆、安全网等易变性材料。

5）建筑工程外侧周边使用密目式安全网（2000 目/100cm^2）进行保护。

（2）现场封闭管理：

1）施工现场出入口设专职门卫人员，加强对现场材料、构件、设备、人员的进出监督管理。

2）加强对出入现场人员的管理，施工人员应佩戴工作卡以示证明。

3）根据工程的性质和特点，出入大门口的形式，各企业、各地区可按各自的实际情况确定。

（3）施工场地的布置：

1）施工现场大门内必须设置明显的"五牌一图"（即工程概况牌、安全生产牌、文明施工制度牌、环境保护制度牌、消防保卫制度牌及施工现场平面图），标明工程项目名称、建设单位、设计单位、施工单位、监理单位、工程概况及开工日期、竣工日期等。

2）对于文明施工、环境保护和易发生伤亡事故（或危险）处，应设置明显的、符合标准要求的安全警示标志牌。

3）设置施工现场安全"五标志"，即指令标志（佩戴安全帽、系安全带等），禁止标志（禁止通行、严禁抛物等），警告标志（当心落物、小心坠落等），电力安全标志（禁止合闸、当心有电等）和提示标志（安全通道，火警、盗警、急救中心电话等）。

4）现场主要运输公路尽量采用循环方式设置或有车辆掉头的位置，保证公路通畅。

5）现场公路有条件的可采用混凝土路面，无条件的可采用其他硬化路面，现场地面也应进行硬化处理，以免现场扬尘，雨后泥泞。

6）施工现场必须有良好的排水设施，保证排水通畅。

7）现场内的施工区、办公区和生活区要分开设置，保证安全距离，并设标志牌，办公区和生活区应根据实际条件进行绿化。

8）各类临时设施必须根据施工总平面图进行布置，而且要整齐、美观，办公和生活用的临时设施宜采用轻体保温或隔热的活动房，即可多次周转使用，降低暂设成本，又可达到整洁美观的效果。

9）施工现场临时用电线路的布置，必须符合安装规范和安全操作规程的要求。严格按施工组织设计进行架设，严禁任意拉线接电，而且必须设法保证施工要求的夜间照明。

10）工程施工的废水、泥浆应经流水槽或管道流到工地集水池统一沉淀处理，不得随意排放和污染施工区域以外的河道、路面。

（4）现场材料、工具的堆放：

1）施工现场的材料、构件、工具必须按施工平面图规定的位置堆放，不得侵占场内公路及安全防护等设施。

2）各种材料、构件的堆放应按品种、分规格整齐堆放，并设置明显标牌。

3）施工作业区的垃圾不得长期堆放，要随时清洁，做到每天工完场清。

4）易燃易爆物品不能混放，要有集中存放的库房，班组使用的零散易燃易爆物品，必须按有关规定存放。

（5）施工现场安全防护的布置：根据原建设部有关建筑工程安全防护的有关规定，项目经理部必须做好施工现场安全的防护工作。

1）施工临边、洞口交叉、高处作业等临边防护，必须采用密目式安全立网全封闭，作业层要另加防护栏杆和 18cm 高的踢脚板。

2）通道口设防护棚，防护棚应为不小于 5cm 厚的木板或两道相距 50cm 的竹笆，两侧应沿栏杆架用密目式安全网封闭。

3）预留洞口用木板全封闭防护，对于短边超过 1.5cm 长的洞口，除封闭外四周还应设有防护栏杆。

4）垂直方向的交叉作业，应设置防护隔离棚或其他设施防护。

5）高空作业施工，必须有悬挂安全带的悬索或其他设施、有操作平台、有上下的梯子或其他形式的通道。

（6）施工现场防火的布置：

1）施工现场应根据工程的实际情况，制订消防制度或消防措施。

2）按照不同作业条件和消防的有关规定，合理配置消防器材，符合消防要求。消防器材的设置点要有明显标志，夜间设置红色警示灯，消防器材应垫高设置，周围 2m 内不准乱放物品。

3）当建筑的施工高度超过 30m（或当地规定）时，为防止单纯依靠消防器材灭火不能满足要求的情况，应配备有足够的消防水源和自救的用水量。扑救电气火灾不得用水，应使用干粉灭火器。

4）在容易发生火灾的区域施工或储存、使用易燃易爆器材时，必须采取特殊的消防安全措施。

5）现场明火，须经有关部门批准，设专人管理。5 级及以上风禁止使用明火。

6）坚决执行现场防火"五不走"的规定，即：交接班不交代不走、用火设备火源不熄灭不走、用电设备不拉闸不走、可燃物不清干净不走、发现险情不报告不走。

（7）施工现场临时用电的布置：

1）施工现场临时用电配电线路，按照 TN－S 系统要求配备五芯电缆、四芯电缆和三芯电缆。按要求架设用电线路的电杆、横担、磁夹、瓷瓶，或电缆埋地的地沟。对靠近施工现场的外电线路，应设置木质、塑料等绝缘体的防护措施。

2）配电箱、开关箱。按三级配电要求，配备总配电箱、分配电箱、开关箱、三类标准电箱。开关箱应符合一机、一箱、一闸、一漏。三类电箱中的各类电器应是合格品。按两级漏电保护的要求，选取符合容量要求和质量合格的总配电箱和开关箱中的漏电保护器。设置施工现场接地保护零线的重复接地应不少于 3 处。

（8）施工现场生活设施的布置：

1）职工生活设施要符合卫生、安全、通风、照明等要求。

2）职工的膳食、饮用水供应等应符合卫生要求。炊事员必须要有卫生防疫部门颁发的体检合格证；生熟食应分别存放；炊事员要穿白色工作服；食堂要定期清扫，卫生要定期检查。

3）施工现场应设置符合卫生要求的厕所，有条件的应设水冲式厕所，并设专人清扫管理。现场应保持卫生，不得随地大小便。

4）生活区应设置满足使用要求的淋浴设施和管理制度。

5）生活垃圾要及时清理，不能与施工垃圾混放，并设专人管理。

6）职工宿舍要考虑到季节性的要求，冬季应有保暖、防煤气中毒的措施；夏季应有消暑防蚊虫叮咬等措施，保护施工人员的良好睡眠。

7）宿舍内床铺及各种生活用品的放置要整齐，通风良好，并要符合安全疏散的要求。

8）生活设施的周围环境要保持良好的卫生条件，周围公路、院区平整，并要设置垃圾箱和污水池，不得随意乱泼乱倒。

（9）施工现场的综合治理：

1）项目部应做好施工现场的安全保卫工作，建立治安保卫制度和责任分工，并设专人负责管理。

2）施工现场在生活区域内适当设置职工业余生活场所，以便施工人员工作后能劳逸结合。

3）现场不得焚烧有毒、有害物质，该类物质必须按有关规定进行处理。

4）现场施工必须采取不扰民措施，要设置防尘和防噪声设施，做到噪声不超标。

5）为处理现场可能发生的意外伤害，现场应配备相应的保健药箱和一般常用药品及应急救援器材，以便保证及时抢救，不扩大伤势。

6）为保证施工工作人员的身心健康，应在流行病发生的季节及平时，定期开展卫生防疫的宣传教育工作。

7）施工作业区的垃圾不得长期堆放，要随时清理，做到工完场清。

8）施工现场应设置密闭式垃圾站，施工垃圾、生活垃圾应分类存放。施工垃圾必须采用相应的容器或管道进行运输。

3．施工安全的政府监督

（1）施工安全的政府监督管理形式。建设工程安全生产关系到人民群众的生命和财产安全，国家必须加强对建设工程安全生产的监督管理。安全生产监督管理是各级人民政府建设行政主管部门及其授权的建设安全生产监督机构，对实施施工安全生产行业进行的监督管理。

政府对建设工程安全生产监督管理有多种形式，可以事前监督，也可以事后监督，可以运用行政手段监督，也可以运用法律的监督手段进行监督。在我国现阶段的市场经济发展中，政府监督管理主要还是要适应市场经济的需要，运用法律和经济的手段，通过事前、事后监督来实现。

（2）施工安全监督管理的类型：

1）国务院安全生产主管部门对建设行政主管部门监督管理工作的监督管理。

2）建设行政主管部门对建设工程各有关单位生产安全工作的监督管理。

3）建设工程各有关单位的上级主管部门对下级单位安全生产工作的监督管理。

4）工程监理单位对施工单位生产安全工作的监督管理。

（3）施工安全监督的管理机制。我国政府对安全生产的监督管理采用管理和部门管理相结合的机制。

1）国务院负责安全生产监督管理的部门，对全国各行各业的安全生产工作实施综合管理，全面负责，并从综合管理全国安全生产的角度出发，指导、协调和监督各行业或各领域的安全生产监督工作。

2）国务院建设行政主管部门对全国的建设工程安全生产实施统一的监督管理。

3）国务院铁路、交通、水利等有关部门按照国务院的职责分工，分别对专业建设工程安全生产实施监督管理。

4）县级以上地方人民政府建设行政主管部门的有关部门，则分别对本行政区域内的建设工程的安全生产工作，按各自的职责范围实施监督加管理，并依法接受本行政区内安全生产监督管理部门和劳动行政主管部门对各建设工程安全生产监督管理工作的指导和监督。

4.8.3　环境保护措施

环境保护措施应遵守以下几点：

（1）施工现场必须建立环境保护、环境卫生管理和检查制度，并应做好检查记录。对施工现场的作业人员的教育培训和考核应包括环境保护、环境卫生等有关法律法规的内容。

（2）在城市市区范围内从事土木工程施工的项目必须在工程开工 15d 以前向工程所在地县级以上的地方人民政府环境保护管理部门进行申报登记。

（3）施工期间应遵照《建筑施工场界环境噪声排放标准》（GB 12523—2011）制定降噪措施。确需夜间施工的，应办理夜间施工许可证明，并公告附近社区居民。

（4）尽量避免或减少施工过程中的光污染。夜间室外照明灯应加设灯罩，透光方向集中在施工范围内。电焊作业应采取遮挡措施，避免电焊弧光外泄。

（5）施工现场进行污水排放时要与所在地县级以上人民政府施政管理部门签署污水排放许可协议，申领"临时排水许可证"。雨水排入市政雨水管网，污水经沉淀处理后二次使用或排入市政污水管网。施工现场的泥浆、污水未经处理的不得直接排入城市排水设施和河流、湖泊、池塘。

（6）施工现场存放化学品等有毒材料、油料，必须对库房进行防渗漏处理，储存和使用都要采取措施，防止渗漏污染土壤水体。施工现场设置的食堂，用餐人数在 100 人以上的，应设置简易有效的隔油池，加强管理，设专人负责定期掏油。

（7）施工现场生产的固体废弃物应在所在地县级以上地方人民政府环卫部门申报登记，分类存放。建筑垃圾和生活垃圾应与所在地垃圾消纳中心签署环保协议，以及清运处置。有毒、有害废弃物应运到专门的有毒废弃物中心进行处理。

（8）施工现场的主要公路必须进行硬化处理，土方应集中堆放。裸露的场地和集中堆放的土方应采取覆盖、固化或绿化等硬化措施。施工现场的土方作业应采取防止扬尘的措施。

（9）拆除建筑物、构筑物时，应采取隔离、洒水等措施，并应在规定期限内将废弃物清理完毕。建筑物内施工垃圾清运，必须采用相应的容器或管道运输，严禁凌空抛掷。

（10）施工现场使用的水泥和其他易飞扬的细颗粒建筑材料应密闭存放或采取覆盖等措施。混凝土搅拌场所应采取封闭、降尘措施。

（11）除有符合规定的装置外，施工现场内严禁焚烧各类废弃物，严禁将有毒物体土方回填。

（12）在居民和单位密集区域进行爆破、打桩等施工作业前，项目经理部除规定报告申请批准外，还将作业计划、影响范围、程度及有关措施等情况，向有关的居民和单位通报说明，取得协作和配合；对施工机械的降噪与振动扰民，应有相应的措施予以控制。

（13）经过施工现场的地下管线，应由发包人在施工前通知承包人，标出位置，加以保护。

（14）施工时发现文物、古迹、爆炸物、电缆等，应立即停止施工，保护好现场，及时向有关部门报告，按照有关规定处理后方可继续施工。

（15）施工中需要停水、停电、封路而影响环境时，必须经有关部门批准，事先告知，并设有标志。

复 习 思 考 题

1. 公路施工组织设计的概念及目的是什么？
2. 编制施工组织设计的原则、作用、依据和程序是什么？
3. 施工组织计划由哪几部分内容组成？
4. 施工进度图分为哪几类？编制施工进度图的依据和步骤是什么？
5. 工地用水量如何计算？
6. 施工平面图布置的原则和依据是什么？
7. 施工平面图的内容是什么？

项目 5 公路（桥梁）工程施工组织设计实例

【学习目标】

通过对公路工程和桥梁工程施工组织设计案例的学习，了解完整的施工组织设计文件的主要组成，将前面所学的知识系统串联起来。

【学习任务】

工作任务	能力要求	相关知识
公路工程施工组织设计实例	熟悉公路工程施工组织设计的主要组成	(1) 施工组织设计编制的依据和原则； (2) 工程概况； (3) 施工进度计划； (4) 项目管理机构配备； (5) 材料、设备、人员的进场计划； (6) 关键工程施工技术方案； (7) 质量控制、安全保证、环境保护措施
桥梁工程施工组织设计实例	熟悉桥梁工程施工组织设计的主要组成	(1) 编制说明； (2) 工程概况； (3) 材料、设备、人员的进场计划； (4) 项目组织机构的建立及职责； (5) 施工准备和临时工程安排； (6) 主要施工方案和施工方法； (7) 工期及各分项工程的进度计划； (8) 确保质量和工期的措施； (9) 冬季和雨季的施工安排； (10) 质量、安全、文明施工的保证措施

工作任务 5.1 公路工程施工组织设计实例

5.1.1 施工组织设计的编制依据和原则

1. 编制依据

（1）本合同段招标文件及图纸等。

（2）现场调查所了解的有关情况和掌握的有关资料和信息。

（3）某市公路工程质量控制标准及国家现行的施工技术规范和标准，国家、地方颁布的其他相关的规范、制度。

（4）国家、地方有关部门制定的相关施工安全和施工环保等方面的规范、标准和法规文件等。

（5）公司可投入本工程的施工技术力量和机械设备。

（6）《建筑机械使用安全技术规程》（JGJ 33—2012）。

（7）《施工现场临时用电安全技术规范（附条文说明）》（JGJ 46—2005）。

2．编制原则

（1）总体编制原则是实现招标文件规定的工期、质量、安全、环保及文明施工目标和高效、低耗。

（2）严格遵守招标文件预计工期中。本工程项目建设工期为 4 个月的施工期限及各分项工程节点工期期限，并保质保量按期完成施工任务。

（3）根据本工程的地质条件、现场条件及气候特点，科学而合理地安排施工程序，在保证质量的基础上，尽可能地缩短工期，加快施工进度。

（4）采用大功率配套设备和现行先进的施工工法、施工技术，不断提高施工机械化的程度，提高劳动生产率。

（5）应用科学的计划方法确定合理的施工组织方法。根据工程特点和工期要求，因地制宜地采用快速施工、平行作业的方法。

（6）根据气候特点制订和落实冬、雨期施工的计划和措施，确保连续施工，力求实现均衡施工。

（7）精打细算、开源节流，充分利用已有设施，尽量减少临时工程，将对环境的影响降至最低。

（8）按照安全施工、文明施工的要求妥善安排施工现场，确保施工安全，实现文明施工。

5.1.2　工程概况

1．工程名称

某市交通局 2013 年某行政村公路工程第三标段。

2．工程地理位置

（略）。

3．建设规模、标准、主要工程量

公路路线全长 4.337km，采用公路二级标准，设计行车速度为 60km/h，路基宽为12m，路面宽为 11m，采用沥青混凝土高级路面。全线设 10 道涵洞，平交路口 2 处，路基计价土方为 114.2km³，沥青混凝土路面为 47.71km²。

4．工期安排

根据业主招标文件规定、工程实际征地滞后及工程所在地的气候情况，计划开工日期为 2013 年 8 月 5 日，计划竣工日期为 2013 年 10 月 20 日，计划施工总工期为 77 日历天。

5．质量标准

严格按照国家、交通运输部有关本项目的公路设计规范、施工规范、验收规范和地方公路工程质量控制标准施工，单位工程合格率达到 100%。

5.1.3　施工进度计划

我公司根据本项工程实际工程量情况及计划投入本工程的人员及机械设备情况，编制了施工进度计划，计划总工期为 77 日历天。

根据对本项工程情况的详细分析，计划本项工程分为 3 个阶段进行施工，各阶段施工采用顺序作业法施工，具体的施工进度计划如下。

第一阶段为施工准备阶段。从 2013 年 8 月 5—6 日，共 2d。主要作业内容为平整施工场地，清理路基基底，修建施工便道，建设生产、办公、生活驻地，建造工程试验室，完成技术准备现场接桩复测、布设控制网。

第二阶段为工程施工阶段。从 2013 年 8 月 7 日至 10 月 15 日，共 70d。各主要分项工程施工进度计划如下。

（1）路基工程施工。从 2013 年 8 月 7 日至 9 月 7 日，共 32d。

（2）涵洞施工。从 2013 年 8 月 7 日至 9 月 5 日，共 30d。

（3）垫层施工。从 2013 年 9 月 6 日至 9 月 8 日，共 3d。

（4）底基层施工。从 2013 年 9 月 9 日至 9 月 22 日，共 14d。

（5）基层施工。从 2013 年 9 月 23 日至 10 月 6 日，共 14d。

（6）面层施工。从 2013 年 10 月 7 日至 10 月 10 日，共 4d。

（7）排水、防护、交通工程施工。从 2013 年 9 月 1 日至 10 月 15 日，共 45d。

第三阶段为自检、整修及完善阶段。从 2013 年 10 月 16 日至 2013 年 10 月 20 日，共 5d，完成合同段内全部工程的整修和竣工验收准备工作。

具体施工进度如图 5.1 所示。

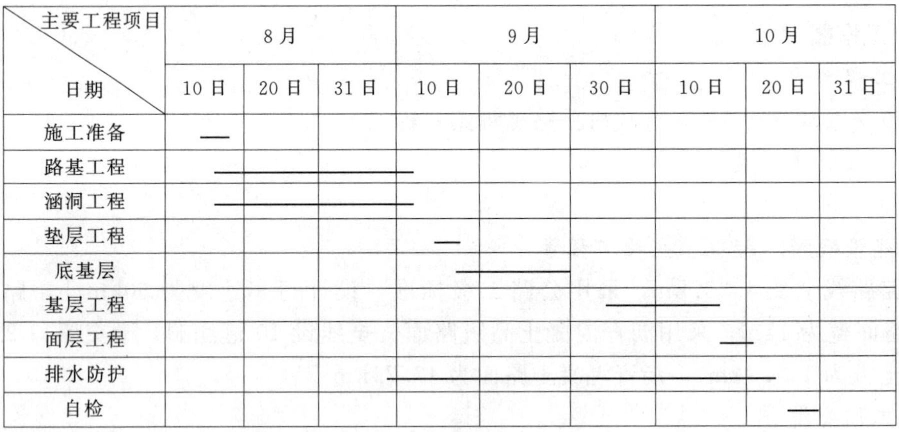

主要工程项目	8 月			9 月			10 月		
日期	10 日	20 日	31 日	10 日	20 日	30 日	10 日	20 日	31 日
施工准备	—								
路基工程	——	——	——						
涵洞工程	——	——	—						
垫层工程				—					
底基层				——					
基层工程					——	——			
面层工程							—		
排水防护				——	——	——	——		
自检								—	

图 5.1　施工进度图

5.1.4　项目管理机构的配置

针对本项目的工程特点，为方便施工和管理，拟成立某公路第三标段项目经理部，项目经理部设置在本标段中部左侧 500m 处，占地为 3000m²，项目经理部下设"三部二室"，即工程技术部、安全质量部、计划经营部、中心实验室和综合办公室，全面负责本工程项目的计划、组织、协调、控制和实施。项目管理机构的组织结构如图 5.2 所示。

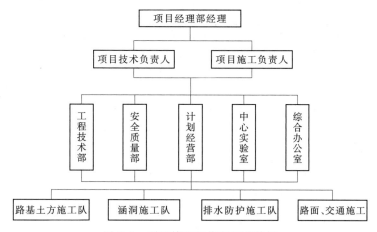

图 5.2　项目管理机构的组织结构

5.1.5　材料、设备、人员进场计划

1. 材料进场计划

保证材料源充足，对于结构工程，要提前考察各种材料的货源、储量、运距等客观因素，制定出详细的进料计划，保证各种物资的及时供应，同时严把质量关，防止因不合格材料而影响工程进度。各项周转材料要根据工程施工进度的情况，随时组织材料进场，材料进场时要做好存放、保管工作，并认真进行标识，主要材料进场计划见表 5.1。

表 5.1　　　　　　　　　　　　主 要 材 料 进 场 计 划

序号	材料名称	规格型号	数量	进场时间
1	水泥/t	32.5/42.5	385	2013 年 9 月
2	碎石/m³	—	856	2013 年 9 月
3	粗沙/m³	—	701	2013 年 9 月
4	沙砾/m³	—	46.039	2013 年 9 月
5	沥青混凝土/t	—	5.877	2013 年 9 月
6	乳化沥青/t	—	49.73	2013 年 8 月
7	石屑/m³	—	99.46	2013 年 8 月
8	片石/m³	—	622	2013 年 8 月
9	混凝土圆管/m	D1500	80	2013 年 9 月
10	混凝土圆管/m	D1000	135	2013 年 9 月

2. 设备进场计划

设备进场计划见表 5.2。

表 5.2　　　　　　　　　主要施工机械、检测仪器进场计划

序号	机械仪器名称	规格型号	单位	数量	进场时间
1	挖掘机	PC220	台	2	2013 年 8 月
2	装载机	ZL50	台	3	2013 年 8 月

续表

序号	机械仪器名称	规格型号	单位	数量	进场时间
3	推土机	TY140	台	1	2013 年 8 月
4	自卸汽车	CA3160	台	10	2013 年 8 月
5	压路机	YZ18	台	1	2013 年 8 月
6	压路机	CA30	台	1	2013 年 8 月
7	平地机	870B	台	1	2013 年 8 月
8	洒水车	8000L	台	2	2013 年 8 月
9	电动车	—	台	10	2013 年 8 月
10	摊铺机	ABG423	台	2	2013 年 8 月
11	轮胎压路机	XP26	台	1	2013 年 8 月
12	双钢轮振动压路机	DD110	台	1	2013 年 8 月
13	双光轮震动压路机	DD130	台	1	2013 年 8 月
14	汽车吊	QY16	台	2	2013 年 8 月
15	发电机	—	台	4	2013 年 8 月
16	滚筒搅拌机	—	台	4	2013 年 8 月
17	重型击实仪	BDY - III	台	2	2013 年 8 月
18	核子密度仪	MC - 3	台	1	2013 年 8 月
19	铝土盒	—	个	15	2013 年 8 月
20	环刀	20cm	把	10	2013 年 8 月
21	承载比试验仪	CBR - 1	台	1	2013 年 8 月
22	土壤筛	φ200	套	1	2013 年 8 月
23	干燥箱	DRF101 - 3	台	1	2013 年 8 月
24	电子天平	TG0928A	台	1	2013 年 8 月
25	液塑限联合测定仪	GYS - 3	台	1	2013 年 8 月
26	石料压碎值仪	国标	台	1	2013 年 8 月
27	200TD 压力机	NYL - 2000D	台	1	2013 年 8 月
28	电动脱模器	DTM - 1	台	1	2013 年 8 月
29	电子秤	ACS - 6	台	1	2013 年 8 月
30	灰剂量测定仪	SG - 6	台	1	2013 年 8 月
31	沙子筛	φ200	套	1	2013 年 8 月
32	新标准集料筛	Φ0.074 - 1	套	1	2013 年 8 月
33	石子筛	φ300	套	1	2013 年 8 月
34	水泥标准稠度及凝结时间测定仪	维形维卡	台	1	2013 年 8 月
35	水泥净浆搅拌机	NT - 16A	台	1	2013 年 8 月
36	水泥胶沙搅拌机	JT - 5	台	1	2013 年 8 月
37	电动抗折仪	DKZ - 500	台	1	2013 年 8 月

续表

序号	机械仪器名称	规格型号	单位	数量	进场时间
38	沥青延度仪	EL46-2615/01	台	1	2013 年 8 月
39	沥青针入度仪	EL46-5380/01	台	1	2013 年 8 月
40	沥青软化点仪	EL46-4502	台	1	2013 年 8 月
41	马歇尔自动击实仪	EL45-6600/01	台	1	2013 年 8 月
42	沥青抽提仪	EL45-3800	台	1	2013 年 8 月
43	马歇尔试验仪	EL46-6800/01	台	1	2013 年 8 月
44	路面弯沉仪	YDWY-2、5.4m	台	1	2013 年 8 月
45	3m 直尺	铝合金	台	1	2013 年 8 月
46	路面取芯机	50mm	台	1	2013 年 8 月
47	路面平整度仪	YLPY-F	台	1	2013 年 8 月
48	全站仪	SET1000	台	1	2013 年 8 月
49	自动安平水准仪	DES	台	2	2013 年 8 月

3. 人员进场计划

人员进场计划见表 5.3。

表 5.3 **人员进场计划** 单位：人

工种	按工程施工阶段投入劳动力情况			
	2013 年 7 月	2013 年 8 月	2013 年 9 月	2013 年 10 月
工程管理人员	4	5	5	5
工程技术人员	4	10	10	10
机械操作手	10	20	40	40
普通工人	10	30	60	40
合计	28	65	115	95

5.1.6 关键工程施工技术方案

5.1.6.1 路基工程施工

1. 施工方案

路基填筑施工按"三阶段、四区段、八流程"的施工工艺组织施工。填料的粒径、CBR（California Bearing Ratio，CBR）值严格按设计和施工规范执行，超粒径填料先在料源处解小后再用于路基填筑。路基压实度采用经监理同意的土工密实度检测仪跟踪检测，使填料含水量达到最佳，确保原地面压实度和路床范围内各区的路基压度分别达到设计或规范要求。

因该项目不存在大填大挖工程，所以对路堑施工就不再详述施工的技术方案。

2. 施工方法

（1）大段路基填筑。路基填筑前先按要求分段进行清表处理，符合要求后进行填前夯压，压实度达到设计值并经监理签证后进行填筑。本标段大段路基填筑按"三阶段、四区段、八流程"的施工工艺组织施工。根据工程特点，调运距离在50m以内时采用推土机推土的方式，调运距离在50m以上时采用挖掘机挖装、自卸汽车运输到现场的方式。填土采用推土机配合平地机整平，压路机碾压密实的方式。具体施工工序说明如下。

路基填筑施工顺线路纵向按"填筑区—平整区—碾压区—检验区"4个区段进行布置，每区段的纵向长度视现场情况可按100m左右划分，填筑施工按"施工准备—基底处理—分层填筑—摊铺整平—洒水或晾晒—碾压夯实—检验签证路基整修"8个步骤进行循环作业。采用4区段布置路基填筑施工作业区域，是为了使各工序能够相对独立地进行作业，各种机械设备应各行其道，在各自的作业区域内独立高效地进行施工作业，互不干扰，充分发挥其生产效能，提高生产效率，确保工程质量。

路堤施工中必须始终坚持"三线四度"，"三线"即中线、两侧边线，且在三线上每隔20m插一面小红旗，明确中线、边线的控制点。四度即"厚度、密实度、拱度、平整度"。控制路基分层厚度以确保每层压实度，控制拱度以确保雨水及时排出，控制平整度以确保路基碾压均匀及在下雨时路基上不积水。

（2）过渡段填筑。结构物台背采用符合设计和施工规范要求的填料分层填筑，桥台锥坡与台背同时填筑，横向结构物两侧对称填筑。回填压实时采用小型压路机、冲击夯等或经监理工程师同意的其他方法分层压实达到设计要求，并保持结构物的完好无损。

填土路堤分几个作业段施工时，若两个相邻段交接处不在同一时间填筑，则先填段应按1∶1的坡度分层留台阶。如两段同时施工，则应分层相互交叠衔接，其搭接长度不得小于2m。

5.1.6.2　路面工程施工

1. 施工方案

（1）材料储备。路面施工所需的沙、沙砾、碎石、沥青、矿粉以及石屑等筑路材料应提前储备，沙砾采用附近沙料场所产的优质沙砾，用自卸汽车运至施工现场。

（2）试验段铺设。路面各结构层在正式铺设之前均需铺筑长100～200m的试验路段并将试验过程进行详细的记录。记录内容包括各类施工人员的数量，各种机械设备的型号、数量，压实机具的类型、压实方法、碾压遍数、压实厚度及最佳含水量等。根据试验段的结果确定所采用的机械的数量和性能、施工方法、工艺是否合理，能否满足备料、拌和、运输、摊铺和压实的要求和工作效率，并将结果作为大规模路面施工现场控制的依据。

（3）路面施工。天然沙砾垫层采用平地机摊铺的施工，水泥石灰稳定级配沙砾基层、底基层均采用厂拌法施工，自卸汽车将拌好的混合料运至施工现场，由摊铺机摊铺，振动压路机碾压施工。

沥青混凝土面层采用集中厂拌、热拌热铺的施工工艺。沥青外购时要符合设计规范的要求，拌好的沥青混凝土用自卸汽车加篷布覆盖保温运输，现场配备沥青混凝土摊铺机摊铺。双钢轮压路机、轮胎式压路机和振动压路机相互配合碾压施工。

2. 施工方法

（1）天然沙砾垫层。天然沙砾垫层采用平地机摊铺，施工工艺框图如图5.3所示，施工工艺如下。

1）施工准备。施工前要检查运输公路的完好状态和是否畅通够用，检查路基路床。对下承层按质量验收标准进行验收，验收之后恢复中线，每 10m 设钢筋桩，并在两侧路面边缘外 0.3～0.5m 处设指标桩，在指标桩上用红漆标出边缘设计标高及松铺厚度的位置（松铺厚度按计算和试验段确定）。

2）备料。选用符合设计及规范要求的天然沙砾。施工前，对所选天然沙砾进行试验并将试验结果报请监理工程师审批后才可运至施工现场。

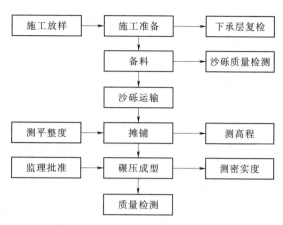

图 5.3 沙砾垫层施工工艺框图

3）沙砾运输。用自卸汽车运到现场，进入施工现场的运输车辆加盖毡布覆盖，减少扬尘污染。施工现场的交通公路需注意洒水湿润。

4）摊铺。采用平地机进行摊铺施工。为保证压实厚度不超过设计厚度，摊铺前要在路床顶面两侧每 10m 设钢筋桩并拉钢丝控制高程，按试验段所得的松铺系数进行摊铺。两段作业衔接处，第一段留下 5～8m 不进行碾压，第二段施工时将前段留下的未压部分与第二段一起碾压。

5）碾压成型。碾压采用先静压 1～2 遍再振压 4～6 遍的方式。遵循"先轻后重，先慢后快，先边后中"的原则，按试验段施工所采用的压实机型及遍数进行。由两侧路肩向路中心碾压，即先边后中，弯道部分先内侧后外侧，防止急停、急转弯。

6）质量检测。碾压结束后，对天然沙砾垫层的压实度、平整度、纵断面高程、宽度、厚度以及横坡度等进行检测，并将检测结果上报监理工程师签字认可。

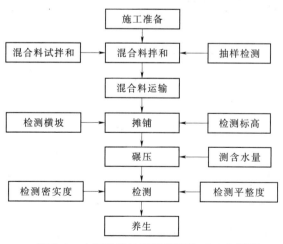

图 5.4 水泥稳定沙砾底基层施工工艺框图

（2）水泥稳定沙砾底基层（厂拌法施工）。施工工艺如图 5.4 所示。

1）施工准备。施工前对所定的混合料拌和厂的原材料进行标准实验，实验项目及要求按《公路路面基层施工技术规范》（JTJ 034—2000）的有关规定执行。混合料组成的施工配合比通过试验确定，并符合《公路路面基层施工技术规范》（JTJ 034—2000）的有关规定。

做好基层材料配合比的设计并报监理工程师审批后方可施工。在各种材料进场前，及时检查其规格和品质，不符合技术要求的绝不进场。材料进场时，应检查其数量，并按施工平面图堆放，按规定项目对其抽样检查，并将抽样检查结果，报驻地监理单位。在基层施工前铺筑试验段，通过试验段确定施工工艺、松铺系数、人员与机械配备数量、压实遍数，以指导正常施工。

2）施工放样。施工放样采用全站仪恢复中、边线，每 20m 放边线桩，考虑松铺系数后测量水平挂基准线。为了使底基层的高度、厚度和平整度达到质量标准，中心线两侧应按路面设计图设计标桩，在标桩上划出底基层设计的高度和松铺厚度。

3）混合料拌和。基层混合料在拌和站集中拌和，拌和时必须保证粒料的最大尺寸符合规定。混合料的含水量的值要略大于最佳值，这样可使混合料运到现场摊铺后及碾压时的含水量不小于最佳值（比最佳值大 1％左右）。配料必须准确，拌和必须均匀。

4）混合料的运输、摊铺。首先在铺筑段两侧培土，以控制底基层的宽度和厚度，然后将拌成的混合料，用自卸汽车运送到铺筑现场，用摊铺机摊铺混合料。根据摊铺机的生产能力调节摊铺速度，以尽量缩短摊铺机停机等料的时间。在摊铺机的后面设专人消除粗细集料离析的现象。

5）碾压。用振动压路机、轮胎压路机紧跟在摊铺机后面及时进行碾压。碾压时应控制车速，由边向中、由低向高碾压，直至达到所需的压实度，并及时进行压实度检测，不够时及时进行补压。在碾压过程中，基层表面应始终保持潮湿，如表层水蒸发较快，应及时补洒少量的水。如在碾压过程中有"弹簧、松散、起皮"等现象时，应及时翻开重新拌和（加适量的水泥），或用其他方法处理，使基层达到质量要求。

6）养生。基层碾压完毕、检查压实度合格后，需要保持 7 天的表面湿润，不开放交通。

（3）沥青混凝土面层。施工工艺如图 5.5 所示。

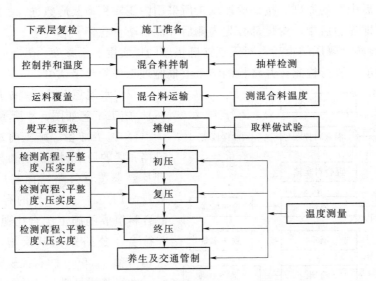

图 5.5 沥青混凝土面层施工工艺框图

1）沥青混合料的生产。在每一阶段混合料拌和前，特别是在改性沥青混合料生产后均需拌和楼进行彻底的检修与维护，避免发生导热油渗漏、沥青泵停机、矿粉掺加速度慢及掺加量不够等问题，同时对所有计量设备进行检查。

试验室人员应按规定抽样频率取样检验，并密切观察拌制混合料的质量。拌和楼的拌和工序必须采用自动控制。特殊情况下，经监理工程师同意，可少量采用人工控制（开始拌和及故障等特殊情况下每次不超过 5 斗），要求每盘打印数据，并按每盘打印数据检查。经过试样、试验路施工而确认并批准的混合料拌和工艺不再更改。如需更改，需取得监理工程师的同意。如发现有任何异常的情况，应立即停机处理，通知摊铺现场，在未找到发生异常的原因并解决前，不得恢复施工。在拌和生产中应指定专人指挥操作人员调整冷料的上料速度，观测干燥筒火焰和负压的关系状况，保持相对稳定的出料温度。

　　a. 沥青混合料生产工艺的控制。矿料先入烘干筒升温，矿料的温度暂定为 165～185℃（由试验段确定）；后通过振动筛分，进入热料仓待用，筛分必须按级配要求控制。沥青必须有保温措施，一般用导热油进行保温，送入搅拌缸内的普通沥青的温度控制在 160～170℃ 之间，对各材料的温度控制都比较严格，进入搅拌锅的温度控制是生产混合料的关键工艺。当各种主料的加温达到设计要求后，共同进入搅拌锅，拌和 30～60s 后，取样试验，合格后方可出厂。

　　b. 沥青温度的控制。普通沥青混凝土的出厂温度一般为 155～165℃。混合料的温度显示一般通过拌和楼的打印设备来提供数据。普通沥青混合料的摊铺温度在 130℃ 以上，终压温度不低于 90℃，开放交通的温度不高于 50℃。

　　2）沥青混合料的运输。

　　a. 运输是前后场保持均衡施工的关键。施工中热拌料的运输采用载重 20t 以上的自卸式汽车，按运距、产量、施工能力等综合考虑，以保证施工的连续进行。车厢尾部应有足够的长度和高度，保证车尾能插入摊铺机的料斗中。运输过程中应加盖帆布保温。运料及等待时间不应超过 3h，以保证摊铺时混合料的温度不低于 135℃。

　　b. 沥青混合料装车前应由专人清扫车厢中的杂物，并在车厢侧板和底板内涂一薄层油水混合液以防沥青黏附。装车后由质检人员最后试温合格后，计量出厂送往摊铺地点。运输时，应先将车辆的底盘及车轮清洗干净，防止泥土杂物掉落在沥青混凝土摊铺的施工范围内。行驶路线由车队队长统一安排。必要时，应在车辆进入施工现场前用高压水将其底盘和车轮清洗干净，以防止泥土杂物掉落在摊铺施工范围内。

　　c. 运输车辆在摊铺机前空档被推行时，不得紧踩刹车，运输车辆不得在摊铺机前急转弯及调头。运输车辆必须按指定路线进入施工现场，在施工现场的行驶速度不得超过 10km/h。

　　3）施工现场组织及实施。

　　a. 拟配套投入施工的机械设备。沥青混合料拌和设备吉林制造 LG3250 型拌和设备，产量高达 240t/h。摊铺机德国制造 ABG423 型适用于面层。

　　b. 协调好产量与质量、进度及效益的关系。精确计算每层沥青面层在标准断面的情况下，每延米所需耗用的沥青混合料吨数，从而在宏观上对施工起到控制作用。

　　c. 施工现场的准备工作。由测量技术人员对已经过监理工程师验收的下承层，再一次核定中心桩位、宽度和断面高程；根据断面图，在下承层靠两侧边缘位置，用白灰水打设两条明显的边线，以此来控制沥青混合料的摊铺宽度；提前检查下承层的地质情况和干净程度；同时需仔细清理，移至清洗下次层工作面施工前对下承层进行网格高程测量，根据测量结果及铺装厚度要求拟确定摊铺高程，并上报监理工程师。

摊铺作业。本工程摊铺机铺筑采用双边传感器控制。面层施工时，均采用平衡梁控制法。平衡基准梁最大的优点是能够基本保证摊铺厚度的一致，适当调整因下承层不平对沥青混凝土表面平整度造成的影响。避免了采用钢绞线、铝合金尺等厚度控制方式（可能由于人为或外因）造成的影响，使沥青表面平顺，最大限度地保证行车舒适性及厚度，保证铺装的整体质量。

摊铺沥青混凝土作业由两台摊铺机梯队完成。梯队摊铺的两台摊铺机的距离一般控制在 10～30m、前后两台摊铺机的轨道重叠 5～10cm，以防止产生纵向冷接缝。根据经验，也可采用整幅摊铺法。开始摊铺前 30min 摊铺机就位于起点，前端伸出横杆吊垂球于行走基线上，基线于铺装前画好、摊铺机后端用垫木将熨平板垫至虚铺表面高程。准备好后，启动摊铺机的加热系统，充分预热熨平板。摊铺机采用双边传感器方式控制熨平板两端的标高，传感器的初始位置调整好后，可在测量预置的虚铺厚度上行走。

摊铺机熨平板的振动有夯锤和熨平板两部分。振动的作用是使熨平板下的沥青混合料获得初始的密实度，夯锤振动器控制在 4 级左右。

摊铺机铺筑的速度实际受拌和产量的控制，同时又必须与前仓相匹配。因此，其行走速度不宜过快，控制在 1～4m/min，避免摊铺机停滞待料，确保铺装质量。

汽车卸料时应对准摊铺料斗倒退至后轮离摊铺机 20～50cm 处停下，挂空挡。摊铺机前进时逐渐靠近自卸车，并推动自卸车一起前进，此时汽车边移动边卸料于摊铺机料斗内。

在摊铺前，摊铺机的预热时间不应少于 30min，必须仔细调节设定好横坡仪和感应器的工作状态，设定好摊铺厚度和横坡度。摊铺机准备就绪后，待现场等待卸料的运输车达到 10 辆以上时，指挥运输车倒驶喂料，开动输料器待两侧熨平板前喂足料后开动摊铺机以 3～4m/min 的速度匀速摊铺。摊铺机料斗前设专人清理洒料，特别是清理摊铺机履带行走的区域。摊铺机喂料前应检测混合料的温度，普通沥青混合料不应低于 130～155℃。在摊铺机起步时，熨平底部垫方木，使熨平基准高度与需铺厚度持平。摊铺机起步的工作经人工处理，适当增加部分细料，以利于接茬的平整度控制，采用 DD110 压路机沿横茬碾压，人工进行衬补。摊铺机应根据已切边的接茬厚度起步，利用自锁功能锁死厚度，摊铺距离超过 1m 后，再利用平衡梁控制平整度。当摊铺机开始摊铺 10m 后在不影响连续摊铺的情况下，快速检测横坡度、高程以及接茬处的平整度，以检验和及时调整摊铺机的工作状态。对于局部混合料明显离析或摊铺后有明显拖痕的摊铺面，可由人工做细料点补和消除拖痕。

碾压。碾压工序是获得沥青混凝土路面平整度和密实度的重要工序。从理论上来讲，摊铺机形成的表面是平整的。由于压路机作业前后行进的停机返向，造成表面微小的凹凸不平。因此，光轮压路机的初压是为了获得一个相对平整的工作面，并初步减少沥青混凝土的空隙，起到防止快速损失热量的保温作用，以便复压和终压的压路机能在适当的温度下获得最终要求的密实度，同时不至于使复压的压路机对表面的平整度造成较大的破坏。最后，由另合光轮压路机进行收光碾压以消除复压和终压压路机反复碾压给路面留下的痕迹。按上述原理配置相应的压实机械。

初压一般采用紧跟碾压，即紧跟摊铺机均匀行驶的碾压方式。普通沥青初碾必须使铺装温度在 135℃ 以上时完成。初压（稳压）采用两台双钢轮振动压路机同时碾压两遍（每压次为两遍），即一进一退然后就错位横移。光轮压路机后退停机返向的位置要尽可能退到复压基本完成的位置，不要在初压表面停机返向，以免加深停机痕迹。

复压采用振动压路机或其他型号的压路机进行，复压是获得密实度最主要的手段。复压一般 4～6 遍即可完全达到密实度的要求，主要控制的是复压的温度，复压完成温度暂定普通沥青在 120℃ 以上（由试验段最终确定），不同的热拌料品性、温度、散热速度、自然风力等因素都会对复压的适宜温度产生影响。

复压完成达到密实度要求，即：现场用肉眼判定的标准是沥青脂上浮、表面发亮、胶轮作用下沥青料基本不蠕动。达到复压标准的表面应尽快采取收迹碾压的措施，以免因温度过低而无法消除复压痕迹。复压压路机的前进后退的标准是前行不超过光轮稳压的表面，后退不进入已收迹的最终路面，碾压顺序应与稳压的顺序相一致。

收光碾压由双钢轮振动压路机静压完成，其作用仅仅是消除各种施工痕迹，最终形成满意的外观。碾压遍数以无痕迹为原则。

初压采用双钢轮压路机静压一遍后，再挂振碾压一遍，作用是消除壅包、推移的现象。碾压时碾压速度设定为 1.5～2km/h。复压采用双钢轮振动压路机进行碾压，速度为 3～4km/h，碾压遍数初定为两遍，作用是使密实度符合规范的要求。视密实度的增长情况可增加碾压遍数。终压使用胶轮压路机进行碾压，碾压速度为 2～3km/h，碾压遍数初定为碾压两遍，作用是揉搓混合料、减小空隙率。最后，用钢轮压路机进行碾压，消除轮迹。若不粘轮，也可调整碾压组合、用胶轮进行复压，但应通过试验段来最终确定。

碾压工作除需要遵守上述原则外，还需要注意以下事项：①光轮初压需洒水进行，但既要尽可能少用水，避免过多的水进入空隙尚大的沥青料面内，又要保持光轮绝对不能粘料。必要时由工人持拖把及时擦洗钢轮表面。②复压振动压路机一般采用单轮洒水，保持压路机轮不粘料的关键是钢轮的清洁和温度，必要时可人工涂刷隔离剂。一般来说，已经跑热了的、清洁干净的钢轮表面不会粘料。注意防止自然风吹凉胶轮和让工人及时将碾压过程中散落在现场的杂物、粒料清扫出去。施工中派 2～4 名工人持扫帚专门负责清扫。③稳压和复压的压路机前后停机返向时的速度一定要慢，尽量减少因停机造成路面的凹凸不平。④试验段碾压时应及时检查记录各碾压阶段适宜的碾压温度，以便修正原定的可能不正确的温度规定，指导后期的碾压施工。⑤推荐沥青混合料的压实机具采用双钢轮振动压路机、大吨位双钢轮振动压路机、胶轮压路机及小型钢轮压路机，按照初压、复压和终压 3 个压实阶段进行配套组合碾压。⑥碾压时压路机应匀速行驶，不得在新铺的混合料上调头、刹车、转弯、中途停留和制动。⑦压实度与空隙率的双控。压实度不可能无限制地增加。从以往经验可知，沥青混凝土的空隙率可分为闭口空隙和开口空隙，压实的作用是消除开口空隙，闭口空隙体现的是沥青混凝土的柔性。

5.1.6.3　圆管涵施工

（1）基坑开挖。圆管涵的基坑开挖方法较简单，在此不再详述。

（2）基础浇筑。涵管混凝土基础分两层进行浇筑，先施工管底部分的混凝土，待管节安装后再浇筑剩余部分的混凝土。

（3）涵管从市场购买，由运输车运至现场，人工配合挖掘机进行安装。

（4）管节安装前用 2～3cm 砂浆抹平涵管底面，在安装校正符合要求后，即可用沥青麻絮填塞接口处缝隙，填缝时上半圈从外向里塞，下半圈从里向外塞。

（5）管节安装完毕、砌筑八字墙后，即可在管身两侧不小于 2 倍管径的范围内用天然沙砾分层夯实至管顶以上 0.5m 处，方可用机械压实填土。

5.1.6.4　混凝土预制块路缘石的施工

首先用全站仪放线，对进场的预制混凝土块进行挑选，将有裂缝、掉角、翘曲和表面上有缺陷的板块剔出，对强度和品种不同的板块不得混杂使用。

人工进行刨槽，宽度不小于 30cm，保证直顺度，然后定橛，给定高程，挂线控制高程和直顺度，用 2cm 水泥砂浆（1：3）卧底，板块铺上时略高于面层水平线，然后用橡皮锤将板块敲实，使面层与水平线相平。板块缝隙不宜大于 6mm，要及时拉线检查缝格的平直度，用 2m 靠尺检查板块的平整度。安砌后应保证平稳牢固、顶面平整、线条直顺、弯道圆滑，没有俯仰歪斜现象。对在施工中不慎碰撞发生歪斜错动的路缘石要进行调整。

当路缘石码放至坡道断口处时，受长度限制不能整条码砌时，需要采用机具进行切割。要求路缘石长度切割准确、切口平直，石间紧密码砌。勾缝砂浆严格按设计标号掌握，沙子过筛，用中细沙，含泥量不得超过 0.5％～1.0％，水泥安定性等指标需符合要求。勾出的缝要平整光滑、密实，砂浆凝固到一定时再开始修整缝面。施工中用刮板保证缝条宽度一致，并严格控制勾缝时间，不得在低温下进行。勾缝后加强养护，防止局部脱落。

5.1.7　质量控制措施

5.1.7.1　质量管理职责

施工质量管理保证体系中最重要的是质量管理职责，只有职责明确，才能使责任到位，便于管理。

1. 项目经理的质量职责

项目经理作为项目经理部的最高领导者，应对所辖项目的质量全面负责，并在保证质量的前提下，平衡进度计划、经济效益等各项指标的完成，并督促本项目的所有管理人员树立"质量第一"的观念，确保质量计划的实施与落实。

2. 项目技术负责人（总工程师）的质量职责

项目总工程师作为项目的质量控制及管理的执行者，应对本项目的质量工作进行全面管理，从项目质量保证计划的编制到质保体系的设置、运转等，均由项目总工程师负责。同时，项目总工程师应组织编写各种方案、作业指导书、施工组织设计，监督本项目施工管理人员质量职责的落实。项目总工程师亦是本项目的质量经理。

3. 质检负责人的质量职责

质检负责人作为对工程质量进行全面检查的主要人员，应有相当的施工经验和吃苦耐劳的精神，并对发现的质量问题有独立的处理能力，在质量检查过程中有相当的预见性，可提供准确而齐备的检查数据，对出现的质量隐患及时发出整改通知单，并监督整改以达到相应的质量要求。

4. 施工员的质量职责

施工员作为施工现场的直接指挥者，首先其自身应树立"质量第一"的观念，并在施工过程中随时对作业班组进行质量检查，随时指出作业班组的不规范操作及质量达不到要求的施工内容应督促整改。施工工长亦是各分项施工方案、作业指导书的主要编制者，并应做好技术交底工作。

5.1.7.2 质量保证措施

1. 施工过程质量保证计划、措施

施工阶段质量保证措施主要分为 3 个阶段，并通过这 3 个阶段对本工程各分部分项工程的施工进行有效的阶段性质量控制。

(1) 事前控制阶段，事前控制是在正式施工活动开始前进行的质量控制，事前控制是先导。事前控制主要是建立完善的质量保证体系和质量管理体系，编制质量计划，制定现场的各种管理制度，完善计量及质量检测技术和手段，对工程项目施工所需的原材料、半成品、构配件进行质量检查和控制，编制相应的检验计划进行设计交底、图纸会审等工作，并根据本工程的特点确定施工流程、工艺及方法对本工程将要采用的新技术、新结构、新工艺、新材料均要审核其技术审定书及运用范围，检查现场的测量标桩、建筑物的定位线及高程水准点等。

(2) 事中控制阶段。事中控制是指在施工过程中进行的质量控制，事中控制是质量控制的关键。事中控制主要有以下措施。

1) 完善工序质量控制，把影响工序质量的因素都纳入到管理范围内。及时检查和审核质量统计分析资料和质量控制图表，抓住影响质量的关键问题进行处理和解决。

2) 严格工序间交接检查制度，做好各项隐蔽工程的验收工作，加强交检制度的落实，对达不到质量要求的前道工序决不交给下道工序施工，直至质量符合要求为止。

3) 对完成的分部分项工程，按相应的质量评定标准和办法进行检查、验收。

4) 审核设计变更和图纸修改。

5) 如施工中出现特殊情况，如隐蔽工程未经验收而擅自封闭、掩盖或使用无合格证的工程材料，或擅自变更替换工程材料等，总工程师有权向项目经理下达停工令。

(3) 事后控制阶段。事后控制是指对施工成品进行的质量控制，属弥补。按规定的质量评定标准和办法，对完成的各分部分项工程进行检查验收；整理所有的技术资料，并编目、建档；在保修阶段，对本工程进行回访维修。

2. 各施工环节的质量控制措施

(1) 施工计划的质量控制措施。在编制施工总进度计划、阶段性进度计划等控制计划时，应充分考虑人、财、物及任务量的平衡，合理安排施工工序和施工计划，合理配备各施工段上的操作人员，合理调拨原材料及各种周转材料、施工机械，合理安排各工序的轮流作息日。同时，在确保工程安全及质量的前提下，充分发挥人的主观能动性，把工期、质量抓上去。

如果工期和质量两者发生矛盾，则应把质量放在首位，工期必须服从质量，没有质量的保证也就没有工期的保证。

综上所述，无论何时都必须在各项目经理部树立"安全、质量放在首位"的概念。项目部内的全体管理人员在施工前必须做好充分的准备工作，熟悉施工工艺，了解施工流程，编制科学、简便、经济的作业指导书。在保证安全与质量的前提下，编制每周、每月直至整个总进度计划的各大小节点的施工计划，并确保其保质、保量地完成。

（2）施工技术的质量控制措施。施工技术的先进性、科学性、合理性决定了施工质量的优劣。发放图纸后，内业技术人员应先对图纸进行深化、熟悉、了解，提出施工图纸中的问题、难点、错误，并在图纸会审及设计交底时予以解决。同时，根据设计图纸的要求，对在施工过程中，质量难以控制、或要采取相应的技术措施、新的施工工艺才能达到保证质量目的的内容进行摘录，并组织有关人员进行深入研究，编制相应的作业指导书，从而在技术上对此类问题进行质量上的保证，并在实施过程中予以改进。施工工长在熟悉图纸、施工方案或作业指导书的前提下，合理地安排施工工序、劳动力，并向操作人员做好相应的技术交流工作，落实质量保证计划和质量目标计划，特别是对一些施工难点、特殊点，更应落实到班组中的每两个人，而且应让他们了解本次交底的施工流程、施工进度、图纸要求及质量控制标准，以便让大家心里有数，从而保证操作中按要求施工，杜绝质量问题的出现。

在本工程的施工过程中将采用三级交底模式进行技术交底。第一级为项目技术负责人（质量经理），根据经审批后的施工组织设计、施工方案、作业指导书，对本工程的施工流程、进度安排、质量要求以及主要施工工艺等向各项目的全体施工管理人员，特别是施工工长、质检人员进行交底；第二级为施工工长向班组进行分项专业工种的技术交底；第三级为施工班组长向施工人员交底。

在本工程中，将对以下的技术保证进行重点控制。

1）混凝土、沥青混合料等原材料的材质证明、合格证和复试报告。

2）各种试验分析报告。

3）基准线、控制轴线和高程标高的控制。

（3）施工操作中的质量控制措施。首先，对每个进入本项目的施工人员，均要求达到规定的技术等级，具有相应的操作技能，特殊工种必须持证上岗。对每个进场的劳动力进行考核，同时在施工中进行考察，对不合格的施工人员坚决清退，以保证操作者本身具有合格的技术素质。其次，加强对每个施工人员的质量意识教育，提高他们的质量意识，自觉按操作规程进行操作，在质量控制上加强其自觉性。再次，施工管理人员，特别是工长及质检人员，应随时对操作人员所施工的内容、过程进行检查，在现场为他们解决施工难点，进行质量标准的测试，随时指出达不到质量要求及标准的部位，要求作业人员整改。最后，在施工中各工序要坚持自检、互检、专业检的制度，在整个施工过程中，做到工前有交底、过程有检查、工后有验收的"一条龙"管理，以确保工程质量。

（4）施工材料的质量控制措施。施工材料的质量，尤其是用于结构施工的材料质量，将会直接影响到整个工程结构的安全，故在各种材料进场时，一定要求供应商随货提供产品的合格证或质保书，有必要提供进出口许可证的必须提供进出口许可证。同时，对水泥等及时做复试报告和分析报告，只有当复试报告、分析报告等全部合格后方能允许用于施工。

为保证材料质量，应要求材料管理部门严格按我单位的有关文件、规定及相关质量体系文件进行操作及管理。对采购的原材料、构（配）件、半成品等，均要建立完善的验收及送检制度，杜绝不合格材料进入现场，更不允许不合格材料用于施工。

在材料供应和使用过程中，必须做到"四验"、"三把关"。即"验规格、验品种、验数量、验质量"。"材料验收人员把关、技术质量试验人员把关、施工质量操作人员把关"，以保证用于本工程上的各种材料均是合格优质的材料。

3. 隐蔽工程施工质量保证措施

保证隐蔽工程质量的关键在于健全各项工程质量的检查和验收制度，并切实予以执行。

（1）检查及验收制度：

1）隐蔽工程的检查采用班组检查与专业相结合的方式，即施工班组在每道工序完工之后，首先进行自检，自检不符合质量要求的予以纠正，然后再由专业检查人员进行检验。

2）各工序完成后，由有关人员、质量检查工程师会同各工班长，按技术规范进行检验，凡不符合质量标准的，坚持予以返工处理，直到再次验收合格。

3）工序中间交接时，必须有明确的质量合格交接意见，每个工班在进行工序施工时，都应当严格执行"三工序"制度，即"检查上工序，做好本工序，服务下工序"。

4）隐蔽工程在完成上述工作后，应邀请现场监理工程师检查验收，我方做好验收记录、签证及资料整理工作。

5）检查未获监理工程师验收通过的，必须返工重做，否则不得进行下道工序的施工。

6）隐蔽工程必须有严格的施工记录，应将检查项目、施工技术要求及检查部位等项填写清楚，记录上必须有技术负责人、质量检查人的签字。

（2）岗位责任制。为保证隐蔽工程的质量，必须对上述检查验收制度予以贯彻落实，对有关人员定岗定责，故制订如下措施：

1）各主管工程师须详细审查施工图纸，熟悉设计意图、技术要求等，对图纸中标识不清或有误之处，须及时报请监理工程师及设计院进行改动或变更。

2）做好技术交底，技术交底必须实行复核制，交底资料须由主管工程师及时复核并签字。

3）对各分项工程，设一名主管工程师及一名施工员专职负责，发现问题，共同及时处理。

4. 公路工程质量保证措施

为确保公路工程施工的各种原材料及施工完成后的成品质量，应采取以下措施：

（1）对所有原材料（含管材）的出厂合格证和说明书进行检查，并登记记录。

（2）对有合格证的原材料（含管材）进行抽检，抽检合格者才能使用。经抽检不合格的原材料，书面通知物资部门做好标记，隔离存放，防止误用，及时退货。

（3）对进场材料必须进行抽检，出具试验报告，合乎设计要求者方可使用。

（4）安排专人负责沥青混合料和水泥混凝土生产过程的质量检测，按频率进行检查，并做好记录。

（5）本工程所有材料的试验与检验必须按国家和有关部门颁发的有关工程试验规范和规定实施，遵守招标文件中技术规范的要求，做好本工程的材料试验与检验。

（6）工程材料的试验与检验必须按当地建设主管部门有关文件的规定委托有试验资质的试验单位进行。

（7）拒绝不合格的原材料、成品、半成品进场。用于本工程的材料都必须符合设计要求和有关质量的规定，并具有材质证明和合格证。无材质证明的材料，必须在监理工程师的监督下补做材质试验，递交材质试验结果，经监理工程师批准后方可使用。

（8）施工所使用的各种计量检测仪器设备须定期进行检查和鉴定，确保计量检测器具的精度和准确性，严格计量施工。

（9）加强工程试验，建立台账和施工记录，优选工程施工配合比，经监理工程师批准后执行。

5.1.8　安全保证措施

1. 安全目标

安全目标是"三无"，即"无重伤以上责任事故、轻伤率控制在 2‰ 以下，无机械设备、行车事故，无火灾事故"。

2. 安全保证体系

实行项目经理部和施工队二级安全管理，项目经理部设质量安全部、施工队设置专职安全员，形成上下齐抓共管的安全管理网络。

按《职业健康安全管理体系要求》（GB/T 28001—2011）的标准要求，组建现场职业健康安全保证体系，如图 5.6 所示

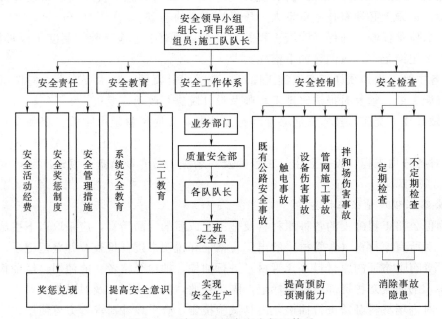

图 5.6　现场职业健康安全保证体系

3. 项目经理和项目经理部的安全管理职责

（1）项目经理是工程安全生产和文明施工的第一责任者，对工程的安全生产、文明施工目标措施的制定和实施全面负责。

（2）制定目标，做出承诺，形成文件，组织实施。

（3）对目标进行层层分解，控制安全事故要点。

（4）定期组织检查，设置安全员每天巡查安全隐患，把事故消除在萌芽状态。

4.各项安全制度

（1）安全责任制度。项目经理对整个工程的安全负责，分管生产的负责人对安全生产负直接领导责任，具体组织安全技术措施的编制和审核、安全技术交底和安全技术教育。工地设专职安全管理人员一名，负责日常的安全管理和安全监督。施工员对施工范围内的安全生产负责，贯彻落实各项安全技术措施。做到各专业人员有岗位职责，操作班组、组长、安全组干事以至每个人都有安全职责。

（2）三级教育制。

1）对本公司的劳动人才必须提供个人劳动保护卡（劳动保护卡上必须有年龄、工龄、现岗位工龄、身体状况、三级安全教育情况）。对没有劳动保护卡的，项目部有权拒绝接收，符合条件的发放临时上岗证上岗。

2）安全管理人员必须持证上岗。

3）对特种作业人员（电工、焊工、机械工、起重工、指挥等）必须经培训考试合格后，持证上岗。

（3）安全检查制度。

1）本工程在施工的各个阶段，项目部都应配合进行安全教育，提出安全目标口号与安全施工警句。口号与警句能增强安全生产气氛，增强职工的安全生产意识。

2）建立安全生产管理流程网络。

3）工地每月进行两次全面的安全检查，工段每星期进行一次定期检查，由施工员实施，每个作业班组结合上岗安全交底，每天进行安全上岗检查。通过安全检查活动不断提高和增强职工的安全意识，落实各项安全制度和安全措施，并且通过检查活动本身发现和解决隐患。

（4）安全设施验收制度。本工程拟对主要路口、主要行人出入口、各种检查井等进行验收检查。

5.现场用电安全措施

公路施工现场多为临时用电，根据工地在建工程的规模、用电机械功率和数量、施工用电和生活用电，计算本工程的施工总用电量。

建立健全用电组织管理的措施有如下几点：

（1）在日常施工用电时，由专业电工负责所有用电的全过程，熟悉和掌握工地上所有线路设备的用电情况等，非电气专业人员严禁动用一切电气设备。

（2）建立用电规章制度，工地电工要持证上岗，坚持执行用电安全操作规程、岗位责任制和维护检修制度及其他规章制度。对用电设备验收合格后方可操作使用。

（3）工地用电。专业电工每天巡视检查各部位的用电安全情况，结合正常工地安全检查时，对用电另列一项。

（4）为加强用电管理，掌握用电情况，对各种用电设备等资料必须经常性的入册记录，以便备查。

（5）搞好用电的安全教育和宣传工作。在安全教育的同时，要着重强调对施工用电的教育，这对进场职工，尤其是外来的新工人更为重要。

（6）配备必用的电测仪器和用于安全操作的劳动保护用品。

（7）操作前必须按规定戴好劳动防护用品，检查电气装置和各种保护设施是否完好，严禁设备"带病运转"。

（8）对停用设备必须拉闸断电，锁好开关箱。

（9）移动分箱需要配备门和锁，并有严密的防雨措施，安装好保护接地装置。

（10）严格执行。"一机一闸一保护"，严禁用同一个开关电器直接控制两台及两台以上的用电设备，手持电动工具时应备有移动分箱。所有现场用电设备，除做保护零线外，必须在设备负荷线的首尾处设置漏电保护装置。

6．小型机械使用的安全措施

（1）搅拌机、砂浆机等要安装平稳、坚实，有接地、接零保护，操作棚要有防雨遮阳装置。

（2）机械的各类防护装置要齐全有效，做到定机定人持证作业。

（3）手持式电动机应防护罩齐全，橡皮电线不得破损，单独安装漏电保护器且灵敏，接地或接零保护良好。

（4）电焊机的进出线处应有防护罩，焊把及把线绝缘良好。

（5）电焊机有可靠的防雨措施，做到一机一闸，一次、二次电源线接线有防护罩。

7．现场消防保卫措施

（1）严格执行《中华人民共和国消防条例》和《公安部关于建筑工地防火基本措施》的有关规定，并成立工地小组、制订具体的消防保卫方案，现场设有消防值班人员，定期研究消防保卫工作中的问题，定期监督检查。教育现场操作人员认真执行各种消防保卫工作的安全管理制度。

（2）材料仓库、食堂、办公室、水泥仓库、工具间等各设2个灭火器，宿舍设4个灭火器，每半年检查灭火药剂是否受潮或变质。

（3）配电间各设2个干粉灭火器、每月测量一次，当质量减少时，立即换药。

（4）乙炔瓶、氧气瓶之间的有效距离不少于4m，使用时不少于5m。

（5）现场使用易燃材料时，应在工作面周围设置灭火器。

（6）现场使用明火作业时按规定申请动火证，按规定保持防火间距，对达不到间距要求的，采取相应的防火措施。

（7）工地应设立一个兼交通、消防、保卫的值班小组，昼夜值班。

（8）施工人员须佩带安全帽和上岗证，闲杂人员特别是小孩一律不准进入操作现场。

（9）做好对外地民工的管理，办好暂住证，配合当地派出所做好治安工作。

8．交通安全措施

（1）施工机动车辆在国道或地方公路上行驶时，应严格遵守地方交通法规和交警部门的管理规定，遵守《中华人民共和国公路管理条例》的规定，维护交通秩序，保证运输安全。

（2）所有机动车辆须始终保持完好状态，不"带病"运转，经常检修，定期保养。

（3）施工所用机械设备、材料的停放，不得侵入既有公路路面，且不影响交通。

（4）加强对机动车辆司机的安全教育和培训，定期考核，严格奖惩制度。严禁酒后驾驶、疲劳驾驶，严禁开"飞车"，做到遵章守纪、文明驾驶、礼让三先（先慢、先让、先停），保证交通及人身安全。

9. 现场事故的应急预案

（1）预案的适用范围：

1）施工用电安全事故。由施工用电引起的安全事故有作业人员触电、电气火灾、电器故障。造成施工用电事故的原因主要有电器设备的质量问题；电气安装不规范；用电人员违规操作；电气防火、防护措施不到位，用电安全组织措施不力；用电设计不合理等。触电可造成作业人员昏迷、烧伤、呼吸困难、痉挛至死亡，易造成群死群伤。

2）土方开挖安全事故（含管道沟槽开挖）。土方开挖易造成坍方事故，造成作业人员被掩埋，作业过程中如遇管道漏气或电缆漏电时还有可能发生中毒、触电、火灾和爆炸事故。造成土方开挖安全事故的主要原因有施工方法错误；支护防护技术保障措施不到位；管线保护措施不力；机械故障；作业人员违反操作规程等。因此，在进行土方开挖前，现场管理人员应先进行技术交底。在进行土方开挖中，现场管理人员应检查沟壁支护措施、管线保护措施是否到位，会同机械操作人员检查机械的完好情况，检查机械操作手是否清楚操作规程。通过开挖前、开挖中的控制，杜绝伤亡事故的发生。

3）施工机具操作安全事故。施工机具操作安全事故主要有作业人员人身伤害、高处坠落和物体打击事故；触电事故；机械故障；火灾事故等。造成施工机具操作安全事故的原因主要有作业人员违章操作；设备有故障运行；机具漏电；作业人员安全防护措施不到位；机具设备的安全防护不到位。施工机具操作安全事故易造成作业人员的人身伤害，轻者伤筋动骨，重者机毁人亡。

（2）应急预案总指挥的职能及职责：

1）分析紧急状态、确定相应报警级别，根据相关危险类型、潜在后果、情况的行动类型。

2）指挥、协调应急反应行动。

3）与企业外应急反应人员、部门、组织和机构进行联络。

4）直接监察应急操作人员的行动。

5）最大限度地保证现场人员和外援人员及相关人员的安全。

6）协调后勤方面以支援应急反应组织。

7）应急反应组织的启动。

8）应急评估，确定升高或降低应急警报级别。

9）通报外部机构，决定请求外部援助。

10）决定应急撤离，决定事故现场外影响区域的安全性。

（3）事故现场副指挥的职能及职责：

1）所有施工现场的操作和协调，包括与指挥中心的协调。

2）现场事故的评估。

3）保证现场人员和公众应急反应行动的执行。

4）控制紧急情况。

5）做好与消防、医疗、交通管制、抢险救灾等各公共救援部门的联系。

（4）现场伤员营救组的职能与职责：

1）引导现场作业人员从安全通道疏散。

2）将受伤人员营救至安全地带。

（5）物资抢救组的职能和职责：

1）抢救可以转移的场区内物资。

2）转移可能引起新危险源的物资到安全地带。

（6）消防灭火组的职能和职责：

1）启动场区内的消防灭火装置和器材进行初期的消防灭火自救工作。

2）协助消防部门进行消防灭火的辅助工作。

（7）保卫疏导组的职能和职责：

1）对场区内外进行有效的隔离和维护现场应急救援通道的畅通。

2）疏散场区内外人员撤出危险地带。

（8）后勤供应组的职能及职责：

1）迅速调配抢险物资器材至事故发生点。

2）提供和检查抢险人员的装备和安全防护。

3）及时提供后续的抢险物资。

4）迅速组织后勤提供必须的物品，并及时输送后勤物品到抢险人员手中。

5.1.9　环境保护措施

1. 空气污染控制及防尘措施

经分析，空气污染主要来自内燃动力机械（包括汽车、起重机、挖土机、发电机排出废气）及施工中因施工场地或周边路面粘附有泥土而被扬起的泥土飘尘。因此，控制空气污染主要是减少废气排放量及空气中的飘尘。

项目经理部下设文明施工维护小组，小组须指定专人专职负责施工范围及周边路面的打扫，随时随地清除地面黏结的泥土及其他杂物。同时，每天对施工场地及周边路面进行 4 次洒水除尘，以免泥土被汽车或机械扬起造成飘尘。在施工现场尽量减少散体物料的堆放面积，材料尽量做集中堆放。水泥及散体物料的临时存放地应设置在离居民区或厂区较远的地方，并加盖顶棚或塑料薄膜，尽量减少工地的尘土。不得在施工现场煮沥青或焚烧其他有毒、有害物质，不得焚烧建筑垃圾和生活垃圾。采取相应措施减少燃油动力机械的使用，对于可用电动工具代替的机械则尽量用电动工具代替。施工内燃动力机械应遵照国家要求进行年审，废气检测合格后才可投入使用，不允许将超标车辆投入运行，最大限度地减少废气排放。合理调配施工机械，避免集中使用大量施工机械造成局部环境污染。

2. 水质污染控制

（1）施工场地周围布置完善的临时排水系统，对生活及生产废水进行集中，防止污水在地面漫流。项目经理部的文明施工维护小组应组织专人负责施工场地周围排水设施的完善及日常疏通，以确保生活废水及生产废水不在地面上四处漫流。

（2）雨期施工时，应做好周围市政排水系统和施工场地内临时排水设施的疏导工作，确保雨水能被及时排走。同时，对施工范围内未来得及运走的余土或散体物料用防水雨篷进行覆盖，并在周围砌筑矮砖墙进行围蔽隔离，以免雨水冲走土方及散体物料，对周围水质及路面造成污染。

（3）施工现场的有毒、有害材料应由专人负责管理，并应储藏于仓库中，有可靠的密封装置，不得露天堆放，以免有毒、有害物质的泄漏对水质造成污染。

（4）对工程排出的废水应先经过沉淀和处理方可排走，工地的废水经排水沟集中至沉淀池沉淀及处理后，再就近排入排污系统。

（5）对于需要用水在生产场地的地面进行混凝土硬化，并在场地周围设置截水沟，确保地表水能迅速排到截水沟，防止污水渗入地下。在工地洗车槽的四周应设置截水沟，并经沉淀后排放到市政排污系统中。

3. 降低噪音环境保护

工程施工期间应控制噪声对环境的影响，满足国家有关法规的要求，必须符合《建筑施工场界环境噪声排放标准》（GB 12523—2011）、《城市区域环境振动标准》（GB 100701988）及有关部门对夜间施工的规定。

在选择施工设施、设备及施工方法时，必须充分考虑由此产生的噪声对施工人员和周围居民的影响，选用低噪音设备，采取消音措施，同时合理安排施工作业时间，以防噪音扰民。具体措施如下：

（1）制订减小工程施工对周围环境影响的措施。保证施工作业所产生的振动不影响周围建筑物的安全、不破坏有关精密仪器设备的正常精度、不危害居民的身体健康。

（2）施工过程中应充分考虑高考、中考、节假日及城市有关部门重大活动等期间造成的影响，夜间施工对周围居民、企事业等单位造成的影响。

（3）施工区域应采用隔离板实施封闭性施工，修建临时隔音屏障，以减小施工噪声对附近居民生活造成的影响。

（4）加强工程机械设备及运输车辆的维修保养，大型机械设备应采取一定的消音措施，以降低机械噪声的污染。

（5）合理安排施工作业的时间，适当控制机械布置密度，尽量降低夜间机械施工及运输车辆出入的频率。

工作任务 5.2　桥梁工程施工组织设计实例

5.2.1　编制说明

1. 编制依据

（1）"某桥梁建设工程招标文件"和"某桥梁建设工程施工图设计"。

（2）交通部（现更名为"交通运输部"）颁发的《公路工程国内招标文件范本》（2009年版上册、下册）、《公路桥涵施工技术规范》（JTG/T F50—2011）和相关规程。

（3）现场踏勘调查所获得的有关资料。

（4）本单位长期从事公路建设施工所获得的丰富施工经验。

（5）本单位拥有的科技成果、现有的企业管理水平及人员、机械设备的技术能力。

2. 编制范围

本桥梁建设工程，桥长为 132m（采用 30m 装配式全预应力混凝土 T 形梁 4 跨），桥宽为 24m。工程内容包括桩基础、墩台身坞工、梁体预制及吊装、桥面铺装、桥梁附属设施以及为完成上述工程所需的临时工程。

3. 编制原则

（1）严格遵守招标文件要求的原则。施工组织设计编制将严格遵守招标文件和施工图设计的各项要求。

（2）确保工期的原则。根据招标文件中规定的工期，合理安排施工顺序，优化资源配置，并充分考虑气候、季节（特别是雨期、冬期、洪水和风雪天气）及交叉施工对工期的影响，精心组织，科学施工，力争提前完成合同工期。

（3）文明施工的原则。因地制宜，以人为本。交通、电力、材料、施工场地的规划，本着节约用地、少占农田、防止水土流失的原则，减少污染。精心布置施工现场，合理安排施工便道，充分利用当地资源，降低工程费用，节约用地，少占耕地，保护河道及周围环境，做好水土保持，创建文明施工工地。

（4）争创行业一流、建造优质工程的原则，确定本标段的质量目标，制订创优规划，确保每道工序、每个分项工程的质量均达到《公路工程质量检验评定标准第一册土建工程》（JTG F80/1—2004）规定的要求，建造一流的精品工程。

（5）安全第一、预防为主的原则。确立安全目标，完善规章制度，强化现场的各项制度、措施的落实，确保安全生产目标的实现。

（6）力求施工方案的适用性和先进性原则。结合工程特点，运用流水作业和网络技术，做好劳力、材料、机械设备的综合调配。在保证质量、技术安全的基础上，积极采用新工艺、新机具、新材料及新的测试检验方法。力求方案的适用性、合理性、先进性和经济性，组织均衡生产。

（7）遵纪守法和尊重地方风俗的原则。施工中应遵守国家的法律、法规，兼顾地方和群众利益，尊重地方的风俗习惯，减少扰民。

4. 施工组织设计目标

（1）工期目标：总工期为 270d，响应本工程招标文件载明的工期要求。

（2）安全目标：杜绝因工、非因工的重大伤亡事故，职工轻伤控制在 2 人以下（人身安全）。无公路重大责任事故（交通安全）。无重大机械设备事故（机械设备安全）。

（3）质量目标：确保全桥一次性验收合格，争创优质工程。

（4）文明施工目标：争创文明施工标准工地。

5.2.2 工程概况

1. 工程的地理位置及线路走向

桥梁全长为 132m，桥面宽为 24m，采用两孔一联先简支后连续结构，跨径为 30m 的装配式 T 形梁桥。桥梁横跨切割深沟地形，沟底雨期有暂时性流水，流量不大。地貌上属于红河古河床Ⅲ级阶地，地势南高北低、平面位于直线段，纵面位于 0.5% 的坡上，相对高差为 40.13m。

2. 主要技术标准

（1）设计荷载：公路Ⅰ级。

（2）桥面宽度：24m（14m 车行道＋2×5m 人行道及栏杆）。

（3）地震烈度：Ⅷ度。

3. 孔跨布置

本桥采用 3 跨 30m 装配式后张法预应力混凝土 T 形梁方案，桥梁长度 132m。桥墩均采用双柱桥墩，采用圆形截面，直径为 2.2m，并采用预应力混凝土盖梁。全桥共设置 2 个桥台，采用重力式桥台。基础均采用钻孔灌注桩。

4. 施工条件

（1）交通条件。本桥位于某县西南侧开发区，桥梁建筑所需材料、设备的运输条件良好。

（2）施工用水、用电条件。本桥可引用自来水井修建蓄水池来满足施工用水的需要。该工程区电力引入丰富，可满足施工用电的需要。

（3）通信条件。工程所在地属于开发区、通信条件便利。

（4）医疗条件。市、县、乡（镇）均有医院或医疗机构。

（5）材料供应条件。石料主要由本地石料场供应，质量能满足工程的使用要求。沙采用天然河沙，质量能满足工程使用的要求。水泥采用水泥厂 52.5 号及 42.5 号普通硅酸盐水泥。钢材从昆钢采购。

5. 主要工程数量

主要工程数量见表 5.4。

表 5.4　　　　　　　　　　　　主 要 工 程 数 量

序号	工程项目		单位	数量
1	上部结构	混凝土	m³	1187
		钢筋	t	345
		钢绞线	t	54.48
		栏杆	m	264
	下部结构	墩台身混凝土	m³	1722
		基础混凝土	m³	1892
		墩台身钢筋	t	124.17
		基础钢筋	t	71.53
2	基础挖方	土	m³	2408
		石	m³	2408
3	直径 2.2m 钻孔灌注桩		m	332
4	桥台砌石工程		m³	2031
5	沥青混凝土桥面铺装		m³	184.8

5.2.3　人员、设备、材料进场计划

1. 人员的动员周期及进入施工现场的方法

接到中标通知书后，项目经理部人员和各施工队的先遣人员即行上场，施工人员从我单位在本省的工地（大部分已接近尾声）就近调遣，动员周期为一周。项目经理部人员在被授权代理人的带领下负责与业主签订施工合同，施工队先遣人员则在项目经理部人员的

参与下选定最终驻地位置、熟悉驻地环境、联系水电和材料供应，为组建施工现场和展开施工生产做好准备。

在签订正式合同后，各施工队的后续人员随即进驻施工现场，进行安家和做各项施工准备工作，并确保在监理工程师下达开工令后按预定计划展开施工。

2. 设备（仪器）动员周期及设备的组织与安排

（1）拟投入本工程的设备仪器情况。本标段配置的设备仪器主要遵循以下原则：

1）针对工程的任务情况和专业特点配置相应的设备仪器。

2）注重机械化施工，机械设备力求配套。

3）力求设备仪器的先进性，更好地满足施工的生产需要。

（2）设备动员周期及进场方法。在收到中标通知书后，就要做好设备的转场准备工作，包括设备的维修保养、大型设备的机械解体和联系运输车辆等。设备动员周期安排10天。根据招标文件的工期要求和工程进度的需要，土石方机械必须提前到位修整施工便道和整平制梁场地。试验、测量、质检仪器在工程开工前运到工地，并尽快建立工地试验站，及时开展施工前的试验工作。其余机械根据合同要求尽早进场。

机械设备大部分从本省各工地调遣，采用汽车运至施工现场，临时用机械考虑就地租赁。

3. 材料计划与运输方式

所有物资材料的采购都由项目经理部的物资部负责统一办理，试验站协助质量把关，严格选择供料厂家，并按要求做好材料的抽检、试验，上报建设单位、监理工程师审批后方能采购。对于主要材料及特种材料还将严格按本省公路建设材料采购的有关规定执行。经过现场实际调查，初步拟定的主要材料来源和运至施工现场的方法如下：

（1）水泥。水泥主要从某水泥厂采购，用汽车运至施工现场。若当地材料不能满足施工要求或技术标准时，则统一从某市采购，用汽车运往工地。

（2）钢材。主要从昆钢采购，用汽车运至施工现场。

（3）木材。从当地采购，用汽车运至施工现场。

（4）碎石、片石。从某县石料场采购，C40以上的混凝土采用反击式碎石机生产碎石。

（5）中粗沙。采用天然河沙，用汽车运至施工现场。

5.2.4 项目组织机构的建立及职责

1. 施工组织机构

成立"桥梁建设工程项目经理部"来负责本工程的施工，项目经理部下设工程部、物资部、计财部和综合办公室，将选派有丰富施工经验的专业技术人员来承担各部室的工作。

根据本次任务情况，将安排1个桩基队和3个桥工队进行施工。其中桩基队负责全桥钻孔桩基础施工，桥工一队、桥工二队、桥工三队分别担负梁体预制和架梁、桥面铺装等工程任务。

2. 各专业施工队人员及施工任务划分

各专业施工队人员编制和施工任务划分情况见表5.5。

表 5.5 各专业施工队人员编制和施工任务划分

队伍名称	人数	主要工作内容
桩基施工队	100	桥梁钻孔桩施工
桥工一队	160	桥梁基础承台混凝土、墩台身及盖梁施工混凝土、桥面铺装及附属设施安装
桥工二队	150	拌和站混凝土的生产、梁体预制
桥工三队	60	梁体架设
总结	470	

3. 项目部主要人员和部门的职责

(1) 项目部项目经理的主要职责：

1) 项目部的项目经理是法人代表在工程项目上的授权代理人，代表法人代表对工程项目施工进行经营管理，制订承包范围内的各项具体目标，明确职能分工，对工程项目质量、安全、进度和成本控制负全面责任。

2) 认真履行工程承包合同，强化项目管理的"工期控制、质量控制、成本控制"，保证施工的进度、工期、质量、安全，以满足业主的合同要求。

3) 对项目的人力、资金、材料、施工设备等资源进行优化配置，合理安排施工进度，保证均衡生产，做到文明施工。

4) 组织项目进行成本预测、控制、分析和考核，降低成本消耗，节约开支，提高效益。

(2) 项目总工程师的主要职责：

1) 组织项目专业技术人员进行施工图纸会审和技术交底，并做好会审和交底工作的记录。

2) 组织编写实施性施工组织设计，对关键工序和特殊施工过程编制作业指导书以满足施工需要。

3) 组织制订项目质量目标，编制创优规划、各种质量管理制度、技术管理制度，促进项目技术管理的规范化。

4) 审核材料需用计划和加工订货计划，监督有关单位和人员做好进货的质量自检、专检和交接检，保证进货质量符合标准和有关要求。

5) 组织重要部位和特殊过程的隐蔽工程验收，对发现的不合格或潜在不合格工程及时采取纠正和预防措施，并验收措施的落实情况。

6) 组织项目的科研工作，推广应用新工艺、新技术，努力提高施工工艺水平和操作。

7) 严格进行项目工程的施工技术和质量管理，并对其工作质量负责。组织编制和实施项目工程质量计划，实施项目的施工过程控制。定期组织召开质量分析会，检查质量体系的运行情况，及时研究处理质量活动中的重大技术问题。对质量持有否决权。定期组织项目工程质量检查评比。

(3) 综合办公室的主要职责：

1) 协调各部门之间的工作，负责项目部文件的编号、登记、标识、发放及回收管理和档案管理。

2) 综合协调、检查和督促项目部各部室的管理工作及规章制度的贯彻执行情况，协调各部门之间的关系。

3）负责协调对外关系，对外事务性接待与联络，内部后勤供应，生活管理，施工作业人员的培训教育、学习及文体娱乐等工作。

（4）工程部技术室的主要职责：

1）负责整个施工的技术管理和科研工作，编制实施性施工组织设计，做出施工总体安排，确定具体的施工方案。

2）负责施工计划的执行和协调，负责调度及施工技术问题的处理，积极推广应用新材料、新技术、新结构和新工艺，努力提高施工工艺水平和操作技能。

3）负责变更设计以及施工技术管理，负责工程竣工资料的收集、整理、归档、储存和保管。

4）负责施工过程、工序质量控制的技术管理，参加事故的调查、分析工作，编制重大质量事故和不合格产品的处理方案。

5）负责提供审核产品的标准，负责测量、试验仪器设备的使用管理工作。

（5）工程部安质室的主要职责：

1）负责整个承包工程的质量安全工作，建立健全安全质量保证体系，制订安全质量管理办法，落实质量安全目标。

2）开展全面质量管理工作，编制和实施项目工程质量计划，实施工程施工全过程的质量控制。

3）功办理对分项、分部单位工程的质量检查、签证、评定工作。

4）定期组织质量分析会，检查质量体系的运行情况，及时研究处理质量活动中的重大技术问题。组织项目工程质量检查，对质量持有否决权。

5）做好工程的安全生产管理，制订安全计划，建立施工安全制度措施，检查和监督安全系统的运行情况，负责文明施工和环境保护工作。

（6）计财部的主要职责：

1）编制审核施工预算、施工计划，负责工程的成本控制、财务管理工作。

2）制定财务管理的规章制度，负责对内外工程的合同管理进行工程计价和工程结算工作。

3）严格控制工程成本，降低工程造价。

（7）机运物资部的主要职责：

1）负责贯彻执行国家行业和上级颁布的设备管理规定，制订项目的设备管理办法，并监督各单位贯彻执行，为施工全过程提供设备保障。建立健全设备维修保养制度，保证设备的完好率，提高设备的检修能力。

2）负责对主要施工设备的调研和评价，负责对工程所需物资的采购、储备、供应工作。

3）负责本工程材料及设备的运输工作，确保本工程的物资、设备运输渠道畅通。

5.2.5　施工准备和临时工程安排

1. 施工准备

（1）合同签订后，根据建设单位的要求和施工计划安排，迅速组织施工人员和机械设备有计划、有步骤地进场定点，及时形成生产能力。同时，抓紧各种临时公路、场地平整、临时房屋的修建，生产生活用水、用电的布置，边安家、边准备，做到进场快、安家快、开工快。

（2）搞好施工图纸和技术文件的复审及技术资料的准备，全面熟悉并核对设计文件，充分了解设计意图，核对地形及地质资料，组织本标段的现场调查，在此基础上分工点认真编写实施性施工组织设计，制订具体的施工方案。

（3）组织技术人员搞好线路的交接桩和复测工作、对线路中线、高程要进行贯通闭合。根据施工需要，增设水准点桩、导线控制桩、加密中心桩，在此基础上根据施工安排做好桥梁施工放样工作及控制桩的护桩测设。

（4）组建与工程规模相适应的工地试验室，试验人员持证上岗，完善各种检测手段，配备数量、精度满足要求的测试仪器和检测设备。所有检测仪器、仪表、计量用具都必须在开工前经有关部门标定，同时申报工地试验室的临时资质。组织试验人员做好各种材料的取样、试验工作和混凝土、砂浆、级配料的配合比的选配工作。

（5）落实各种施工用材料的供应渠道及材料进场的运输方法、路线，保证各种用料按时保质、有计划地供应，做到不积压、不短缺。

（6）针对本标段特点，做好职工上岗前的安全、技术再培训工作，进一步提高职工的安全、质量意识。

（7）协助建设单位办理有关征地拆迁工作。

2. 临时工程的安排

（1）临时工程的安排原则。临时工程的设置在遵循设计、满足施工需要的前提下，必须注重环保，主要符合如下原则。

1）临时设施统一规划、合理布置，以满足施工生产为目的，并尽量利用当地资源，减少临时占地。

2）在施工驻地的选择和施工后期应及时将被取土地复垦，同时加强沿线路基边坡绿化，使沿线景观协调。

3）合理安排重型机械的施工时间，对运输沙、石料、沥青等建筑材料的车辆应采取相应的遮盖措施。采用粉煤灰、石灰、水泥做稳定基层时，在材料的运输、拌和、储存中均应采取防尘措施。

4）营地必须建立完善的排水系统，生活污水经必要的处理后方能排入就近的河渠中，同时营地要进行必要的绿化。

（2）临时工程的安排情况：

1）临时房屋：

a. 项目经理部采用租用当地闲置民房的方式来解决住房问题。

b. 各施工队驻地搭设活动板房作为住房，临时搭建砖混结构的房屋作为食堂和料库。

c. 加工棚利用杆木和小型钢构件搭设并进行简易围护。

2）水电供应。生活用水及施工用水采用自来水并修建蓄水池供应。施工用电从附近工厂的高压线引入，工地安设容量足够的变压器，以满足施工生产的需要，同时自备数量充足的发电机以备用。

3）施工便道。利用既有公路作为主干道，在正线路基范围内利用基层进行必要的整修，通往各施工队驻地和主要工点的便道据此引入，主要工点在便道引入后，再向两端沿桥梁前进的方向进行纵向贯通。

4）临时通信。项目经理部和各施工队将安设程控电话，并配备必要数量的手机以便于及时对外联系。同时，整个施工现场设置无线对讲系统，配置一定数量的对讲机，确保通信及时、畅通。

5）桥梁预制厂。本工程大桥采用 4 孔 30m 装配式后张法预应力混凝土 T 形梁结构。在起点桥台后建临时场地，集中预制 T 形梁。

6）混凝土拌和站。全桥设一座混凝土拌和站，设在预制场东侧角处，供应全桥梁基础、墩台身等施工用混凝土。

5.2.6　主要施工方案和施工方法

对于下部工程，钻孔桩基础采用冲击钻成孔，桥墩采用整体钢模板施工，墩台身混凝土输送采用泵送作业，由于墩身较低，采用满堂钢管脚手架搭设施工。对于上部工程，桥梁 T 形梁在桥台后现场预制，同时在桥台台尾路基进行架桥机拼装。梁体安装采用公路专用架桥机逐孔架设，待全桥梁体架设完毕后，进行桥面铺装，即采用先简支后连续施工的方法。混凝土的生产采用自动计量拌和站集中生产，预制梁体混凝土采用混凝土输送车运输，龙门吊吊料斗入模。墩台身混凝土采用混凝土输送车运输，混凝土输送泵输送入模。

5.2.6.1　桥梁钻孔桩基础施工

桥梁钻孔桩基础施工主要采用冲击钻成孔。

1. 施工工艺

（1）准备工作。钻孔场地应根据地形、地质、水文资料和桩顶标高等情况，结合施工技术的要求，做好如下的准备工作。

1）施工前平整场地，更换软土，夯填密实，使钻机座置于坚实的填土上，以免产生不均匀沉降。

2）处于河中的 3 个桥墩基础，根据水深采用草袋围堰筑岛法施工（旱季施工），岛顶面高出施工水位 0.75～1.0m。

3）做好桩孔定位测量。

4）埋设好护筒。为固定桩位、导向钻头、隔离地面水、保护孔口地面及提高孔内水位、增加对孔壁的静压力以防塌孔，在钻孔前应埋设护筒。护筒要坚实，有一定的刚度，接头严密、不漏水。护筒的内径比钻头约大 40cm。护筒顶比岛面或原地面高 0.3m 左右，与地下水位或施工水位差为 1.0～2.0m。在河水中筑岛，护筒埋入河床以下 0.5m。

（2）钻孔。冲击钻孔是用冲击钻机带动冲击钻头，上下往复冲击，将钻孔中的土石砸裂、破碎或挤入孔壁中，用泥浆悬浮出渣，使冲击钻头能经常冲击到新的土或岩层，然后再用抽渣筒取出钻渣造成桩孔。其主要工序及注意事项如下。

1）冲击成孔时为防止冲击振动使邻孔壁坍塌或影响邻孔刚灌注的混凝土凝固，应待邻孔混凝土灌注完毕 24h 或混凝土强度达到 2.5MPa 后，方可开钻。

2）开钻阶段采用十字形钻头，开孔前在孔内多放些黏土，并加适量粒径不大于 15cm

的片石，顶部抛平，用低冲程冲砸，泥浆比重为 1.5 左右，钻进 0.5～1.0m 再回填黏土，继续以低冲程冲砸。如此反复两三次，必要时多重复几次。

3）如发现有失水现象或护筒内水位缓慢下降的情况，则应采取补水投黏土的措施。

4）钻孔时，仔细查看钢丝绳的回弹和回转情况。耳听冲击声音，借以判别孔底情况。要掌握少松绳的原则，松多了会减低冲程，松少了犹如落空锤，损坏机具。

5）冲击过程中，要勤抽渣、勤检查钢丝绳和钻头磨损情况及转向装置是否灵活，预防安全质量事故的发生。

6）在不同的地层，采用不同的冲程。表层素填土层，宜用低冲程，简易钻机的冲程为 1～2m；砂卵石层，用中等冲程，简易钻机的冲程为 2～3m；基岩、漂石和坚硬密实的卵石层，用高冲程，简易钻机的冲程为 3～5m，最高不超过 6m；流沙和淤泥层，及时投入黏土和小片石，低冲程冲进，必要时反复障砸；沙砾石层与岩层变化处，为防止偏孔，用低冲程钻机。

7）当孔内泥浆含渣量增大时，将钻进速度减慢，并及时抽渣，抽渣时应采取以下措施：

a. 抽渣筒放到孔底后，要在孔底上下提放几次，使其多进些钻渣，然后再提出。

b. 采用孔口放细筛子或盛渣盘等办法，使过筛后的泥浆流回孔内，不得将泥浆到处排放，污染环境。

8）为保证孔形正直，钻进中应经常用检孔器检孔，检孔器用钢筋制成，其高度为钻孔直径的 4～6 倍，直径与钻头直径相同。更换钻头前，应先经过检孔，将检孔器检到孔底方可放入新钻头。

9）为控制泥浆的相对密度和抽渣次数，需使用取样罐放到需测深度，取泥浆进行检查，及时向孔内灌注泥浆或投碎黏土。

（3）清孔和下钢筋笼。钻孔至设计高程经检查后即可进行清孔，清孔用抽渣筒配合吸泥机进行，清孔至沉渣厚度满足规范要求后报检，报检合格后即下钢筋笼。钢筋笼在钻进过程中提前在施工现场加工制作，经检测合格后方可吊装，钢筋笼应整体吊装，确有困难时可分段制作，其搭接长度应满足规范要求。钢筋笼四周每间隔 2m 左右对称设置 4 个"钢筋耳环"，以使钢筋笼下到孔内后不靠孔壁而有足够的保护层。钢筋笼达到标高后，要牢固地用吊筋将笼体与孔口护筒电焊连接，以防掉笼或浮笼。

（4）灌注水下混凝土。采用导管法，导管直径为 25cm，灌注前先将导管进行拼装、试压，以保证导管拼装不漏水，导管底口距孔底 30cm。混凝土灌注前再次校核钢筋笼标高、孔深、泥浆沉淀厚度，并射风以冲射孔底，翻动沉淀物，然后立即灌注水下混凝土。水下混凝土的首批灌注方量要经过计算，保证灌入后导管被埋住的深度不小于 1m。水下混凝土的灌注工作连续进行，不得中途停顿，但要根据下灌的顺利与否及时抽拔导管，并有专人测设导管的埋深和水下混凝土的灌注标高，并做好记录。为保证成桩质量，水下混凝土灌注面应高出设计桩顶高程 0.5～1.0m，以便凿除浮浆。

（5）凿除桩头和检测桩基质量。每个承台下所有桩灌注完毕且强度达到设计强度后，即可凿除桩头，凿除桩头浮装至桩身混凝土光洁面，然后进行超声检测或动测，检查成桩质量。

2. 钻孔施工质量要求

按照《公路桥涵施工技术规范》（TG/T F50—2011）执行。

3. 钻孔遇岩溶、裂隙段（不良地质段）的施工措施

岩溶、裂隙发育段采用钢护筒跟进冲击成孔的施工方案。首先，在覆盖层中以十字形钻头冲击成孔，泥浆护壁，下沉外层钢护筒至灰岩面，其作用是防止孔壁坍塌，这是岩溶钻孔的特殊性所决定的；其次，在岩溶地层中仍以十字形钻头冲击基岩成孔，当钻穿岩溶顶板时暂停钻孔，将小于外层钢管直径20cm的内层钢管（应比设计桩径大10～20cm）沉入岩溶层，并随钻孔跟进至稳定性岩面。小钢管作用是防止溶洞中的填充物涌入钻孔，并为钻孔过程中清渣和终孔后清孔创造较好的条件。

5.2.6.2　墩台身（系梁）及盖梁施工

柱式桥墩的立柱采用整体钢模一次立模到盖梁底部，一次性将混凝土立柱灌注完毕，立柱模板安装采用汽车吊进行。盖梁施工采用整体钢模，模板可固定于墩身牛腿平台上，一次灌注成型。有系梁的墩身，系梁与墩柱一起立模浇筑。桥台设计为肋板式桥台形式。采用特制定型钢模板，台身一次性立模灌注成型方案。墩台身混凝土施工采用拌和站集中生产，混凝土输送车运输，混凝土输送泵输送入模的方法。

1. 墩台身施工

（1）施工准备：

1）模板提前进行试拼、调整。

2）根据桥墩混凝土强度的设计要求，提前一个月进行试验并选好配合比与外加剂掺入量。

3）墩台身施工前，混凝土基础（桩顶）要凿除表面浮浆，整修连接钢筋。在基础顶面测定中线、水平，标出墩台底面位置。

（2）钢筋加工。钢筋的加工、绑扎应遵循规范的要求，在施工时要特别注意钢筋调直，位置准确，接头绑扎牢固。

（3）灌注混凝土：

1）混凝土采用混凝土输送泵施工，混凝土灌注对称分层进行，按层厚不超过30cm进行。

2）采用插入式振动棒捣固，捣固密实，不得漏捣、重捣和捣固过深。

3）混凝土施工时，经常检查模板、钢筋及预埋部件的位置和保护层的尺寸，确保其位置正确，不发生变形。

4）采用覆盖洒水养护或喷膜养护，养护期不少于14d。

2. 盖梁施工

（1）模板。墩台身混凝土至盖梁下30～50cm预埋型钢牛腿，支承盖梁作业平台，盖梁采用整体钢模，模板可固定于墩身牛腿平台上。盖梁模板除四周侧模板外，尚有固定在外模顶面上的支承垫石模板或预埋件、预留孔。垫石模板（或预埋件）应通过测量准确定位，并固定稳当，灌注时不移位。盖梁支架牛腿布置如图5.7所示。

（2）盖梁混凝土灌注：

1）施工前，在墩台身顶面标出中心线及垫石、螺栓孔的位置，安装模板进行测试定

位，以保持其位置的准确。

2）安装盖梁钢筋，施工时将锚孔位置留出，如因钢筋过密无法躲开螺栓孔时，应适当调整钢筋的位置。

3）灌注盖梁混凝土采取一次完成的方法。混凝土的骨料粒径根据钢筋的网孔大小选择，并加强内部振捣。灌注至垫石部分时，倾倒及振捣混凝土不得造成模板及栓孔木塞位置的偏移。垫石顶面应平整，高程正确。

4）将模板与墩身混凝土的连接处固定严密，防止因漏浆而出现蜂窝、麻面。

5）灌注完成后，及时复测垫石及预留孔的位置和标高，并压光垫石平面，加强养护。

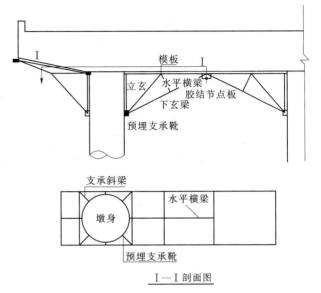

图 5.7　盖梁支架牛腿布置示意图

5.2.6.3　梁体施工

本桥属于后张法预应力 T 形梁，施工采用现场预制，架桥机吊装。

1. 梁体预制

（1）预制场的布置。桥梁预制场设在起点桥台后。整平场地后，将预制场内场地硬化，设 5 个制梁台座，2 台 LMD75 型轨道走行式龙门吊，跨度为 20m，最大净空为 12m，最大起重量为 75t，自重为 65t，走行方式为轮轨式，天车具有横移功能，2 台配合能在制梁场内的吊梁横移。同时在此段路基上存梁。

（2）主要机具材料。

1）模板。拟定加工 30m 的 T 型梁边梁模和中梁模各 1 套。模板按设计图纸设计和加工，设计时模板的全长和跨度要考虑压缩量。模板采用大块整体钢模，分底模、侧模和端模 3 个部分进行加工、侧模分 2 个部分进行加工，拴接成整体，底模现场整体加工，与台座连在一起，端模、侧模和底模拴接成型。模板加工采用 5cm 厚的钢板和∟75×50 角钢、12 槽钢加工，其中 5cm 厚的钢板用于制作面板，∟75×50 角钢、12 槽钢加工成桁架，通过槽钢设置模板的上下拉杆，共同构成制梁的模板系统。选择有资质的厂家加工模板，加工时施焊需严格按焊接工艺的规定进行操作，焊缝的高度和长度均应符合设计要求，不得有气孔和夹渣，确保模板具有足够的强度、刚度和稳定性，保证梁体各部位结构尺寸的正确及预埋件位置的准确。

2）底模。底模由 3mm 厚的钢板和 50mm 厚的木板构成，直接置于台座上，梁体吊点处设长为 40cm 的弹性板。

3）台座（共设 5 个制梁台座）。台座用 C30 混凝土浇筑，厚度不小于 40cm，端部 2m 范围内不小于 80cm，置于良好的地基上，沉降量不超过 2mm。制作台座时，按设计要求及制梁的实际情况设置反拱。

4）震动器的选型及布置。梁的马蹄部分和腹板采用附着式高频震动器，按梅花形布置，间距不大于 2m。跨中设两排，梁端减少到一排。梁体两侧的震动器要交错布置，以免震动力相互抵消，插入式震动器与平板式震动器配合使用。

5）锚具和张拉设备。由于设计文件采用 OVM15-6～9 群锚体系，采用经国家质量认定和监理工程师认可的锚具厂产品。施工时则选用配套的 YCW150、YCW250 柳州产的张拉千斤顶，并配齐配套高压油泵。当梁体混凝土强度达到 100% 设计强度（掺入早强剂后，混凝土龄期约为 7d 后即可达到）时开始张拉油泵与千斤顶配套，届时由厂家指导操作。

6）主要材料及性能如下：

a. 水泥：主要选用 52.5 号普通硅酸盐水泥。进料时，出厂合格证、试验报告必须齐全，并进行复检后方可使用。

b. 沙：天然中粗沙，其泥坄含量及物理力学性能必须符合规范要求。

c. 碎石：采用坚硬的石灰岩，其粒径为 5～20mm，级配由试验确定。

d. 外加剂：选用 FDN 外加剂，目的是降低水灰比，增大混凝土的流动性。

e. 水：采用饮用水。

f. 高强钢绞线按设计要求购买，其质量应无损伤、无死弯、无严重锈蚀。进料时应有出厂合格证和试验、化验单。使用前，逐盘抽样做抗拉、抗弯试验，性能符合《预应力混凝土用钢绞线》（GB/T 5224—2003）的要求。

（3）劳力组织。指挥 2 人，施工人员 112 人，其分工情况如图 5.8 所示。

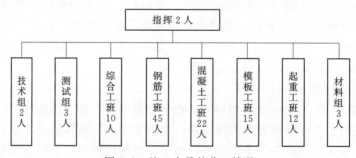

图 5.8　施工人员的分工情况

制梁期间实行三班倒流水作业。综合工班包括铁工 2 人、车工 2 人、钳工 3 人以及电工 3 人；钢筋工班包括钢筋的加工、焊接、绑扎，穿芯管的定位、固定，预埋件的安装，拔芯管等工序，按月生产 30 片计，不少于 40 人，横隔板铁件焊接、钢筋焊接等电焊工 4～6 人包括在内；混凝土工班包括梁上操作 15 人，分 3 组，每组 5 人分段进行混凝土撒布、插入式振捣器（6～8 台）操作、梁面混凝土的整平等工作，附着式震动器移位、装卸 4 人，供水及混凝土养护、打杂等 3 人；模板的拆卸、维修、涂油、木工类、临时脚手架类等杂活均由模板工班负责；起重工班负责预应力钢绞线穿束、张拉、压浆、吊梁移梁、运梁、存梁等共 8 人，门吊操作 4 人；材料组负责制梁的所有材料的供应。

（4）主要施工工艺。后张法施工工艺如图 5.9 所示，操作要点如下：

1）立模。立模的顺序为涂脱模剂—贴近缝止浆条—吊装钢筋骨架—安侧模—安端模。
立模时要注意以下几点：

a. 模板要洁净，要均匀喷涂腊质含量较高的脱模剂。

b. 立模前，在台座上准确标出梁的轴线和隔墙位置。

c. 模板的接缝要严密平顺。

d. 模板要随时修整。

e. 模板安装尺寸的误差符合相关技术规范要求。

2）钢筋加工、安装、空抽拔管。

a. 钢筋要调直、除锈，下料、弯制要准确，加工好的半成品钢筋要分类挂牌存放。

b. 钢筋骨架的绑扎成型在相应的台座上进行。台座上每隔 1m 放一段钢筋，把钢筋置于其上绑扎，以利吊装。台座顶面要标出主筋、箍筋、隔墙、模架、变截面的位置及骨架长度。钢筋绑扎完经核对无误后即可点焊，点焊的节点数不应少于骨架节点数的 2/3，下翼缘部分必须全部点焊。为了控制好腹板钢筋骨架的形状，沿梁纵向每隔 2m、梁高方向每隔焊 1m 焊一根Ⅱ型钢筋。为保证混凝土保护层的厚度，在钢筋笼外侧绑扎水泥砂浆垫块。绑扎好的骨架经质检人员检查合格后，即可入模。

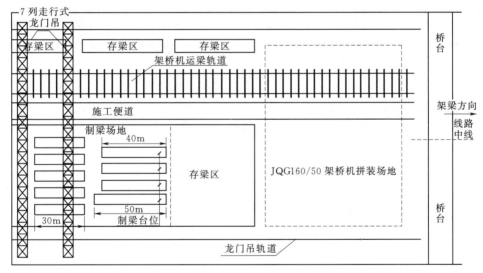

图 5.9　后张法施工工艺

c. 钢筋就位后即将胶管定位、固定。

d. 预留芯管及钢筋绑扎应符合相关技术规范要求。

3）梁体混凝土施工。主梁混凝土设计为 C50 级。考虑到梁体中钢筋较密，采用的振捣方式为中等强度，故将混凝土的坍落度控制在 7～8cm，又考虑到掺用 0.6％的 FDN 减水剂，混凝土的水灰比选 0.38 为宜。采用带自动计量的拌和站以分次投料方式拌和混凝土。采用混凝土输送车把混凝土从混凝土拌和站运至门吊旁吊斗内，然后用移动式平台吊料斗入模。浇筑混凝土从梁中往两端分层浇筑，分层厚度为 20～30cm。梁体混凝土的振捣以附着式振动器为主，插入式振动器为辅，主要采用侧振工艺，上部用插入式和平板式振动器。附着式振动器要集中控制，灌什么部分振什么部位，严禁空振模板。附着式振动器与侧模振动架要密贴，以使混凝土最大限度地吸收振动力。振动时间以 2～4min 为宜。具体做法如下：

a. 马蹄部位混凝土入模，相应位置的马蹄、腹板上的振动器全部开动，混凝土边入模边振动。开动腹板振动器的目的是加快混凝土进入马蹄部位的速度，防止混凝土集中卡在腹板部位，形成狗洞。

b. 待混凝土全部进入马蹄部位后，停止腹板部位的振动，只开马蹄部位振动器，振至混凝土密实为止。

c. 振动器开动的数量以灌注的混凝土长度为准，严禁空振模板。

d. 灌注腹板部位的混凝土时，严禁开动马蹄部位的振动器。

e. 灌注上翼板混凝土时，振捣以插入式振动器为主，随振随将混凝土面整平。振捣时注意保护橡胶管及预埋件。

f. 振动器的振动为间断式，每次开动 20～30s，停 5s，再开动。每层混凝土振 6～7 次。

g. 混凝土振动合格标准为混凝土不再下沉、无气泡上升、表面平坦并有薄层水泥浆出现。

h. 每片梁的灌注时间应不超过 4h，混凝土灌注完后 5～8h 即可抽拔橡胶管，抽拔时间由温度控制。当混凝土强度达到 0.4～0.8MPa 时，可以抽拔橡胶管芯，使混凝土梁中形成管状孔道。抽拔时间可参考表 5.6。

表 5.6　橡胶管的抽拔时间

环境温度/℃	混凝土凝固时间/h
＞30	3
12～30	3～5
10～20	5～8
＜10	8～12

每片梁抽拔橡胶管的顺序应当是先上后下，先曲后直。在全部橡胶管抽拔之后，应立即用通孔器等对孔道进行检查，如发现有混凝土或水泥浆堵塞，应予以清除。采取措施后，如管道仍有堵塞，则这片梁应予以报废。

4）梁体混凝土的养护。梁体混凝土采用自然养护，当用蒸汽养护（冬期）时可使梁体混凝土灌注完毕后，静养 2～4h，用帆布覆盖，然后送蒸汽养护。养护时升温阶段的升温速度不宜超过 15℃/h。恒温阶段的温度控制在 60℃，当梁体混凝土强度达到设计强度的 90% 时开始降温。降温阶段的降温速度不得超过 15℃/h。当养护棚内温度与环境气温相差 10℃ 以下时，即可拆棚拆模。

5）拆模。拆模顺序为 T 形梁模板拆除时利用安装在模板上的拆模器，先拆端模，然后松开底部楔子、扣铁、拆 U 形螺栓、泄水管固定件和上部拉杆，后拆侧模。拆模过程中，严禁用大锤敲击模板或用撬棍插入梁模间模板。

工型梁先拆除顶、底拉杆、隔墙连接及支架垫木，用方木支住每道隔墙，然后从两端模开始，依次向中间拆模。拆除侧模要用千斤顶，借助于梁顶的预埋钢筋将各扇模板顶动，使其绕拐角处转动而脱模。

6）张拉与压浆。梁体采用 OVM15－6～9 群锚体系，选用配套的 YCW150、YCW250 柳州产的张拉千斤顶，并配齐配套高压油泵。梁体混凝土强度达到 100% 设计强度（掺入早强剂）时开始张拉。

施加预应力的主要步骤如下：

a. 采用砂轮切割机对钢绞线下料，张拉端伸出的数量应满足千斤顶的工作长度。非张拉端采用张拉锚具，也必须预留 20cm 的工作长度。

b. 采用穿束机配合人工的方法将钢束穿入孔道。

c. 在钢束的一端或两端安装工作锚的锚杯及夹片，并轻轻敲紧夹片。这时应注意钢绞线的排列顺序尽量相互平行，不要交叉。同时锚杯要有定位措施，以保证与孔道的同轴度。

d. 安装顶压器、千斤顶。

e. 在千斤顶的后部安装工具箱，注意锥孔内不得有污物。为卸锚方便，在锚孔中和夹片的圆锥面应均匀涂抹润滑物质，如石蜡等。

f. 预应力张拉完成后，即可卸下工具锚、千斤顶，然后切除锚后伸长的钢束，及时压浆。

g. 张拉完毕后，采用一次压浆工艺，选用 80NQ 灰浆泵。当一端压浆另一端冒出浓浆后，关闭旋塞并保压 0.6～0.8MPa（1～2min）。压浆顺序自下而上逐孔进行，一片梁应连续压完。

2. 梁体存放

存放场地设在路基上，将场地平整坚实后设存梁台座，设良好的排水系统。要求支承垫木稳固可靠、支点位置正确、支承稳固并具有良好的抗倾覆能力。雨期和暖季冰融期间，注意防止因地面沉降而造成的构件折裂破坏。

3. 桥梁的安装

采用 JQG160/50 型公路架桥机，该机能双向架设作业、采取尾部喂梁、能整机吊梁横移，具有集中控制、重量轻、利用系数高、起重能力大、操作方便、安全可靠、适用跨度范围广、组装分解迅速、架设速度快以及转场运输方便等优点。它可架设跨度 50m 及以下、重量 160t 及以下的公路桥梁。

架梁需根据现场条件，在桥头路基组装架桥机。采用 2 台龙门吊（LMD75 型），同时用 8t 吊车配合组装。

运梁采用卷扬机和运梁台车。运梁时要把梁片用手拉导链连为一体，当距离比较远时，要用几台卷扬机接力，如图 5.10 所示。

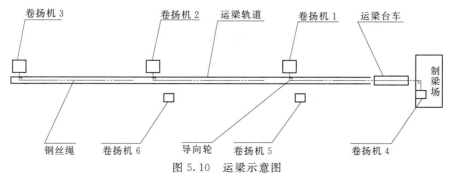

图 5.10　运梁示意图

4. 梁体（T形梁）架设

（1）工艺原理。使用双导梁原理，将2个桁架式导梁安放在中、后部载重台车上，前端悬挑。电力驱动其走行装置在轨道上滚动前行，导梁就位后，用液压装置顶升前支腿到位，双销固定，支承在前方墩台上，再启动导梁顶部吊梁台车，将梁纵移到位，经落梁、液压滚道系统分次顶推、横移就位。

（2）工艺流程和作业程序。工艺流程和作业程序如图5.11所示。

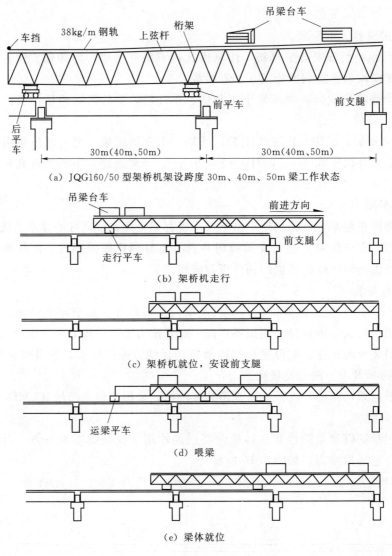

（a）JQG160/50型架桥机架设跨度30m、40m、50m梁工作状态

（b）架桥机走行

（c）架桥机就位，安设前支腿

（d）喂梁

（e）梁体就位

图5.11 工艺流程和作业程序

（3）架梁施工要点：

1）架桥机试吊。架桥机组装后，在拼装场地做吊梁试验。吊梁试验前，主机先空载行走与制动，检查机械电气设备及仪表是否正常，对吊梁台车的起吊、横移及制动、前支

腿升降等做全面检查和试运行，测定空载时悬臂部分的挠度值，然后按上述程序，重载试吊，检查重载时前、后、中支点的最大工作反力。符合设计要求后，方可架梁。

2）脱空前支架。在架桥机运行前，运行轨道下的桥面板、横隔板须现浇完毕并达一定强度（掺入早强剂后一周），并在前轮停车位置设限位器，以防止架桥机因惯性或其他原因溜车造成危险。吊梁台车移至架桥机后端并可靠制动后脱空前支机悬臂前行至安装孔位，在轨面上做停止位置标记并派专人安放止轮器。

3）顶升前支腿，架桥机呈吊梁状态。在墩帽支承面上用橡胶支垫平，顶升支架呈铅垂状态，然后加双定位销，用 5t 倒链在支架两侧收紧。

4）架梁。架桥机只能将位于架桥机轴线上的 1 片梁不经墩顶横移直接放在支座上，其余梁片均需在墩顶横移后才能就位，故应按照先边梁后中梁的顺序架设。架桥机就位后，将事先准备好的喂梁轨道平车，通过架桥机前端安放的 5t 卷扬机牵引运梁平车，使梁片进入架桥机腹巷至预定位置，吊梁台车移至大梁上方，挂好前后吊点的吊杆和底梁，检查无误后，启动 2 台卷扬机组将梁吊起横移对中，前行到位后再横移到预定位置，当2 台吊点卷扬机组动作一致、均衡地使梁片落至距横移设备 20～30cm 时，再调整一次梁片的纵横向位置，确保连续缝或伸缩缝达到构造要求，而后继续落梁至横移设备的走板上。

5）墩顶横移就位。在导梁下弦杆上装设液压泵站供油，采用液压滚道系统分次顶推的方法实现预制梁在墩顶上的横移。

6）安放支座。当梁用液压杠顶进横移至支座上方，经检查前后左右无偏差时，利用千斤顶将梁顶起，撤除走板、滚架及滚道，安放支座，落千斤顶使梁片一端就位，然后用同样方法使梁片另一端也就位。

（4）架梁施工的安全措施：

1）所有架梁作业人员均须配戴安全帽，前端高空作业人员系安全带。架梁时墩顶面设安全网，桥下禁止行人、车辆通过。

2）对架桥机设备、起吊钢丝绳、桁梁主节点、电力系统、液压系统、千斤顶等重要部位按规定进行保养、检查，使架桥机处于良好的工作状态。

3）雨天及 6 级以上大风天，停止架梁作业。

4）架桥机组装、解体、吊运、移梁应严格遵守操作规程和工艺流程。

5）架梁施工质量保证措施。架梁的关键是要保证梁位和支座安放的质量，除必须遵守《公路工程施工安全技术规程》（JTJ 076—1995）及《公路桥涵施工技术规范》（JTG/T F50—2011）的有关规定和设计要求外，还应符合下列规定。

a. 支座底面中心线与墩台支承垫石中心十字线相重合。

b. 梁端伸缩缝、连续缝符合设计要求。

c. 在保证梁梗竖直的前提下，梁片间隙应符合规定。

d. 支座底面与支承垫石以及支座顶面与梁底均应密贴，整孔梁不准有 3 条腿现象。

5.2.6.4　桥面铺装及附属设施

1. 桥面铺装

桥面铺装待全桥架设完毕后进行。施工时先绑扎桥面钢筋网，测量桥面控制标高，支模板，用空压机清理板梁上的杂物，并洒水湿润梁体后，方能浇筑混凝土。桥面铺装为连续钢筋混凝土，混凝土在拌和站集中拌和，由罐车运输至桥面，用插入式振捣器和平板振捣器振捣，行夯刮平。具体施工要点如下：

（1）控制好桥面混凝土的标高和平整度，误差不大于±10mm，施工中在桥面钢筋上安放行夯钢管轨道，每隔 3m 测量一控制点，确保桥面的标高、平整度和横坡度。

（2）现浇混凝土桥面前，用高压水将梁顶冲洗干净，按图纸所示的位置及尺寸预留好伸缩缝的工作槽，两伸缩缝间的现浇混凝土桥面板连续施工，两侧模板与现浇混凝土桥面平齐，待混凝土捣固密实后，用滚筒压开，保证现浇混凝土桥面板的平整度。

（3）桥面混凝土一定要进行二次收浆、拉毛，及时喷洒水养生。

2. 伸缩装置的安装

桥梁伸缩装置设 GQF-MZL80 型伸缩缝，施工安装程序要点如下：

（1）安装前，根据厂家提供的安装图纸在伸缩缝处按规定预留槽口（其中 f 值应根据当时气温确定）和预埋钢筋，且预埋钢筋的位置要准确。

（2）在桥面铺装完成后，对伸缩装置的位置采取临时保护措施，待伸缩装置预埋件检查合格后，采用 C10 混凝土填塞找平，以保护伸缩缝位置不变形，预埋件不受损坏。

（3）安装时，首先根据当时气温确定 a 值（伸缩装置宽度），并用专用夹具将伸缩装置固定，固定后的 a 值应符合确定值。

（4）测量确定伸缩缝的中心线和所处位置的标高，然后吊装就位，将伸缩装置的边梁锚筋与预埋钢筋焊接。

（5）浇筑混凝土时，待强度达到规定要求后再拆开模板和专用工具。

（6）安装好的伸缩装置的上面不得高于或低于桥面，边梁与桥面应紧密连接，其接缝不得有缝隙。

3. 桥面保护层（沥青层）的铺设

做防水处理的混凝土按照规定养生之后，其表面应平整、洁净，并至少晾干 10d。然后用刷子或喷枪给混凝土或砌体表面彻底刷上或喷上一道沥青胶结材料底层及 3 道防水沥青，每层均应在完全吸收后才喷刷下一层。在封层硬结前不应与水或土接触。当混凝土或气候条件不适宜时，不涂防水层。

沥青胶结材料防水层不在冬期施工。在炎热季节施工时，应采取遮阳措施，防止因烈日暴晒造成沥青流淌。

4. 桥面系施工

桥面系设计有护轮安全带、防撞护栏、铸铁泄水管等设施。桥面系施工不仅要求满足设计和使用功能，而且对外观质量也要求很高，因此桥面系施工的重点之一是控制好混凝土（预制件）和钢构件的外观、线型、标高等，使其平顺美观。施工工艺要求与质量标准按照《公路桥涵施工技术规范》（JTG/T F50—2011）执行。

5. 桥头搭板

（1）钢筋混凝土桥头搭板，台后填土的填料应以透水性材料为主，分层压实。台背回填前按设计要求做防水处理。

（2）台后地基如为软土，则应按设计依照规范要求处理，预压时进行沉降观测，预压沉降控制值应在施工搭板前完成。

（3）桥头搭板下的路堤按设计先做好排水构造物。

（4）钢筋混凝土搭板及枕梁采取就地浇筑的方法施工。

6．结构物处回填

结构物台背（包括桥台和锥坡等）处的回填是指结构物完成后，用符合要求的材料分层填筑结构物与路基之间的遗留部分。回填按图纸和监理工程师的指示进行，配备冲击夯或不小于 1t 的小型振动压路机。冲击夯用于边角和临近台背处的施工，振动压路机用于除边角和临近台背处较大范围内的施工。回填时坍工强度的具体要求及回填时间应符合《公路桥涵施工技术规范》（JTG/TF 50—2011）的有关规定。

回填材料，除图纸另有规定外，应选用透水性材料，如沙砾、碎石、矿渣和碎石土等，或半刚性材料，如石灰土等材料，或监理工程师同意的其他材料。填料的最大粒径不超过 50mm，含有淤泥、杂草、腐殖物的土不得使用。

台背填土顺路线方向长度，顶部为距翼墙尾端不小于台高加 2m，底部距基础内缘不小于 2m。结构物台背处的填土应分层填筑，当采用透水性材料时，每层松铺厚度不超过 200mm，结构物台背处的压实度要求从填方基底或台背顶部至路床顶面均为 98%。回填压实施工中，应对称回填压实并保持结构物完好无损。压路机达不到的地方，应使用小型机动夯具或监理工程师同意的其他方法压实。

7．桥面灯柱等附属设施施工

桥面灯柱等附属设施应按设计图纸和定型图纸施工。

5.2.7　工期及各分项工程的进度计划

在施工总工期的安排上，首先必须确保招标文件的工期要求，并力争提前，有一定的富余量。在各工序的安排上，应结合各工序的工作特点，以及气象等自然条件和各工序之间的衔接关系，遵照"均衡生产、突出重点、兼顾一般"的原则进行。

本工程因受冬期影响较大，实际施工时间较短，所以工程一上场，就必须多上设备，多开工作面，采用集中突击的办法平行作业，桥头预制场的场地平整应优先安排施工，为桥梁预制争取时间。工期及施工进度计划如下：

（1）实际安排总工期为 274d，暂拟定 2012 年 2 月 15 日开工，到 2012 年 11 月 14 日完工。

（2）各分项工程的施工顺序及工期安排如下：

1）施工准备安排在 2012 年 2 月 15 日至 3 月 1 日。

2）桥台工程、桩基及承台安排在 2012 年 3 月 1 日至 7 月 15 日。

3）墩台身及盖梁安排在 2012 年 5 月 1 日至 9 月 15 日。

4）梁体预制安排在 2012 年 4 月 1 日至 9 月 1 日。

5）梁体吊装安排在 2012 年 8 月 1 日至 10 月 15 日。

6）桥面铺装及附属设施施工安排在 2012 年 10 月 15 日至 11 月 14 日。

各分项工程工期安排详见表 5.7。

施工顺序安排为先施工桥起点方向的桩基、承台和墩台身，在首批桩基施工后，即可开挖承台和施工墩台身，形成平行流水作业。施工准备期间迅速将桥台路基整平，以使制

表 5.7		工　期　安　排		
序号	工程项目	开工日期	完工日期	持续时间/d
1	施工准备	2012 年 2 月 15 日	2012 年 3 月 1 日	16
2	桥梁基础	2012 年 3 月 1 日	2012 年 7 月 15 日	137
3	墩台身及盖梁	2012 年 5 月 1 日	2012 年 9 月 15 日	137
4	梁体预制	2012 年 4 月 1 日	2012 年 9 月 1 日	153
5	梁体吊装	2012 年 8 月 1 日	2012 年 10 月 15 日	75
6	桥面铺装及附属设施	2012 年 10 月 15 日	2012 年 11 月 14 日	31

梁厂及早形成生产能力。在预判约 30 片梁后进行架桥机拼装、架梁。待全桥梁体架设完毕后，在进行桥面铺装和桥面附属设施的施工。

5.2.8　确保质量和工期的措施

1. 确保工程质量的措施

（1）工程质量管理机构。

1）工程质量管理机构框图如图 5.12 所示。

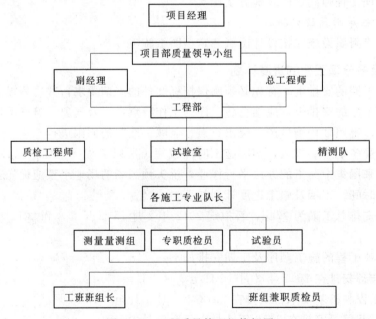

图 5.12　工程质量管理机构框图

2）质量管理的职责。对本合同段的工程质量实行工程质量终身负责制，建立层层负责的质量岗位责任体系，项目经理、总工程师、质检工程师、试验工程师和工程队长按相应职责和管理权限签订质量终身负责责任状，确保质量措施得到层层落实。

项目部设工程部，下设安质室，负责本合同段的具体质量管理工作。在项目经理和总工程师的领导下，由专职质检工程师负责本合同段的质量管理工作。各施工队设专职质检员，各工班设兼职质检员。施工期间，工程部每月组织一次由总工程师参加的质量检查，召开一次工程质量总结分析会。各施工队及时进行施工中间的检查及完工质量检查，并评出质量等级。班组坚持"三检制"，自检合格后，专职质检员进行全面的检查验收。然后，由项目部质检工程师验收合格，报请监理工程师验收签字。发现违反施工程序，不按设计图纸、规范、规程施工的，使用不合格的原材料、成品和设备的，各级质检人员有权制止，必要时向主管领导汇报并提出停工整顿的建议。

3）建立健全以项目总工程师为首的技术质量管理体系。项目部设工程部，下设安质室、精测队、试验室，配备相应的专业工程师。各施工队设技术室，均配主任工程师1名、专业工程师2～4名。实行技术工作统一领导、分级管理，划分各级技术权限，明确各级技术负责人的职责，推行技术责任制，开展技术优质服务。

（2）管理措施。

1）加强质量教育。施工队伍进场后，实行分项、分工序专项质量教育，有的放矢，标准明确，使全项目上下形成创优声势。

2）加强技术培训和技术指导工作。

a. 加强技术培训。定期或不定期组织职工开展岗位技能培训，学习有关规范、技术标准及有关规定。

b. 加强施工过程中的技术指导。认真做好设计图纸的自审与会审，充分理解设计意图，逐级进行技术交底，严格按设计图、相关技术规范及操作规程要求进行施工。技术人员深入现场精心指导，质检测试人员准确检测、严格把关。强化工序、工种、工艺的质量控制，对一些重点工序建立质量管理体系，专人负责，对关键性的重点工艺开展 TQC 活动，组织技术攻关。技术管理体系框图如图 5.13 所示。

3）积极开展 QC 小组活动，采取自愿组织或行政组织等方式，做好质量小组的活动组织、资料管理、成果推广的总结工作。结合本合同段的实际情况，成立提高工序质量和工程质批的 QC 小组，真正解决路基、桥涵等施工中的关键质量问题，提高工程质量，降低物能消耗，提高经济效益。

4）健全完善各种工程质量检查验收签证制度。严格执行各项质量检验程序，通过全方位、全过程的质量控制，确保创优目标的实现。

5）开展目标管理。根据质量目标和创优规划提出的各项指标，从项目部到班组层层分解工作指标、管理指标、各项保证指标和操作指标，层层抓落实，保证各项指标的实现，确保质量总目标的实现。

6）积极开发科技新成果。大力推广应用新技术、新设备、新材料和新工艺，以先进的技术确保高质量的产品。

7）严格实行质量终身责任制。认真贯彻国务院办公用引到办发 1999（16）号《国务院办公厅关于加强基础设施工程质量管理的通知》（国办发〔1999〕16 号）精神，严格实行质量负责制和质量终身责任制，实行企业法人代表、施工负责人、各级技术人员及工班负责人工程质量负责制，层层签订质量责任书，做到责任落实到位，使各级管理人员在实施过程中始终坚持"质量第一"的方针，确保工程质量。

8）建立健全并严格执行各种质量管理制度。

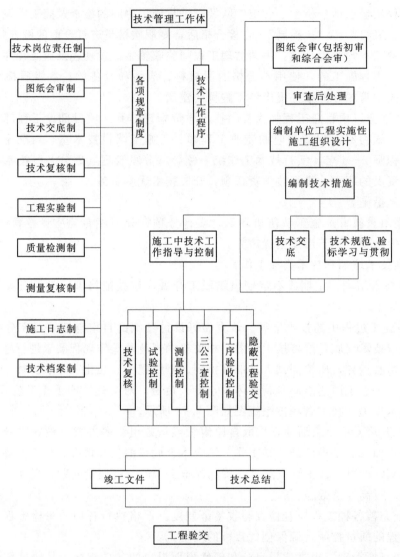

图 5.13　技术管理体系框图

　　a. 认真执行工前技术交底制。开工前向全体参建职工进行技术交底，交设计意图、交技术标准、交质量标准、交施工方法、交施工中的注意事项，进行专项技术培训，使全体施工人员质量目标明确，标准清楚，施工方法得当，工艺操作符合要求。

　　b. 认真贯彻执行"三工三查"制度，即工前交底、工中检查指导、工后总结评比。坚持施工过程中的"五不施工"和"三不交接"的规定。"五不施工"，即：未进行技术交底不施工；材料无合格证、试验不合格不施工；上道工序或成品、半成品未经检查验收不施工；隐蔽工程未经监理工程师检查签证不施工；图纸和技术要求不清不施工；"三不交接"，即：无自检记录不交接；未经质检人员验收不交接；施工记录不全不交接。工程质量检验流程如图 5.14 所示。

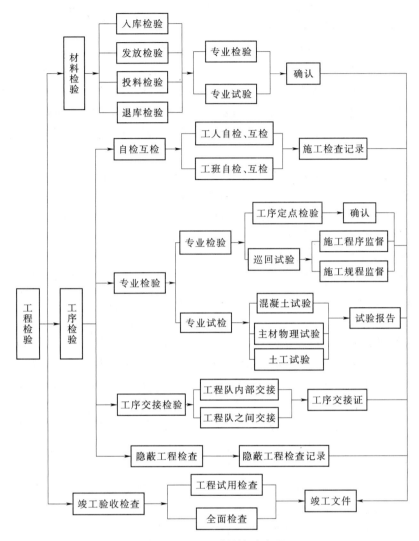

图 5.14　工程质量检验流程

c. 建立健全质量创优检查分析评比制度，开展创优竞赛活动，做到月有检查分析、季有质量评比、年有总结奖惩。坚持施工过程三级质量检测制度，即"跟踪检测""复测""抽检"，通过施工过程中的三级质量检测达到及时发现问题、及时解决问题的目的，杜绝质量事故的发生。

d. 坚持原材料、成品、半成品的现场验收制度。对原材料、成品及半成品由质检工程师组织相关部门及施工队的有关人员进行验收，确保各单项材料的性能符合技术要求。

e. 建立原材料采购制度。对原材料采购制订合理的采购计划，根据施工合同规定的质量规范标准及工程招标文件的要求精心选择供应商，同时严格执行质量鉴定和检查方法，并按规定进行复试检验，确认达标后方可接纳使用。杜绝因料源渠道混杂而导致材质失控的情况发生。

f. 坚持检测仪器设备的计量检定制度。各种检测仪器、仪表均应按照《中华人民共和国计量法》的规定进行定期或不定期的计量检定；工地设专人负责计量工作，设立账卡档案进行监督和检查；仪器设备的检测由工地试验室指定专人管理。

g. 坚持测量资料换手复核制度。测量资料需换手复核后，交总工程师审核，现场有关测量标记须定期复核检测。

h. 坚持隐蔽工程检查签证制度。凡属隐蔽工程项目，首先由班、队、项目部逐级进行自检，自检合格后会同监理工程师一起复检，检查结果填入验收表格，并由双方签字。

i. 建立施工资料管理制度。施工原始资料的积累和保管由专人负责，及时收集整理，分类归档。

j. 坚持岗前培训制。主要工序、工种均要培训、考核，合格者持证上岗，新工人或职工调换工作岗位时，均按要求进行岗前培训。

9) 树立全优意识，实行样板先行。靠样板引路，确保施工中的第一根桩基、第一个墩台、第一根梁达到全优；树立样板，从中选定最佳工艺参数。对技术性较强的操作还要组织工前示范讲解，以点带面，实现全优。

10) 服从并主动协助监理工程师的监理和业主的检查指导。严格执行监理工程师的决定和业主的指导检查意见，并为监理工程师的监理工作创造良好的工作、生活环境。

(3) 工程质量控制。

1) 工艺控制措施。工程开工前，认真编制实施性施工组织设计，经监理工程师审批后，严格按照审批后的施工组织设计施工。对主要分部分项工程编制施工方案，科学地组织施工。在施工过程中，经常检查施工组织设计及施工方案的落实情况，以确保施工生产的正常进行。

2) 工程材料。保证工程材料按质、按量、按时、安全地供应到工地是提高和保证质量的前提。因此，对采购的原材料、构件、半成品等材料，应建立健全进场前的检查验收和取样送检制度，杜绝不合格材料进入现场。

对外购材料应按规定进行检查，合格后方可运到预制场或工地。在运输时，材料应堆放整齐、绑扎牢靠，并有防雨、防雷措施。

预制场、拌和站和施工现场设专人收料，不合格的材料拒收。施工过程中有不合格的材料时，应及时清理出现场。

3) 施工操作控制。工程质量的好坏，单就工序质量来说，施工操作者是关键，是决定因素。施工操作者必须具有相应的操作技能，特别是对重点部位工程以及专业性很强的工种，应选择具有相应工种岗位实践技能的操作者，做到考核合格、持证上岗。

施工操作中，坚持"三检"制度，即自检、互检、交接检。所有工序坚持样板制，牢固树立"上道工序为下道工序服务"和"下道工序是用户"的思想，坚持做到不合格的工序不开工。按已明确的质量责任制检查落实操作者的落实情况，各工序实行操作者挂牌制，促进操作者增强自我控制施工质量的意识。在整个施工过程中，做到施工操作程序化、规范化，实行"工前有交底、工中有检查、工后有验收"的"一条龙"操作管理。

(4) 检测、试验保证措施。

1) 组织机构。

a. 根据本合同段工程项目的特点及试验要求。本合同段项目经理部中的工程部下设工地试验室。

b. 工地试验室设主任 1 人、试验工程师 3 人、试验员 1 人。主任由试验经验丰富的工程师担任。

c. 各施工队设 1~2 名专职试验员。

2）管理职责。工地试验室需鉴定各项工程材料的质量是否符合国家和行业标准；参加工地沙、石料场的调查选择，并督促工地取送样；进行质量复查；选定混凝土配合比、砂浆配合比；协助做好施工控制；协助工地料库做好有关材料的验收保管；参加试验研究和新成果的推广应用；负责工程试验资料的收集、统计、分析和管理，并及时提出报告；指导各施工队开展试验工作。

3）测试仪器设备和设施。根据试验检测规程对工作环境条件的要求，确保试验工作正常进行，按要求建立能控制温度、湿度的标准养护室、水泥检测室等试验工作间。根据工程施工特点及试验项目要求，本着轻便灵活、环境适应性强的原则进行试验仪器设备的配备。本工程项目须配置水泥、沙、石、混凝土砂浆常规及耐久性能、土工试验、水质分析、金属材料、桩基无损检测、现场结构量测、环境监测等测试仪器设备。各种测试仪器设备由工地试验室统一管理。建立仪器设备台账和技术档案，实行标志管理。对贵重的、精密的、大型的仪器设备指定仪器负责人，制订操作细则，按周期进行检修保养，使用时及时填写使用记录。计量仪器设备按规定周期送检或自校，仪器合格后才能投入使用。建立仪器设备的使用、修理、保养、送检和校验等制度。

4）检验与试验。对采购的原材料、成品和半成品按规定要求进行检验和试验，确保未经检验或验证不合格的产品不投入使用或安装。检验和试验的工作流程如图 5.15所示。

a. 原材料的检验与试验。由材料员配合试验人员取样，并请监理工程师旁站签认。材料员、仓库保管员将已验证或检验和试验合格的物资做好《物资验收记录》，填写《材料点验单》，并按要求进行标识后，方可入库或发往现场使用。在使用前需复验的物资，由试验室复验，复验合格后方可投入使用。

b. 过程检验和试验。保证检验与试验的准确性和可靠性，防止施工过程中不合格工序或不合格品（半成品）转序，确保施工过程的质量符合规定要求。项目部在组织施工前按程序规定，确

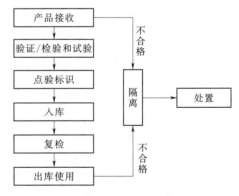

图 5.15 检验和试验的工作流程

定工程质量目标和检验所有工序的转序必须经质检工程师的签字认可，在所需要的检验、试验或验证前，不得转入下一道工序。所有检验和试验的记录需清晰、完整、准确无误、结论明确、有签字日期。设专人收集、整理、保存过程检验和试验记录。

c. 最终检验和试验。通过最终检验和试验，提出产品符合规定要求的证据。制订最终检验和试验计划，各有关部门按照检验和试验内容，依据合同要求、设计要求及相关法规、标准和试验规程，对进货、检验和试验记录进行审核并加以确认，填写"单位工程质

量自检评定"，最终检验和试验结果由监理工程师签证。完成最终检验和试验后，编写"工程竣工验收报告"，并附有关附件，向业主提出竣工申请。

（5）混凝土质量控制。

1）模板。承台、墩台身、系梁及盖梁模板采用大块整体钢模，工形梁、T 形梁采用工厂加工的定型钢模。为保证混凝土结构以及构件的位置、形状、尺寸符合要求，保证工程结构和构件部分形状尺寸位置的正确和准确，满足混凝土具有设计要求的强度和密实度等指标，做到模板不变形、接缝不漏浆，故应建立一套完整的模板质量控制体系。

2）混凝土的拌制、运输及浇筑。为了严格控制混凝土的质量，设立混凝土拌和站集中搅拌，混凝土输送车运输，混凝土输送泵灌注。

3）混凝土的养护。混凝土浇筑后，应进行洒水养护，对于墩身采用塑料薄膜覆盖养护。冬期不安排混凝土施工，低温时按冬期施工办理。

4）质量控制程序。为确保混凝土的配合比、拌制、运输、浇筑、养护和拆模满足设计和规范的要求，建立混凝土工程质量控制程序。混凝土工程质量控制程序如图 5.16所示。

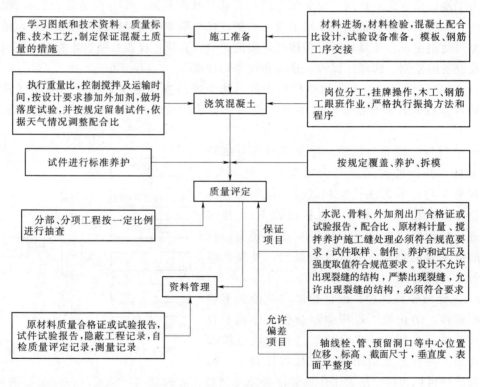

图 5.16　混凝土工程质量控制程序

（6）隐蔽工程质量保证措施。

1）把好隐蔽工程检查验收关。做好隐蔽验收记录，对于隐蔽检查中提出的问题进行认真处理，经复验符合要求后，方可办理签证手续，进行下道工序。隐蔽工程施工完毕后，由工班长在隐蔽验收记录中填写工程的基本情况，由施工队的技术负责人签字，项目经理部的质检工程师检查合格后请监理工程师进行检查验收。参加检查的人员按隐蔽检查单的内容进行检查验收后，提出检查意见。若检查中存在问题需要进行整改时，施工班长在整改后，再次请有关各方进行复查，达到要求后，方可办理签证手续。

隐蔽工程验收合格后，技术负责人方可安排进行下一道工序的施工。施工队的技术负责人在隐蔽工程验收后，及时将验收记录送至项目部的内业技术人员审核无误后归档。

2）把好隐蔽工程检查签证关。坚持隐蔽工程检查签证制度，先由施工质量检查员检查合格后，报请监理工程师复检签证，不经签证的工程不得进行隐蔽和下道工序作业。实行工班自检、工序互检、质检人员专检、监理检查签证的四级检查制度，对不合格的工程，坚决返工重做，并对交接人员进行追查，按照奖优罚劣制度，做到奖罚分明。

3）把好资料建档关。项目经理部和施工队设专职和兼职资料员，从开工到竣工资料移交期间，专门负责资料建档，确保工程完成时资料的真实、齐全、有效。

2. 保证工期的主要措施

（1）充分发挥我单位从事桥梁施工任务所积累的较为丰富的施工经验、拥有较强机械设备能力和现代化科学管理的优势。中标后，组织精干、高效、整体功能强、运转效率高的项目部，全面负责组织本合同段的实施。

（2）合同签订后，立即组织技术力量雄厚、施工经验丰富、设备配套齐全、战斗力强的施工队伍上场，并做好开工前的准备工作。做好技术准备，熟悉设计文件，领会设计意图，办理交接桩，搞好复测和材料取样鉴定，编制好实施性施工组织设计，优化施工方案，搞好技术交底，搞好物资准备，做好材料计划，疏通供应，抓好施工力量及时到位，及时配合业主办理征地手续，做好施工便道、临时房屋、临时供电线路、临时给水管路及其他临时工程的修建工作。保证做到"三快"，即进场快、安家快、开工快。工期保证体系如图 5.17 所示。

（3）加强管理，在业主的指导下，施工中做到统筹规划、周密安排、有序施工，强化计划管理、网络管理、目标管理和成本管理，抓住关键工序，控制每个循环的作业时间，减少工序的搭接时间。

（4）配备性能优良、数量满足施工要求的各种机械设备和运输车辆，做到机械设备齐全、配置合理、性能先进，以保证施工进度和施工质量的要求。在施工中，科学地组织机械化"一条龙"作业和流水作业，加强对机械设备的管理，做好设备的用、保、修工作，组织好设备配件的采购、供应，配足常用易损配件，提高设备的完好率和利用率，保证机械化生产的顺利进行，保证工程进度的落实。

（5）根据工程需要，加强资金调度，工地设专用账号，专款专用，做好施工中的资金保障。

（6）做好施工中的技术保证工作。在接到设计资料后，立即组织有关专业技术人员进行图纸会审，认真领会设计意图，积极与设计单位沟通，抓紧时间进行技术指导和测试工作，杜绝技术性失误。积极推广应用"四新"和开展"五小"的革新工作，不断改进施工作业工艺，提高工效，加快施工进度。

（7）通过健全的质量保证体系、严格的质量管理制度和行之有效的质量保证措施，确保各项工程施工一次成优，避免返工。

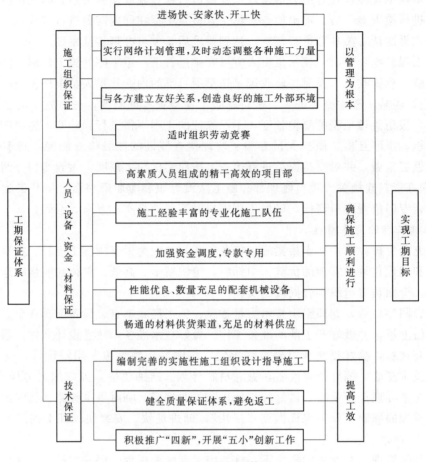

图 5.17　工期保证体系

（8）搞好计划管理，保持均衡生产，施工进度分阶段控制。技术、计划部门根据本合同段工程量和总工期的要求，结合施工组织设计，编制年度和季度计划。生产调度和各施工队根据季度计划制订周计划和月计划、做到以月保季、以季保年、以年保总；开展目标管理，搞好经济承包，包任务、包投资、包工期、包安全、包工程质量、包环境保护落实政策，奖惩兑现，提高全体职工的主动性、创造性。

（9）施工过程中，加强指挥与协调，定期召开工程分析会。每天按时召开调度交班会，根据存在的问题及时调剂力量、设备和器材，保证施工的顺利进行。

（10）抓好施工的正规作业、标准化施工，通过合理的施工组织、正确的施工方法提高施工进度，做到稳产高产，防止大起大落。

（11）制订切实可行的雨期施工措施，加强便道的维修和管理，保证便道全天候使用。工地建立储备料场，以保证雨期和施工高峰期材料的供应。

（12）在工序的安排上，对直接制约后续工程的工序优先安排，集中优势"兵力"，打"歼灭战"。

（13）创造良好的施工环境。主动与建设、设计、监理单位建立良好的关系，通力合作，主动认真接受监督指导。与当地政府及沿线群众建立融洽的关系，取得他们的支持和帮助，解决施工中遇到的相关问题，减少干扰，确保施工的顺利进行。与公路交管部门和铁路车站及工务部门建立融洽的关系，取得他们的支持和帮助。

5.2.9　冬期和雨期的施工安排

为了保证工程的质量和施工进度，减少冬、雨期对施工的影响，在冬、雨期来临之前，编制冬、雨期施工项目实施性施工组织设计，报监理工程师批准，并采取以下措施：

1. 雨期的施工措施

（1）成立抗洪抢险办公室，制定抗洪抢险措施，对施工人员进行雨期施工和防洪抢险的教育。

（2）每天设专人收听天气预报，掌握气象信息，合理安排施工。

（3）施工安排如下：

1）雨期施工安排的原则。雨期施工的工作面不宜过大，逐段、逐片分期施工、对于受洪水危害的工程抢在雨期来临前完工。在保证工程质量和安全的前提下，尽量安排室内作业和受雨水影响不大的工程项目在雨期施工。在雨期到来前，做好充分准备。

2）为确保雨期公路的畅通，雨期前对影响施工运输的公路进行改善、整修和加固。

3）混凝土灌注完毕后，要及时回填和覆盖保护。如在灌注混凝土时突然下雨，应在已灌注的混凝土表面覆盖塑料布、篷布等遮雨物。安排在河道内施工的项目，要备有足够的人员，一旦有险情，及时将机械设备撤离。

4）水中墩不安排在雨期施工，个别桥墩基础在水中施工时，要做好施工围堰的防水和排水。同时，桥梁雨期施工时，做好洪水的预警工作。

（4）雨期前做好材料特别是沙石料的储备工作，材料料场设在地势较高处，周围设排水沟，并加强对水泥库的巡视，确保覆盖牢固。

（5）施工驻地、施工库房、机械设备的停放点设在地势较高处，并做好防排水设施。

（6）对施工人员配备必要的劳保用品，增建必要的避雨棚，设置有关的卫生设施等。防汛工作保证体系如图 5.18 所示。

2. 冬期施工措施

按照《公路桥涵施工技术规范》（JTG/T F50—2011）的规定，室外日平均气温连续5 天低于 5℃时，混凝土、钢筋混凝土、预应力及砌体工程按冬期施工。

（1）冬期施工的工程，应做好冬期施工组织计划及准备工作，对各项设施和材料提前采取防雪、防冻措施。

（2）加强与气象部门的联系，确保气象信息收集渠道畅通，及时掌握气象变化情况。

（3）编制冬期施工方案及制定相关的技术措施，并对有关人员进行技术交底和培训。

（4）落实有关工程材料、防寒物资、能源的储备，以及机械车辆的防寒设施。

（5）冬期施工的工程，预先做好冬期施工组织计划，并报监理工程师批准。

（6）冬期施工期间，水泥采用硅酸盐水泥或普通硅酸盐水泥配制混凝土，且其抗压强度达到设计强度的 30％前不得受冻。C15 及其以下的混凝土，当其抗压强度未达到 5 MPa 前，也不得受冻。

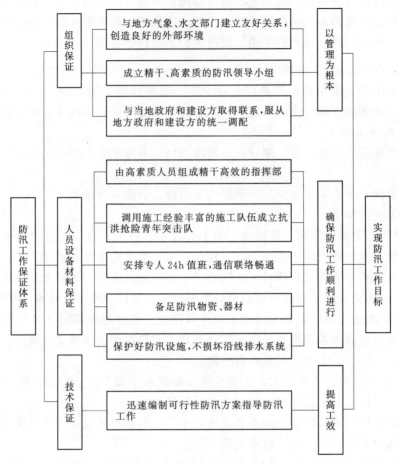

图 5.18 防汛工作保证体系

（7）冬期钢筋加工应符合相关规范的有关规定。

（8）冬期混凝土的配制和运输应符合下列规定：

1）选用硅酸盐水泥和普通硅酸盐水泥时，宜选用较小的水灰比和较低的坍落度。

2）水及骨料满足混凝土浇筑需要的加热温度。首先将水加热，其加热温度不宜高于80℃。当骨料不加热时，水可加热至80℃以上，先投入骨料和已加热的水，拌匀后再投入水泥。当加热水尚不能满足要求时，应将骨料均匀加热，其加热温度不高于60℃。片石混凝土掺用的片石可预热。当拌制的混凝土出现坍落度减小或发生速凝现象时，应重新调整拌和料的加热温度。混凝土的搅拌时间应较常温施工延长50%。

3）骨料不得混有冰雪、冻块及易被冻裂的矿物质。

4）拌制设备设在温度不低于10℃的厂房或暖棚内。拌制混凝土前及停止拌制后，用热水冲洗搅拌机。

5）冬期混凝土的运输容器采用覆盖保温措施。运输时间应缩短，并减少中间倒运。

（9）冬期混凝土的浇筑应符合下列规定：

1）混凝土浇筑前，清除模板及钢筋上的冰雪和污垢。

2）当旧混凝土面外露钢筋（预埋件）暴露在冷空气中时，应对距离新、旧混凝土施工缝 1.5m 范围内的旧混凝土和长度在 1.0m 范围内的外露钢筋（预埋件）进行防寒保温。当混凝土不需要加热养护，且在规定的养护期内不致冻结时，对于非冻胀性地基或旧混凝土面，可直接浇筑混凝土。混凝土采用机械振捣并分层连续浇筑，分层厚度不得小于 20cm。

（10）冬期混凝土的养护与拆模应遵守下列规定：

1）混凝土开始养护时的温度应按施工方案通过热工计算确定，但不得低于 5℃，细薄截面结构不宜低于 10℃。

2）所采用的保温措施应使混凝土的温度下降到 0℃ 以前，达到相关规范规定的强度。

3）混凝土浇筑成型后，应立即采取防寒保温措施。保温材料按设计方案设置，并保持干燥。结构的边棱隅角应加强覆盖保温，迎风面应采取防风措施。

4）采用蒸汽加热法养护的混凝土，当水泥采用标号不低于 425 号的硅酸盐水泥和普通硅酸盐水泥时，养护温度不得超过 60℃。

5）采用暖棚法养护混凝土时，棚内底部温度不得低于 5℃，且混凝土表面应保持湿润。棚内采用煤炭加热时，应将烟气排出棚外。

（11）拆除模板和保温层时应符合下列规定：

1）当混凝土已达到抗冻规定强度后，方可拆除模板。

2）混凝土与环境的温差不得大于 15℃。当温差在 10℃ 以上，但小于 15℃ 时，拆除模板后的混凝土表面宜采取临时覆盖措施。

3）采用外部热源加热养护的混凝土，当养护完毕后的环境气温仍在 0℃ 及以下时，需将混凝土冷却至 5℃ 以下后，方可拆除模板。

5.2.10　质量、安全保证措施

1. 质量保证体系

（1）质量目标及创优规划。质量目标是一次性验收合格，争创优良。产品质量目标是使工程竣工验收达到《公路工程质量检验评定标准第一册土建工程》（JTG F80/1—2004）中的优良标准，保证全桥创优规划的实现；服务质量目标是力争顾客满意度达到 100%；工作质量目标是参与各项质量管理活动的人员 100% 执行质量管理体系文件的规定，保证产品质量和服务质量目标的实现。具体创优规划如下：

1）明确质量目标，给予本项目准确的质量定位。围绕质量目标，开展行之有效的质量活动，确保质量目标的实现。

2）严格按照集团公司质量体系文件的操作，认真执行 ISO 9001 2000 的标准，确保公司质量体系在本项目的有效运行，以全员的工作质量保证工程质量。

3）制定适合本项目的质量内控标准，严格各项工艺的操作程序。本合同段内的混凝土采取混凝土拌和站集中拌和，所有混凝土模板统一用整体钢模。

4）现场文明施工。各种原材料堆放整齐、有序，均树立标识牌。各分项工程树立质量责任牌。现场从事与质量有关的人员均需佩戴上岗证。

5）各种内业资料齐全，签证及时、规范，并做到专人专室保管。

（2）质量保证体系的建立。严格按照公司质量体系的要求，建立健全质量保证体系，明确各级质量责任。质量保证体系如图 5.19 所示。

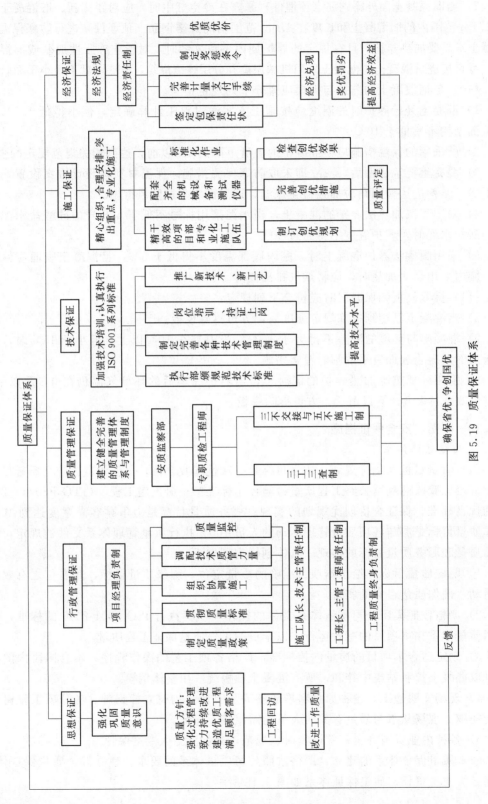

图 5.19 质量保证体系

2. 安全保证体系

(1) 安全生产目标。本项目的安全生产目标如下：

1) 人身安全。杜绝因工、非因工的重大伤亡事故。职工轻伤控制在 2 人以下。

2) 交通安全。无公路重大责任事故。

3) 机械设备安全。无重大机械设备事故。

4) 消防安全。无火灾事故。

(2) 安全保证措施和安全保证体系。

1) 增强安全意识，提高安全认识，强化教育和培训，提高职工素质，始终贯彻"安全第一、预防为主"的方针。认真贯彻落实党和国家领导人对安全工作所做的重要指示，以职工夜校、工地黑板报、安全标语等多种形式，加强安全教育，提高全员的安全意识。

2) 建立健全安全体系，完善安全管理制度。

3) 认真执行 ISO 9001 2000 标准，深入开展安全标准化工地。认真执行"安全控制程序"，使安全控制程序有效运行。在施工过程中以开展安全标准化工地建设为载体，强化施工过程控制，坚持标准化作业，实现软、硬件双达标。

4) 抓好高空作业和架梁的安全管理。本项目要把桥梁的深基坑开挖和桥梁墩身施工作为安全控制的重点。基坑开挖要加强支护。桥梁墩身支架要做稳定性验算，桥梁上部结构施工要挂防护网。桥梁施工所用的龙门吊必须是国家大型机械厂生产的产品。架桥机施工严格按照操作规程操作。

5) 针对河道区的特点，搞好安全控制。

6) 加强车辆和设备的安全管理工作。机械车辆和压力容器的操作人员必须经过正规培训，持证上岗。坚持定期检验、维修保养的工作，保证其在运行中处于良好的状态。加强设备和用车的管理。车辆在公路上行驶时，要遵守交通规则。

7) 加强森林防火教育，杜绝火灾事故的发生。在施工期间用火要执行有关规定，防止火灾事故的发生。

8) 落实负责制和严格事故报告制度。实行安全生产逐级负责制，做到职责明确、权责统一，充分发挥各级职能作用。在本项目中推行安全生产承包负责制和安全风险抵押制度，项目经理和施工队长是安全生产的第一责任人。

9) 坚持施工组织设计审核制。对施工组织设计要报批，施工组织设计必须有安全保证措施，施工方案要符合规范的安全系数。施工中严格按批准的施工组织设计施工。杜绝因方案不合理和不按方案施工造成的重大安全事故。

10) 施工中的具体安全保证措施。基础施工要尽量避开汛期，如不可避免，则要做好防洪、防汛工作。汛期要备足防洪抢险物资（如常用的草袋）。墩台身施工时，视墩高设安全网，确保作业人员的安全。所有架梁作业人员均须配戴安全帽，前端高空作业人员须系安全带。架梁时墩顶面设安全网，桥下禁止行人、车辆通过。对架桥机设备、起吊钢丝绳、桁梁主节点、电力系统、液压系统、千斤顶等重要机具或部位按规定进行保养、检查，使架桥机处于良好的工作状态。雨天、冰雪天及 6 级以上大风天，停止架梁作业。架桥机的组装、解体、吊运、移梁需严格遵守操作规程和工艺流程。

3．施工交通干扰的解决措施

材料运输、部分墩台施工以及架梁作业均与既有公路交通发生干扰，主要施工材料由公路运输，施工时要做好交通配合工作，汽车运输要服从交通部门的管理，严格遵守交通规则，施工现场汽车运输与既有公路有干扰时，要与当地交通部门联系，要设置必要的行车标志，必要时设专人现场指挥，为公路运输、现场施工人员及周围群众提供安全和方便。加强车辆设备的管理，加强对司机的安全教育，严禁违章操作。加强车辆设备的保养维修，严禁带病作业。做到文明驾驶，安全行车。对施工便道要加强维修和保养，确保公路的畅通。

4．保护地下通信电缆的措施

施工前向有关单位获取地下通信电缆图，结合通信电缆图，用地下管线探测仪探明通信电缆的准确位置，在有通信电缆的位置（2m以内）严禁用机械开挖基础，人工开挖时在埋设位置小心轻挖，确保通信电缆不被破坏。

5.2.11 文明施工保证措施

1．环保、水保措施计划

（1）核实、确定施工范围内的环境敏感点，施工过程的重大环境因素，明确施工范围内各施工阶段应遵循的环保法律、法规和标准要求。

（2）在编制施工组织设计和分阶段施工方案时，有相应的施工区和生活区的环境保护措施计划。

（3）在施工计划中安排环境保护的具体工作任务，包括方案、措施、设施、工艺、设计、培训、监测和检查等项目，计算环境保护工作的工作量并做出经费预算。

（4）做好施工现场开工前的环保准备工作，对开工前必须完成的环保工作列出明细表，明确要求，逐项完成。在开工前完成工地排水和废水处理设施的建设，在生活营地设置污水处理系统，并配备临时的生活污水汇集设施，防止污水直接排入排灌系统，保证工地排水和废水处理设施在整个施工过程的有效性，做到现场无积水、排水不外溢、不堵塞、水质达标。

（5）对桥梁基坑挖方按规定弃置，并采取必要的措施防止弃土流失。

2．环境保护措施

（1）水、大气环境的保护措施。

1）在施工区和生活区设置污水处理系统，不得将有害物质和未经处理的施工废水直接排放，并备有临时的污水汇集沉淀设施，过滤施工、生活废水。

2）保护施工区和生活区的环境卫生，定期清除垃圾，集中运至当地环保部门指定的地点进行掩埋或焚烧处理。

3）在施工区和生活区设置足够的临时卫生设施，定期清扫处理。

4）施工现场如设置油料库，则库房的地面、墙面须做防渗漏处理，并指派专人负责油料的储存、使用和保管，防止因油料的跑、冒、滴、漏而污染土质、水体。

5）对柴油机安装防漏油设施，对机壳进行覆盖围护，避免漏油污染。

6）对施工便道，定期压实地面和洒水，减少灰尘对周围环境的污染。装卸有粉尘材料时，采用洒水湿润或遮盖的方式，防止沿途撒漏和扬尘。

7）施工中采取保护措施，保护饮用水源不因施工活动而被污染。

（2）施工噪声、振动的控制。设备选型时优先考虑低噪声产品，设备底座设置防振基础。采取措施或改进施工方法，使施工噪声、振动达到《建筑施工场界环境噪声排放标准》（GB 12523—2011）规定的标准。

1）施工组织采用三班制作业，使工人每个工作日实际接触噪声的时间符合国家卫生部和劳动总局颁发的允许工人日接触噪声时间标准的规定。

2）选择低噪声的设备。对噪声超标的移动性设备一律不用；对固定式高噪声设备，在选型时严格比较噪声大小。

3）改革施工工艺和设备，机械尽可能采用液压设备或以摩擦压力代替机械振动。

4）合理布置各种施工工作区和生活工作区，利用距离、隔墙使噪声大幅度自然衰减。

5）出入现场的机械、车辆做到不鸣笛、不急刹车。加强设备维修，定时保养润滑并对与施工无关的人员和车辆加以控制，以避免或减少噪声。

（3）粉尘的控制。

1）对施工现场的地面，定期进行压实或洒水，以减少灰尘对周围环境的污染。对易引起尘害的细料堆，应予以遮盖或适当洒水。

2）不在施工现场焚烧有毒、有害和有恶臭气味的物质。

3）装卸有粉尘的材料时，应采取洒水湿润或遮盖的方式，以防止沿途撒漏和扬尘。

（4）植被与生态环境保护。布置大、小临时工程时尽量选用荒地，加强对临时工程用地的生态环境保护。对于裸露的地表采用植草和种植树木绿化等方式进行覆盖。做好施工场地周围的植被保护，禁止破坏。在弃渣时，由专人指挥、堆放整齐、平整边坡，并设挡墙，进行绿化。施工过程中杜绝在设计的专用弃渣场以外的地点倾倒弃渣和弃土。

3．文明施工的保证措施

为加强施工现场的管理，提高文明施工水平，创建文明工地，结合本标段的实际情况，成立文明施工领导小组，加强对施工现场、机械、现场安全、保卫、卫生等方面的管理。

（1）文明施工的措施。

1）组织领导。成立以主管施工生产的项目副经理为组长的文明施工领导小组。对施工现场的文明施工进行监督、指导、检查，对违反文明施工的行为，有权责令限期整改或停工整顿，甚至处罚。各施工队成立以队长为组长的施工现场文明施工小组，负责各施工区域内施工现场的文明施工管理工作，并结合实际情况制订文明施工管理细则。

2）现场管理。施工现场管理是施工生产的核心，文明施工直接影响企业的形象。从工程上场开始，就把文明施工当做一件大事来抓，强化施工现场管理。施工场内的所有物品严格按施工现场平面布置图定位放置，做到图物吻合。同时，根据工程进展，适时地对施工现场进行整理和整顿，或进行必要的调整。

3）营区管理。

a．在开工前编制好实施性施工组织设计，绘制施工组织网络图、现场总体平面布置图，并做到科学、合理，以满足现场施工的要求。

b．主要规章制度及施工总体平面布置图、施工组织网络图、施工进度图等应挂上墙壁，各种图表标注应规范和醒目。主要规章制度包括施工质量控制制度、施工安全制度、岗位职责以及现场管理制度等。

c. 各种公告牌和标志牌内容齐全、式样规范、位置醒目。施工现场的主要入口设置简朴规整的大门，门旁设立明显的标牌，如工程概况牌、安全生产牌、文明施工牌、组织网络牌、消防保卫牌以及施工总平面图等。施工营地设置整齐美观的围墙，并按总部文明施工管理的规定，在征得建设单位的同意后，在围墙上间隔布置工程名称等。水泥混凝土拌和站设置标有混凝土理论配合比、施工配合比、每盘混凝土各种材料的用址、外加剂的名称及用量、坍落度等内容的公告牌。各类公告牌、标志牌包括施工公告牌、指路标志、减速标志、危险标志以及安全标志等。

d. 建立文明施工责任区，划分区域，明确管理人，实行挂牌制，做到现场清洁整齐。食堂卫生符合卫生标准。

e. 对各类水泥混凝土拌和场内的地面进行硬化，保证施工现场的场地平整、公路坚实畅通，设置相应的安全防护设施和安全标志，周边设排水设施。人行通道的路径避开作业区，设置防护，保证行人安全。基础、管道等施工完成后及时回填平整，清除积土。

f. 施工现场临时水电派专人管理，不得有"长流水、长明灯"情况的发生。

g. 施工现场的临时设施，包括生产、办公、生活用房，仓库、料场以及照明、动力线路等，严格按施工组织设计确定的位置布置、搭设或埋设整齐。

h. 施工操作地点和周围应保持清洁整齐，做到活完脚下清、工完场地清。对丢洒的砂浆、混凝土等生产过程中产生的建筑垃圾应及时清运到指定地点，保证施工现场的整齐、干净、卫生。施工现场严禁乱堆垃圾及余物。在适当的地点设置临时堆放点，并定期外运，并且采取遮盖防漏的措施，保证运送途中不遗撒。

i. 针对施工现场情况设置宣传标语和黑板报，并适时更换内容，切实起到表扬先进、促进后进的作用。

j. 对施工便道进行维护保养，保证晴雨通车，经常清扫、洒水，防止尘土飞扬影响当地居民群众的正常生活、生产活动。

（2）现场物资的管理。

1）现场物资材料供应按计划进场，既保证施工生产使用又避免因进料过多而造成无处堆放。

2）对进入现场的物资材料应分类堆放整齐有序，部分搭盖顶棚或覆盖。

3）砂浆、混凝土在搅拌、运输和使用的过程中，做到不撒、不漏、不剩。

4）对成品采取严格的保护措施，严禁污染损坏成品。

（3）现场机械的管理。

1）现场使用的机械设备，按平面布置规划固定，定点存放。遵守机械安全规程，经常保持机身及周围环境的清洁，机械的标记、编号应明显，安全装置应可靠。

2）对清洗机械时排出的污水采取排放措施，不得随地流淌。

3）在使用的搅拌机、砂浆机等旁设沉淀池，不得将水直接排入沟渠等处。

4）确保装运建筑材料、土石方、建筑垃圾等的车辆，在行驶途中不污染公路和环境。

（4）办公、生活设施。

1）办公室干净、卫生、整齐。职工宿舍做到通风、明亮、保暖、隔热，地面采用水泥砂浆铺地面砖。

2）职工食堂干净、卫生，锅台、锅灶用瓷砖贴面，食堂工作人员在上岗前到当地防疫部门进行健康检查，在取得健康合格证后才可上岗。操作时应穿工作服、戴工作帽，食物容器上有生熟标记，餐具经过严格消毒。执行防蝇、防鼠的措施，职工饮水桶加盖、加锁。

3）厕所派专人管理，生活垃圾及时处理，有条件的工地设立职工浴室和诊所。

（5）建设工地良好的文明氛围。

1）对职工经常进行文明施工教育，建设一支高素质的职工队伍，提高文明施工水平。

2）经常性地对职工进行以职业理想、职业责任、职业纪律和职业技能为主要内容的职业道德教育，培养职工良好的职业道德。

3）处理好与当地人民群众的关系，积极参与当地精神文明的建设。

（6）现场的安全、保卫、卫生管理。

1）建立健全安全保卫制度，落实治安、防火工作。严格按照公安、消防部门的要求设置防火设施，定期对灭火器等消防设施进行检查，保证防火设施的使用功能。

2）施工人员统一佩戴工作卡，做到戴证、持证上岗。

3）进入现场的施工人员一律戴安全帽，遵守现场的各项规章制度。

4）经常对工人进行法纪和文明教育，严禁在施工现场打架斗殴及进行黄、赌、毒等非法活动。

5）生活区内，根据人员情况设置厕所及淋浴室，并派人专门负责清洗，保证无异、臭味。

6）项目经理部设卫生所，负责工地员工的医疗保健，做好防病治病，开展医疗卫生宣传。

复 习 思 考 题

1. 公路工程施工组织设计文件主要包括哪些内容？
2. 桥梁工程施工组织设计文件主要包括哪些内容？

项目6 计算机辅助施工组织设计简介

【学习目标】

通过对 Microsoft Project 项目管理软件基本功能的学习，了解它对施工组织设计编制所起的作用，掌握利用 Microsoft Project 编制横道图和网络图的方法。

【学习任务】

工作任务	能力要求	相关知识
计算机辅助施工组织设计软件简介	了解 Microsoft Project 项目管理软件的基本功能	(1) 管理施工进度； (2) 资源分配与管理； (3) 项目的成本管理； (4) Microsoft Project 编制进度计划
利用计算机辅助软件编制横道图	掌握利用 Microsoft Project 编制横道图的方法	(1) 创建新项目计划； (2) 设置工作日； (3) 输入任务； (4) 连接任务； (5) 甘特图文件的格式化与打印
利用计算机辅助软件编制网络图	掌握利用 Microsoft Project 编制网络图的方法	(1) 节点格式与信息显示； (2) 节点的调整与移动

工作任务6.1 计算机辅助施工组织设计软件简介

Microsoft Project（以下简称 MS Project）是美国微软公司开发的项目管理软件，软件设计的目的在于协助项目经理发展计划、为任务分配资源、跟踪进度、管理预算和分析工作量，它是目前在国际上最为流行的项目管理软件工具。在各类 IT 集成及软件开发项目、新产品研发、房地产开发项目、设计项目、工程建设项目、投资项目、企业中许多项目管理中发挥着巨大的作用，它将先进的项目管理思想与信息技术完美结合，帮助企业规范项目管理的流程和增强执行效果。第 1 个版本的 MS Project 是 1984 年一家与微软合作的公司发布给 DOS 使用。1985 年，微软买了这个软件并发布第 2 版本的 MS Project。第 3 版本的 MS Project 于 1986 年发布。第 4 版本的 MS Project 也于 1986 年发布，这是最后一个基于 DOS 版本的 MS Project。第一个基于 Windows 的 MS Project 于 1990 年发布，这被标记 Windows 的第 1 版。第 1 版 MS Project 为微软 Project for Windows 95，发布于 1995 年。其后版本各于 1998 年、2000 年、2003 年、2006 年、2010 年发布，并且微软已于 2012 年 10 月 29 发布 msdn 版本。

近几年，在公路建设中得到了非常广泛的应用，在许多项目上要求用它来编制施工组织设计。借助 MS Project 软件不仅可以编制施工进度计划，它还可以为每道工序分配各种资源（工料机等），从而生成资源需求计划图表，如果为资源指定了使用成本，则可以对施工组织设计的经济性做出评价。除此之外，MS Project 具有很强的跟踪、沟通、协调管理等功能。下面只对其中施工进度功能管理、资源分配、成本管理功能做一简单介绍。

6.1.1 管理施工进度

利用 MS Project 可以很方便地编制施工进度计划。首先，输入并组织需完成施工任务的列表，包括每项任务的工期，指定任务的先后逻辑关系。利用这些信息，MS Project 将创建一个进度计划安排（包括甘特图和网络图），并可核对这个进度计划，在必要时做出调整。在开始工作后，可以跟踪实际的开始和完成日期、实际完成任务的百分比和实际工时。跟踪实际进度可显示所做的更改影响其他任务的方式，从而最终影响项目的完成日期。项目进度计划的编制内容如下：

（1）日历设置（工作日、非工作日、项目日历、任务日历和资源日历）。

（2）WBS 分解（分级的层次结构建议，任务备注如何使用，80 小时法则）。

（3）工期设置（分钟、小时、天、周、月，弹性工期，摘要任务工期计算、估计工期用法）。

（4）关联性设定（4 种关联性、网络图解释、关联设置的方法与技巧）。

（5）关键路径（概念、作用、实践的用法）。

（6）项目进度压缩方法（赶工、快速跟进、并行工程、修改日历）。

（7）检查进度计划是否满足要求，如果不满足应如何调整。

（8）进度计划的输出（打印技巧、时间段任务的筛选、照相机的使用）。

6.1.2 资源分配与管理

项目资源就是指完成任务所需的人员、设备和原材料等，资源负责完成项目中的任务。完成项目计划，需要对资源进行有效的管理，可以为项目建立一个资源库，输入资源的基本信息，然后为每个任务分配资源。分配的资源可以是单个的人或一台设备，也可以是一个工作组。MS Project 根据分配的资源来计算每项任务的工期，资源分配是否合理对项目产生直接的影响。项目资源计划编制的内容如下：

（1）资源规划（项目中所需各种资源的情况介绍）。

（2）资源表的建立（人力资源、设备资源、材料资源和成本资源）。

（3）资源分配（资源分配的方法）。

（4）资源分配状况查看（资源冲突的原理、资源冲突后如何处理）。

（5）资源调配（资源冲突、工作量如何调配）。

（6）资源计划输出（按资源筛选任务、按资源进行分组任务、按时间筛选资源的任务）。

（7）资源计划与进度计划的协调（资源计划会反过来影响进度计划，需要协调哪一个更优先）。

6.1.3 项目的成本管理

施工组织设计的经济性如何，可以使用 MS Project 的成本管理功能来评价。MS Project 不仅可以预测和计划项目成本，而且可以跟踪和控制项目成本。它采用自下而上的成本估算方法，即确定资源的基准费率以及各个任务的固定成本，然后由 MS Project 计算出资源、任务的成本，进而推算出整个项目的成本。项目费用计划编制的内容包括：

（1）项目费用如何估算。

（2）项目费用科目如何划分。

（3）项目费用与资源的关系。

（4）项目费用的分配。

（5）项目费用的执行。

（6）项目费用超支后如何处理。

（7）项目费用计划、资源计划与进度计划的互相影响。

（8）项目费用的统计分析。

6.1.4 Microsoft Project 编制进度计划

下面重点学习 Project 的其中一项功能，那就是如何编制施工进度计划图。

1. 3 套时间的概念与运用

如图 6.1 所示为软件中的时间概念。

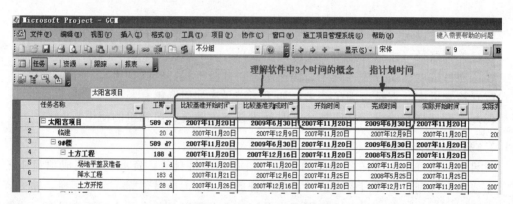

图 6.1 软件中的时间概念

（1）基准时间。项目进度计划排定后，经审核通过，即可成为指导整个项目施工过程的基准。我们将这一计划中的时间明确记录下来，固定成为所谓的"基准时间"。这一时间将成为在后续工作中进行对比分析偏差的"原点"。在 Project 软件中，工具栏里有跟踪项，然后单击"保存"按钮保存比较基准，这里保存比较基准可以是整个项目，也可以是选中的一些节点。选中某些节点进行保存非常适合进度一次不能够完全排好的情况，把已经确认的一些节点的比较基准保存下来，另外一些等计划时间安排好后再进行保存。

（2）实际时间。在施工的实际过程中，生产人员根据现场当前实际开工的分项工程和完成的分项工程，在进度计划中填写"实际时间"，这一组时间是现实的客观记录。

（3）滚动计划时间。这一计划在最初是和"基准时间"完全相同的。过程中，随着每一次填写分项工程实际开始时间或完成时间，我们需要马上重新排定进度计划。例如，一个分项工作完成了，我们有了实际完成时间。根据原先确定的各分项工程间的逻辑关系和计划耗用时间，我们可以重新排定全部计划。

为什么要重新排定计划呢？因为如果这项工作脱期了，有可能原先不是"关键工作"的分项工程，在新的计划中成为了"关键工作"。也就是说，我们的管理和控制重点将发生改变。随着实际时间的填入，不断生成的计划，这就是滚动计划。

2. 进度计划的操作步骤

（1）设置项目的开始时间。打开工具栏中"项目"选项中的"项目信息"命令，如图6.2所示；设置项目开始日期，如图6.3所示。

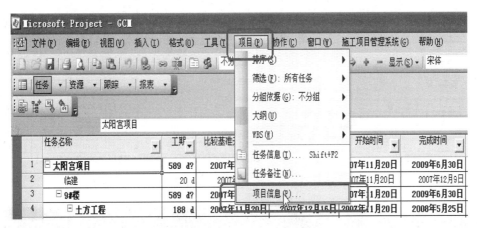

图 6.2　打开"项目"选项中的"项目信息"命令

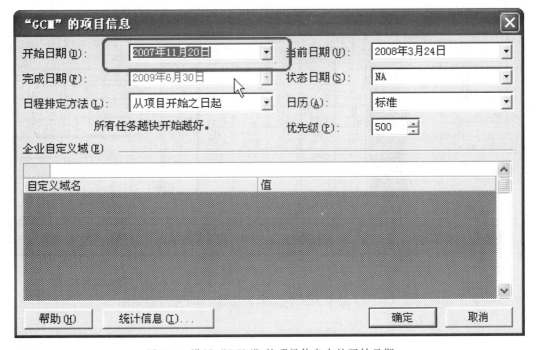

图 6.3　设置"GCM"的项目信息中的开始日期

（2）设定工作时间。Project 默认的工作时间一般周六、周日为非工作时间。而建筑工程中编制进度计划是不考虑周六、周日的。所以要将 Project 中的默认工作时间进行更改，将周六、周日改为非默认工作时间。

操作步骤如下：

选中工具→更改工作时间命令，选择要更改的时间列→将所选的日期设置为非默认工作时间，如图6.4、图6.5所示。

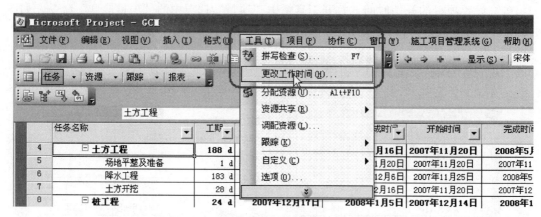

图6.4　打开"工具"选项中的"更改工作时间"命令

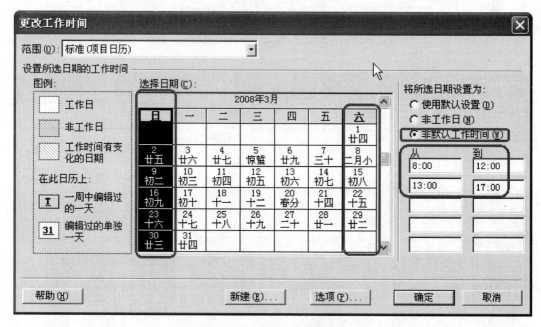

图6.5　"更改工作时间"窗口

注：非工作时间在Project当中为灰色显示，工作时间为白色显示。

（3）添加任务名称。

1）添加新任务。需要插入一项新的任务，如图6.6所示，需要在第8项任务前插入一项新任务，有两种方法：

a. 单击"任务8"的任务序号，单击工具栏中的"插入"命令，如图6.6所示。

b. 单击任务8的任务序号，右击"新任务"命令，如图6.7所示。

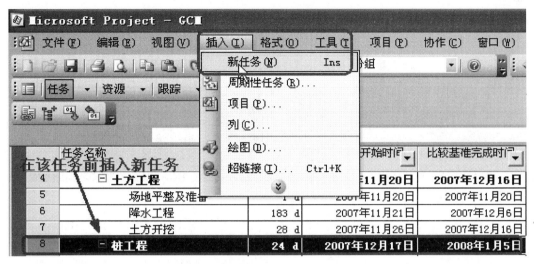

图 6.6　"插入一项新任务"窗口

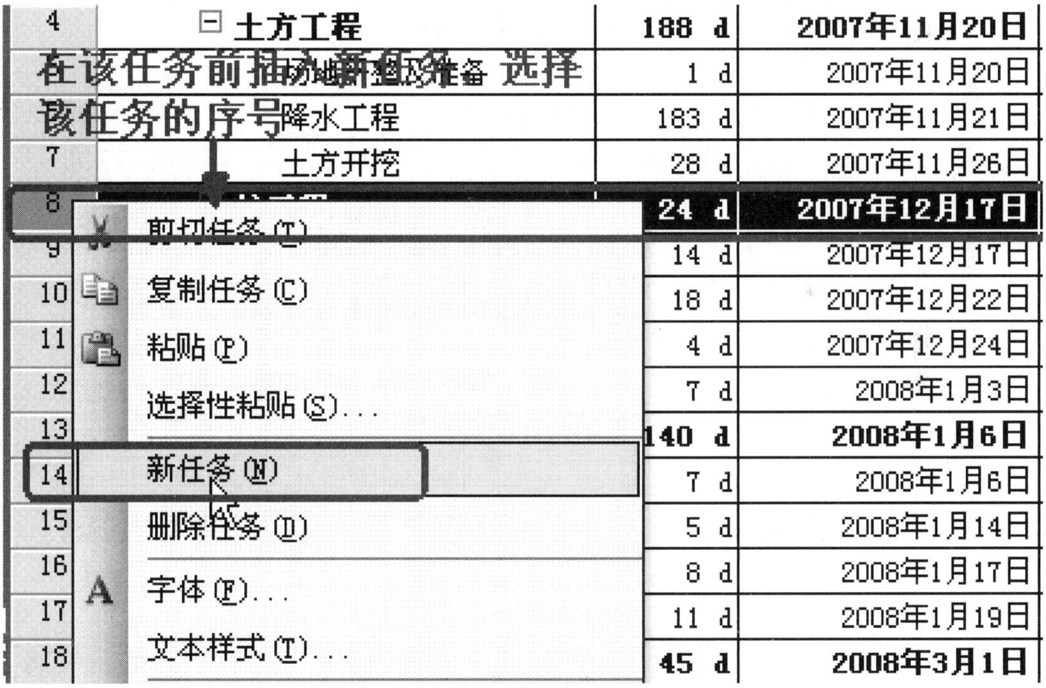

图 6.7　右击"新任务"命令

2）复制任务。

a. 首先选中需要复制的任务范围，如图 6.8 所示。

b. 在某任务前，执行粘贴复制的命令，或者在计划末，执行粘贴复制的命令，右击执行"粘贴"命令，如 6.9 所示。

（4）设定任务级别。在"任务名称"域中，单击需要降级（移动到层次结构中的低一级）或升级（移动到层次结构中的高一级）的任务，如图 6.10 所示。其中单击"降级"

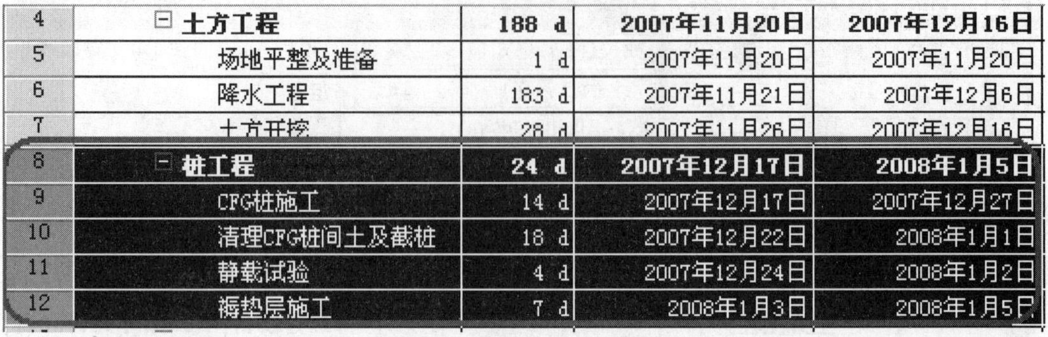

4	⊟ **土方工程**	**188 d**	**2007年11月20日**	**2007年12月16日**
5	场地平整及准备	1 d	2007年11月20日	2007年11月20日
6	降水工程	183 d	2007年11月21日	2007年12月6日
7	土方开挖	28 d	2007年11月26日	2007年12月16日
8	⊟ **桩工程**	**24 d**	**2007年12月17日**	**2008年1月5日**
9	CFG桩施工	14 d	2007年12月17日	2007年12月27日
10	清理CFG桩间土及截桩	18 d	2007年12月22日	2008年1月1日
11	静载试验	4 d	2007年12月24日	2008年1月2日
12	褥垫层施工	7 d	2008年1月3日	2008年1月5日

图 6.8　选中需要复制的任务范围

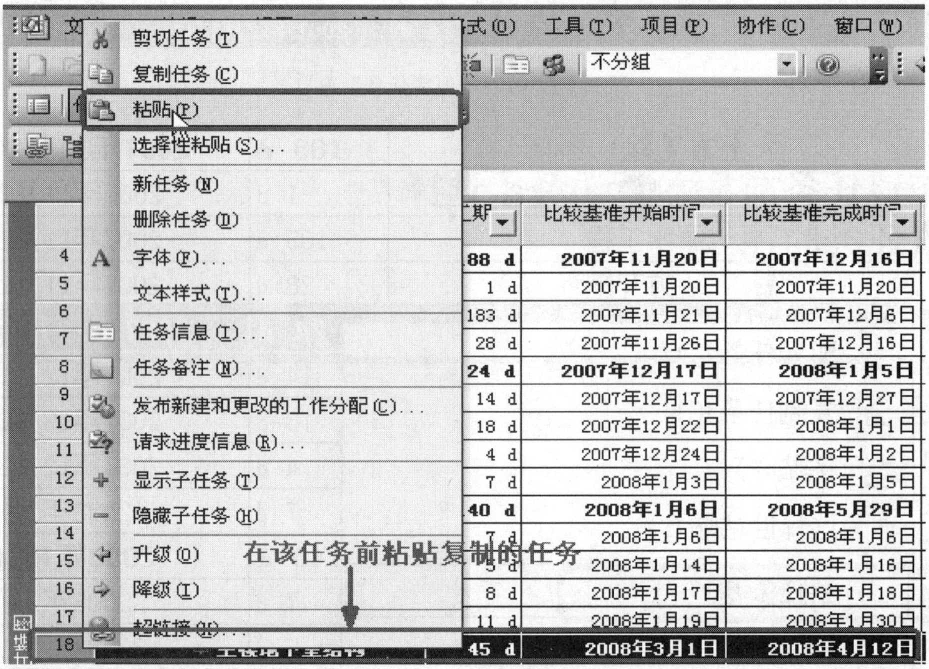

图 6.9　执行"粘贴"命令

图 6.10　设定任务级别

按钮 ➡ 将任务降级，单击"升级"按钮 ⬅ 将任务升级。

（5）设定任务间的关系。当已经确定需要完成哪些任务，可以通过链接相关任务将其排序。例如，有些任务可能必须在其他任务开始前完成，有些任务可能依赖另一项任务的开始才能执行，如图 6.11 所示。

图 6.11　任务间建立链接关系

选择"任务名称"域中要按所需顺序链接在一起的两项或多项任务。要选择不相邻的任务，按 Ctrl 键并单击任务名称；要选择相邻的任务，按 Shift 键并单击希望链接的第一项和最后一项任务。然后单击"链接任务"  按钮，如图 6.12 所示。

图 6.12　"链接任务"按钮

在默认情况下，Microsoft Project 创建完成—开始类型的任务链接。可以将这种链接改为开始—开始、完成—完成或完成—开始类型的链接。

注：①如果要取消任务链接，请在"任务名称"域中选中希望取消链接的任务，然后单击"取消任务链接"按钮，该任务将根据与其他任务或限制的链接重排日程，如图 6.13 所示；②可以通过双击"甘特图"中的链接线，快速向后续任务添加前置重叠时间或延隔时间，然后在"任务相关性"对话框中键入前置重叠时间或延隔时间的总量，如图 6.14 所示。

图 6.13　"取消任务链接"按钮

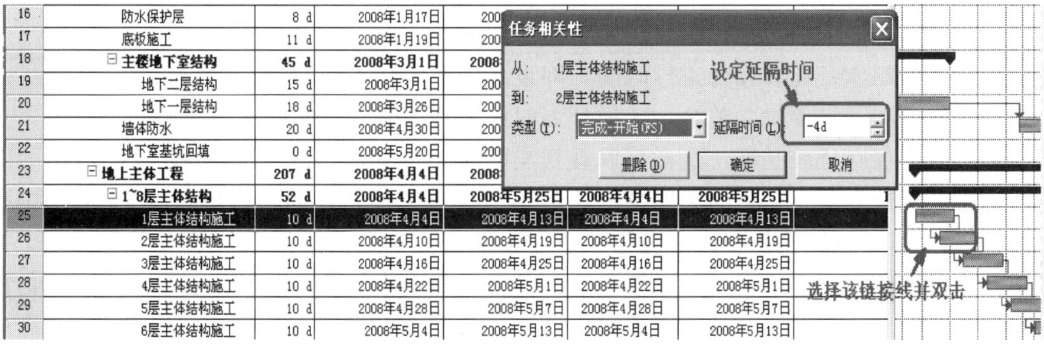

图 6.14　设定延隔时间

（6）设置任务工期。在"工期"列，直接输入工期即可，如图 6.15 所示。

23	⊟ **地上主体工程**	**207 d**	**2008年4月4日**	**2008年9月10日**	**2008年4月4日**	**2008年10月27日**
24	⊟ **1~8层主体结构**	**52 d**	**2008年4月4日**	**2008年5月25日**	**2008年4月4日**	**2008年5月25日**
25	1层主体结构施工	10 d	2008年4月4日	2008年4月13日	2008年4月4日	2008年4月13日
26	2层主体结构施工	10 d	2008年4月10日	2008年4月19日	2008年4月10日	2008年4月19日
27	3层主体结构施工	10 d	2008年4月16日	2008年4月25日	2008年4月16日	2008年4月25日
28	4层主体结构施工	10 d	2008年4月22日	2008年5月1日	2008年4月22日	2008年5月1日

图 6.15 设置任务工期

（7）保存比较基准。

1）如果是第一次编制进度计划，可以直接单击工具栏的"工具"选项，再单击"跟踪"命令，然后单击"保存比较基准"命令，如图 6.16、图 6.17 所示。

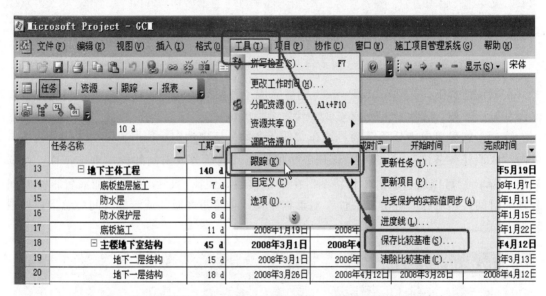

图 6.16 选择"工具"选项中的"跟踪"→"保存比较基准"命令

2）如果是分期编制进度计划，前期已经保存过"比较基准"，且已有任务进行了实际时间的跟踪，则保存比较基准时，应选择需要保存比较基准的任务范围，再保存比较基准，如图 6.18 所示。

3．注意要点

（1）要将周六、周日设为工作时间，即设成"非默认工作日"。

（2）任务间一定要设立关系，这样计划时间才会随着实际时间动态调整。

（3）注意保存比较基准，这样可以看到实际时间和原有计划之间的差距。

施工进度计划图有横道图和网络图两种形式。横道图，也叫条状图，在 Project 中称为甘特图，"甘特图"视图由两部分组成：左边的表和右边的条形图。条形图包括一个横跨顶部的时间刻度，它表明时间单位。图中的条形是表中任务的图形化的表示，表示的内容有开始时间和完成时间、工期及状态（例如，任务中的工作是否已经开始进行）。图中的其他元素如链接线，代表任务间的关系。网络图，是一种图解模型，形状如同网络，故称为网络图，主要用于描述项目中任务之间的相关性。在网络图中，以方框节点表示任

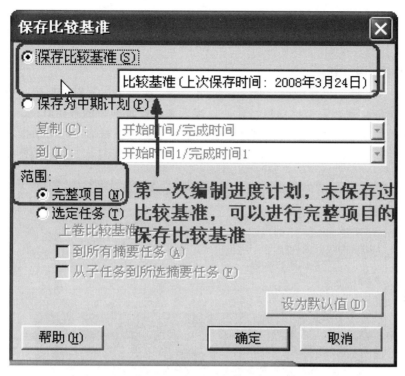

图 6.17 "完整项目的保存比较基准"对话框

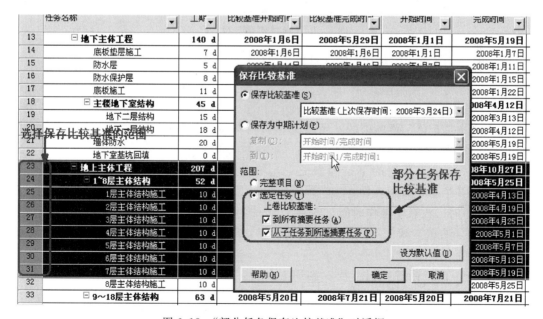

图 6.18 "部分任务保存比较基准"对话框

务，以节点之间的链接线表示任务之间的相关性。

下面的章节分两部分来讲，分别为横道图编制和网络图编制。

工作任务 6.2　利用计算机辅助软件编制横道图

6.2.1　创建新项目计划

（1）单击"文件"菜单中的"新建"命令。在"新建项目"对话框中，单击"空白项目"命令。Project 新建一个空白项目计划，接下来，设置项目的开始日期。

（2）单击"项目"菜单中的"项目信息"命令，显示项目信息的对话框。

（3）在"开始日期"文本框中，输入或选择"2008 年 1 月 8 日"，如图 6.19 所示。

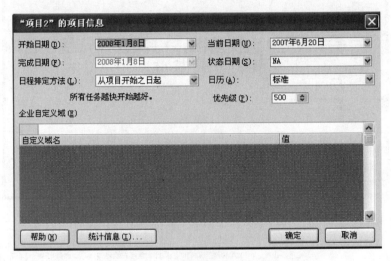

图 6.19　"项目信息"对话框

（4）单击"确定"按钮，关闭项目信息对话框。

（5）在"文件"菜单中，单击"保存"命令。

6.2.2　设置工作日

（1）单击"工具"菜单中的"更改工作时间"命令。显示"更改工作时间"的对话框，如图 6.20 所示。

（2）在"对于日历"的下拉列表框中，单击"下拉箭头"按钮。显示的列表包含 Project 中的 3 个基本日历，即：

1）24 小时：没有非工作时间。

2）夜班：夜晚轮班安排，周一晚到周六早，时间从 23：00～次日 8：00，中间有 1 小时休息时间。

3）标准：传统的工作日，周一到周五的 8：00～17：00，中间有 1 小时午餐休息时间。

只能有一个基本日历作为项目日历。对编制进度计划而言，将使用"标准"基本日历。因此，让它保持"选中"状态。

（3）在"例外日期"选项卡中的"名称"域中输入"工作日"，然后单击右侧的"详细信息"按钮，弹出如图 6.21 所示的对话框。

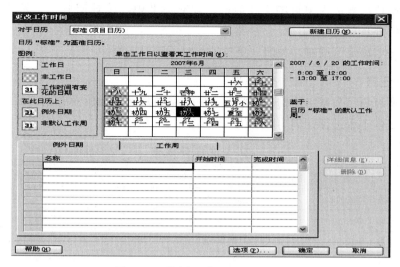

图 6.20　"更改工作时间"对话框

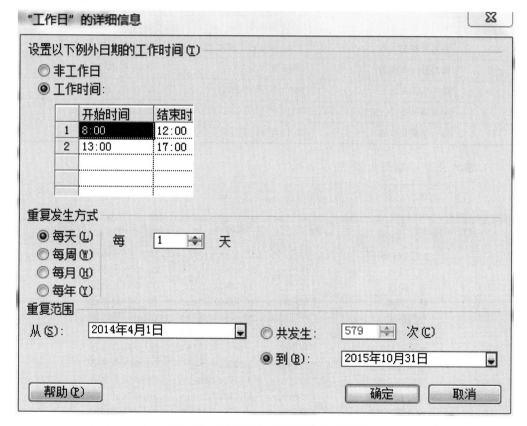

图 6.21　"工作日"的详细信息对话框

（4）选择"工作时间"前的单选按钮，重复发生方式选择"每天"前的单选按钮，
"重复范围"选择包含编制时间段的全部范围。单击"确定"按钮。

这个时间段已被定为项目的工作时间。在对话框中，该日期有一下划线，并呈深青色，表明是例外日期。

（5）单击"确定"按钮，关闭"更改工作时间"对话框。

6.2.3 输入任务

任务是所有项目最基本的构件，它代表完成项目最终目标所需要做的工作。

以表 6.1 的工程进度计划为例来输入任务。

表 6.1 工程进度计划表

序号	施工项目名称	开始施工时间	完成施工时间
1	施工准备阶段	2014 年 5 月 1 日	2014 年 5 月 20 日
（1）	施工准备	2014 年 5 月 1 日	2014 年 5 月 20 日
2	施工阶段	2014 年 5 月 21 日	2014 年 10 月 31 日
（1）	施工定测	2014 年 5 月 21 日	2014 年 5 月 31 日
（2）	电缆敷设	2014 年 6 月 1 日	2014 年 8 月 31 日
（3）	箱盒安装及配线	2014 年 6 月 10 日	2014 年 9 月 10 日
（4）	室外设备安装	2014 年 8 月 1 日	2014 年 9 月 15 日
（5）	室内设备安装	2014 年 8 月 1 日	2014 年 9 月 15 日
（6）	室内外设备试验	2014 年 9 月 16 日	2014 年 10 月 15 日
（7）	信号系统开通	2014 年 10 月 16 日	2014 年 10 月 31 日
3	综合调试及验收阶段	2014 年 11 月 1 日	2014 年 11 月 30 日
（1）	综合调试及验收	2014 年 11 月 1 日	2014 年 11 月 30 日

（1）输入任务，如图 6.22 所示。

	标识号	任务名称	工期	开始时间	完成时间	前置任务
1		施工准备阶段	1 工作日?	2014年4月15日	2014年4月15日	
2		施工准备	1 工作日?	2014年4月15日	2014年4月15日	
3		施工阶段	1 工作日?	2014年4月15日	2014年4月15日	
4		施工定测	1 工作日?	2014年4月15日	2014年4月15日	
5		电缆敷设	1 工作日?	2014年4月15日	2014年4月15日	
6		箱盒安装及配线	1 工作日?	2014年4月15日	2014年4月15日	
7		室外设备安装	1 工作日?	2014年4月15日	2014年4月15日	
8		室内设备安装	1 工作日?	2014年4月15日	2014年4月15日	
9		室内外设备试验	1 工作日?	2014年4月15日	2014年4月15日	
10		信号系统开通	1 工作日?	2014年4月15日	2014年4月15日	
11		综合调试及验收	1 工作日?	2014年4月15日	2014年4月15日	
12		综合调试及验收	1 工作日?	2014年4月15日	2014年4月15日	

图 6.22 任务计划表

注意：输入的任务会被赋予一个标识号（ID）。每个任务的标识号是唯一的，但标识号并不一定代表任务执行的顺序。

（2）调整任务。本项目共 3 个阶段，每个阶段对于它的子任务来说，属于摘要任务，在这需将它的子任务降级即可，找到"工具栏"中"降级"，单击"降级"按钮，如图 6.23 所示。

图 6.23　工具栏中的"降级"按钮

经过调整后的任务如图 6.24 所示。

	❶	任务名称	工期	开始时间	完成时间	前置任务
1		⊟ 施工准备阶段	1 工作日?	2014年4月15日	2014年4月15日	
2		施工准备	1 工作日?	2014年4月15日	2014年4月15日	
3		⊟ 施工阶段	1 工作日?	2014年4月15日	2014年4月15日	
4		施工定测	1 工作日?	2014年4月15日	2014年4月15日	
5		电缆敷设	1 工作日?	2014年4月15日	2014年4月15日	
6		箱盒安装及	1 工作日?	2014年4月15日	2014年4月15日	
7		室外设备安	1 工作日?	2014年4月15日	2014年4月15日	
8		室内设备安	1 工作日?	2014年4月15日	2014年4月15日	
9		室内外设备	1 工作日?	2014年4月15日	2014年4月15日	
10		信号系统开	1 工作日?	2014年4月15日	2014年4月15日	
11		⊟ 综合调试及验	1 工作日?	2014年4月15日	2014年4月15日	
12		综合调试及	1 工作日?	2014年4月15日	2014年4月15日	

图 6.24　调整后的任务计划

6.2.4　链接任务

Project 要求任务以特定顺序来执行。例如，任务 1 必须在任务 2 执行之前完成。在 Project 中，第 1 个任务称为前置任务，因为它在依赖于它的任务之前。第 2 个任务称为后续任务，因为它在它所依赖的任务之后。同样，任何任务都可以成为一个或多个前置任务的后续任务。

任务间的关系可以总结为表 6.2 所示的 4 种关系之一。

这样，可以通过上述的 4 种关系来创建任务间的链接来建立任务间的关系。

在链接任务之前，先介绍一下编制的习惯，正常编制应该是在创建任务时，在工期栏中为每个任务输入自己估计的工期，而编制进度计划的习惯是确定每一项任务的开始时间和完成时间，这其实是跳过了在输入任务之后的一个输入工期的步骤。下面继续介绍链接任务：

表 6.2　　　　　　　　　　　　　　　**4 种 关 系 类 型**

任务间的关系	含　义	甘特图中的外观	备注
完成—开始（FS）	前置任务的完成日期决定后续任务的开始日期		施工测量必须在电缆敷设之前
开始—开始（SS）	前置任务的开始日期决定后续任务的开始日期		箱盒安装工程的开始在室外电缆工程开始后进行
完成—完成（FF）	前置任务的完成日期决定后续任务的完成日期		需要特殊设备的任务必须在设备租期结束时完成
开始—完成（SF）	前置任务的开始日期决定后续任务的完成日期		极少用到此种类型的关系

（1）"施工准备"的开始时间为 2014 年 5 月 1 日，根据施工准备的完成时间为 2014 年 5 月 20 日，经计算为 20 个工作日，然后在工期一栏填入 20，在这要注意，一项任务的完成时间一定是确定了开始时间后，输入工期，然后确定任务的完成时间，而不是手动修改完成时间，如果是手动修改的，就容易与其后序项目产生逻辑错误。

（2）下面链接信号工程的第 1 项任务，"施工配合、测量"在施工准备完成后开始，所以是完成—开始（FS）关系链接。双击此项任务，出现一个"任务信息"对话框，如图 6.25 所示，把前置任务输入 2，2 就是"施工准备"的标识号，类型改为完成—开始（FS），延隔时间为 0d。

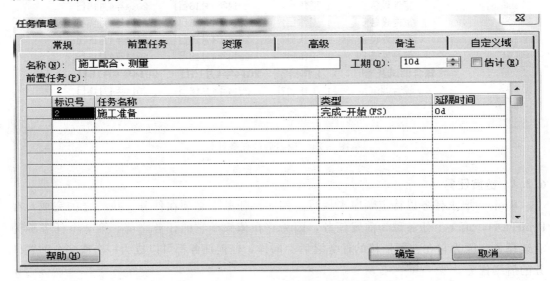

图 6.25　"施工配合、测量"的任务信息对话框

"电缆敷设"在"施工配合、测量"完成后开始，所以也是完成—开始（FS）关系链接。双击此项任务，出现一个"任务信息"对话框，如图 6.26 所示，把前置任务输入 4，类型改为完成—开始，延隔时间为 0d。

"箱盒安装及配线"应该是在"电缆敷设"开始时开始，所以是开始—开始（SS）关系链接。双击此项任务，出现一个"任务信息"对话框，如图 6.27 所示，把前置任务输

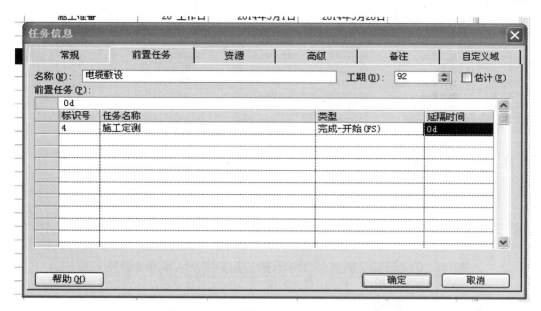

图 6.26 "电缆敷设"的任务信息对话框

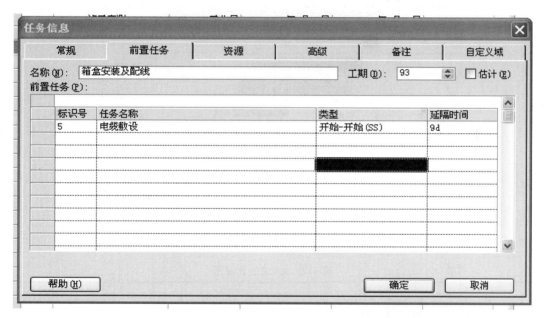

图 6.27 "箱盒安装及配线"的任务信息对话框

入 5，类型改为开始—开始（SS），延隔时间为 9d，也就是电缆敷设开始 9d 后开始。

依次类推，将剩余的任务链接完成，最后完成链接任务，如图 6.28 所示。

再次强调，除了第一项子任务是自定义项目的开始时间，其余任务的开始时间、完成时间都是通过与前置任务的链接关系及工期来确定的，千万不能手动修改一项任务的开始时间和完成时间。

此时生成的甘特图如图 6.29 所示。

	任务名称	工期	开始时间	完成时间	前置任务	1季度 2014年
						3	4
1	⊟ 施工准备阶段	20 工作日	2014年5月1日	2014年5月20日		
2	施工准备	20 工作日	2014年5月1日	2014年5月20日		
3	⊟ 施工阶段	164 工作日	2014年5月21日	2014年10月31日		
4	施工配合、测量	11 工作日	2014年5月21日	2014年5月31日	2	
5	电缆敷设	92 工作日	2014年6月1日	2014年8月31日	4	
6	箱盒安装及配线	93 工作日	2014年6月10日	2014年9月10日	5SS+9 工作日	
7	室外设备安装	46 工作日	2014年8月1日	2014年9月15日	6SS+52 工作日	
8	室内设备安装	46 工作日	2014年8月1日	2014年9月15日	4FS+61 工作日	
9	室内外设备试验	30 工作日	2014年9月16日	2014年10月15日	7,8SS	
10	信号系统开通	16 工作日	2014年10月16日	2014年10月31日	9	
11	⊟ 综合调试及验收阶段	30 工作日	2014年11月1日	2014年11月30日		
12	综合调试及验收	30 工作日	2014年11月1日	2014年11月30日	10	

图 6.28　信息链接任务

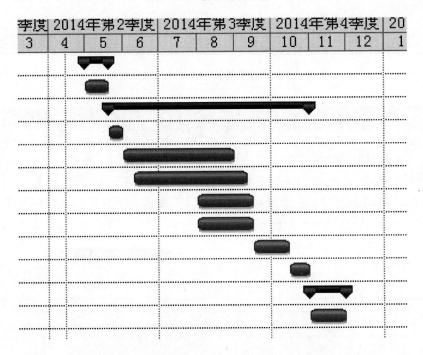

图 6.29　生成的甘特图

6.2.5　甘特图文件的格式化与打印

1. 格式化视图中的文本

可以格式化表中的文本，使用"文本样式"对话框（单击"格式"菜单中的"文本样式"命令打开此对话框）格式化一类文本。对某类文本所做的修改会应用于所有同类文本，如图 6.30 所示。

2. 自定义甘特图

单击"格式"菜单中的"条形图"命令打开此对话框，对甘特图的形状、图案及颜色进行修改，如图 6.31 所示。

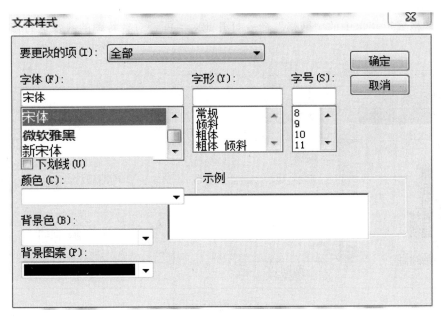

图 6.30　"文本样式"对话框

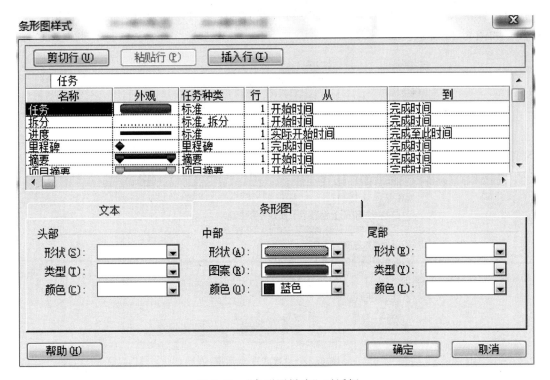

图 6.31　"条形图样式"对话框

　　此外，在条形图样式修改中，可以将多余的条形图样式删除，避免在打印时页脚中出现多余的图例。

3. 网格的修改

单击"格式"菜单中的"网格"命令打开此对话框,对甘特图的线条进行修改,如图6.32所示。

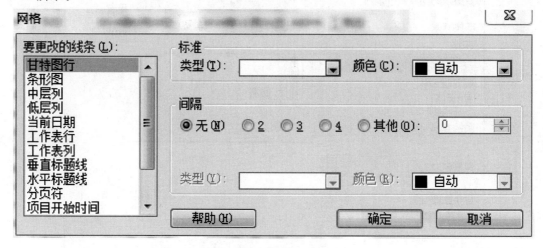

图 6.32 "网格"对话框

4. 如何去掉甘特图中链接线

单击"格式"菜单中的"版式"命令打开此对话框,可以选择有无链接线及链接线的样式,如图6.33所示。

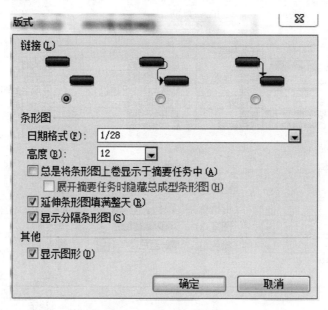

图 6.33 "版式"对话框

5. 时间刻度的修改

单击"格式"菜单中的"时间"命令打开此对话框,或双击时间刻度,可以修改时间刻度的格式,如图6.34所示。

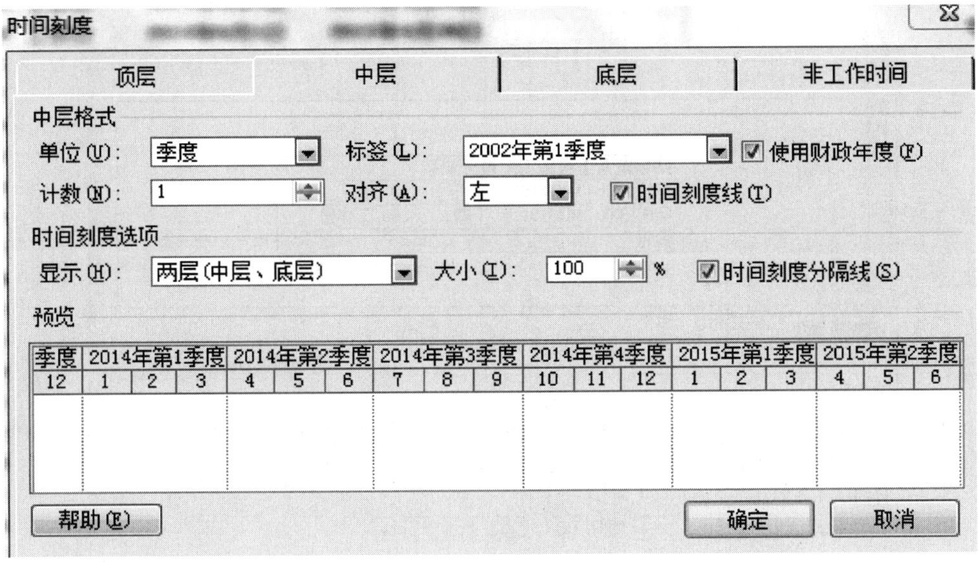

图 6.34 "时间刻度"对话框

6. 打印

单击"文件"菜单中的"页面设置"命令打开此对话框,对页面、页眉、页脚等进行设置,设置完成后打印。

到此,进度计划横道图编制完成。

工作任务6.3 利用计算机辅助软件编制网络图

甘特图编制好后,并把链接关系设置对后,然后单击"视图"菜单中的"网络图"命令,进入网络图视图页面。

6.3.1 节点格式与信息显示

1. 单一节点的格式化

在"网络图"视图中,选中待格式化的任务节点。

单击"格式"菜单中的"方框"命令或右击菜单中的"设置方框格式"命令,弹出"设置方框格式"对话框,如图 6.35 所示,可以设置数据模板、边框、背景等。

2. 设定不同类别任务的格式

在"网络图"视图中,单击"格式"→"方框样式"或右击菜单→"方框样式"命令,弹出"方框样式"对话框,如图 6.36 所示。

在对话框中可以设置方框类型(设置节点的外观等)、设置突出显示筛选样式(设定此类任务经过筛选后的显示样式,从此任务标志号开始显示数据(指定在预览框中所显示的信息是哪个标志号任务等)。

3. 网络图模板设置

单击图 6.36 中所示的"其他模板"按钮,打开"数据模板"对话框,选中插入项目,单击"编辑"按钮,如图 6.37 所示。

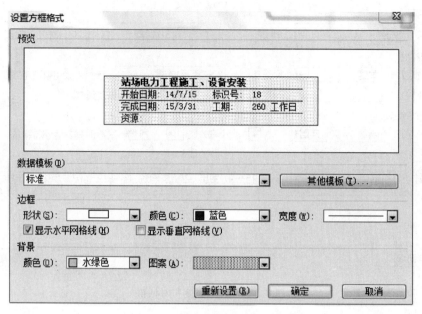

图 6.35 "设置方框格式"对话框

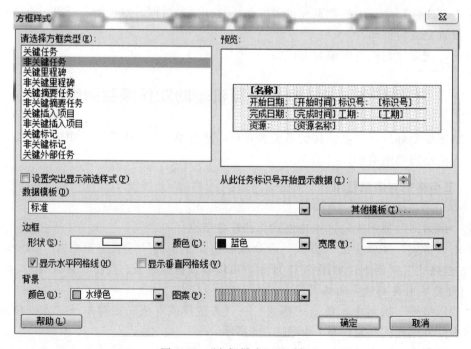

图 6.36 "方框样式"对话框

如图 6.38 所示的对话框中可以设置网络图方框的显示项目、显示内容等其他格式。

6.3.2 节点的调整与移动

在"网络图"视图中,单击"格式"→"版式"命令,弹出"版式"对话框,如图6.39 所示。

图 6.37　"数据模板"对话框

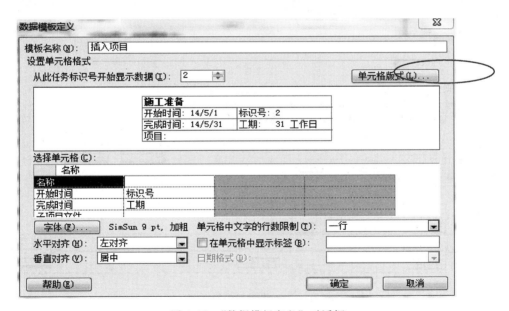

图 6.38　"数据模板定义"对话框

在图 6.39 所示中可以设置允许手动调整方框的位置、链接样式、链接颜色及图标选项等。

如图 6.40 所示为设置好的网络图。

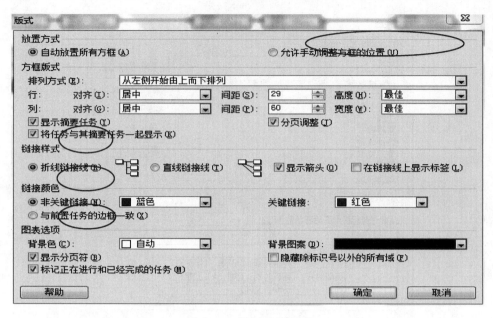

图 6.39　"版式"对话框

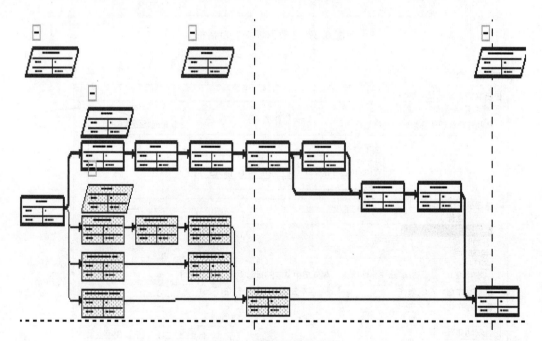

图 6.40　设置好的网络图

复 习 思 考 题

1. 简述利用 Microsoft Project 项目管理软件编制横道图的步骤。
2. 简述利用 Microsoft Project 项目管理软件编制网络图的步骤。

参 考 文 献

[1]   闫超君. 建设工程进度控制 [M]. 合肥：合肥工业大学出版社，2009.
[2]   闫超君. 土木工程施工组织 [M]. 北京：中国水利水电出版社，2010.
[3]   徐猛勇，严超群，罗俊. 公路工程施工组织与安全管理 [M]. 郑州：黄河水利出版社，2012.
[4]   李鹏飞. 公路工程施工组织设计与管理 [M]. 北京：北京邮电大学出版社，2013.
[5]   马敬坤. 公路施工组织设计 [M]. 北京：人民交通出版社，2009.
[6]   陈华卫，陈晓民. 公路工程施工组织设计 [M]. 北京：北京邮电大学出版社，2013.